深圳市大鹏半岛自然保护区生物多样性综合科学考察

刘海军　凡　强　孙红斌
崔大方　昝启杰　廖文波　著

中山大學出版社
SUN YAT-SEN UNIVERSITY PRESS
·广州·

图书在版编目（CIP）数据

深圳市大鹏半岛自然保护区生物多样性综合科学考察/刘海军等著．—广州：中山大学出版社，2016.9
ISBN 978-7-306-05691-7

Ⅰ.①深…　Ⅱ.①刘…　Ⅲ.①自然保护区—生物多样性—科学考察—深圳市
Ⅳ.①S759.992.653 ②Q16

中国版本图书馆 CIP 数据核字（2016）第 096549 号

出 版 人：徐　劲
策划编辑：周建华
责任编辑：黄浩佳
封面设计：曾　斌
责任校对：翁慧怡
责任技编：何雅涛
出版发行：中山大学出版社
电　　话：编辑部 020-84111996，84113349，84111997，84110779
　　　　　发行部 020-84111998，84111981，84111160
地　　址：广州市新港西路 135 号
邮　　编：510275　　传　真：020-84036565
网　　址：http：//www.zsup.com.cn　E-mail：zdcbs@mail.sysu.edu.cn
印 刷 者：广州家联印刷有限公司
规　　格：787mm×1092mm　1/16　16.75 印张　17 彩插　480 千字
版次印次：2016 年 9 月第 1 版　2016 年 9 月第 1 次印刷
定　　价：75.00 元

图版 I　深圳市大鹏半岛自然保护区地理位置

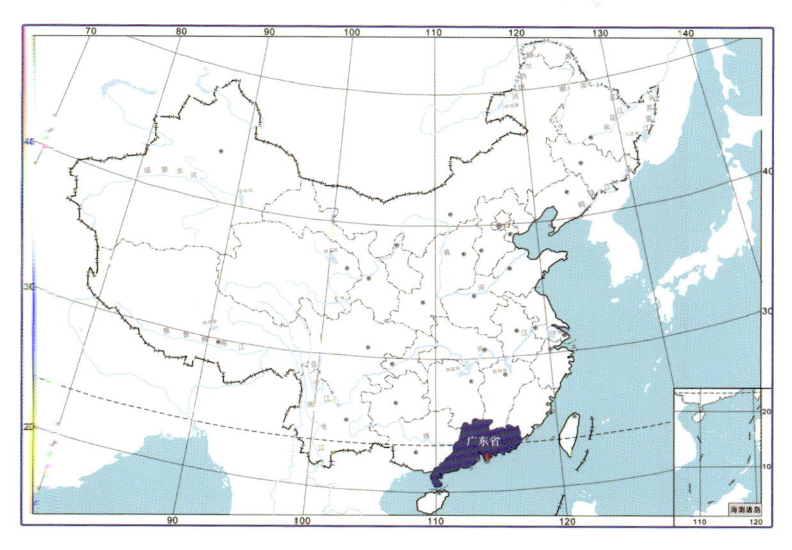

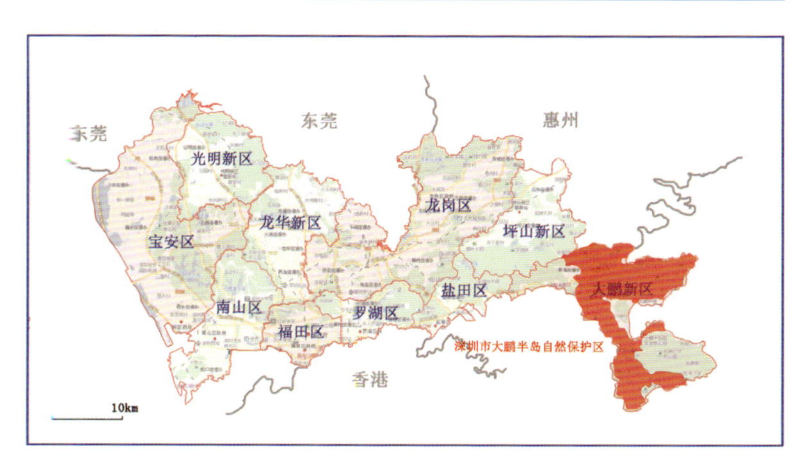

图版 II-1　深圳市大鹏半岛自然保护区地质地貌

排牙山北部海湾——白沙湾

排牙山及东部大亚湾

裸露岩石 1

裸露岩石 2

凝灰质砂岩

石英脉

水平层理

岩层变型

图版 II-2　深圳市大鹏半岛自然保护区地质地貌

排牙山山体及主峰

盐灶水库与周围地貌

径心水库与周围地貌

岭澳水库与周围地貌

罗屋田水库与周围地貌

图版 III　深圳市大鹏半岛自然保护区植被图

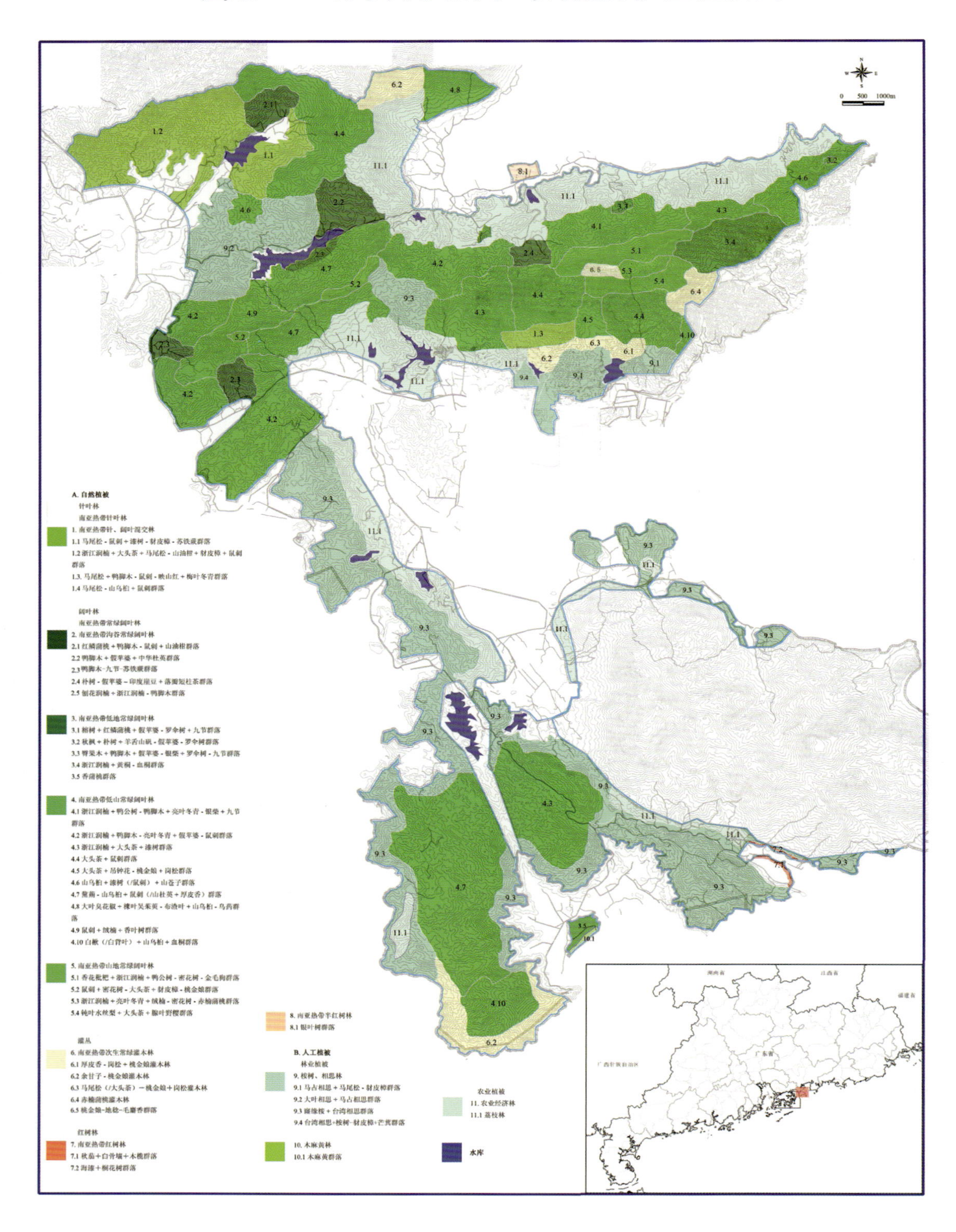

图版IV　深圳市大鹏半岛自然保护区珍稀濒危保护植物分布图

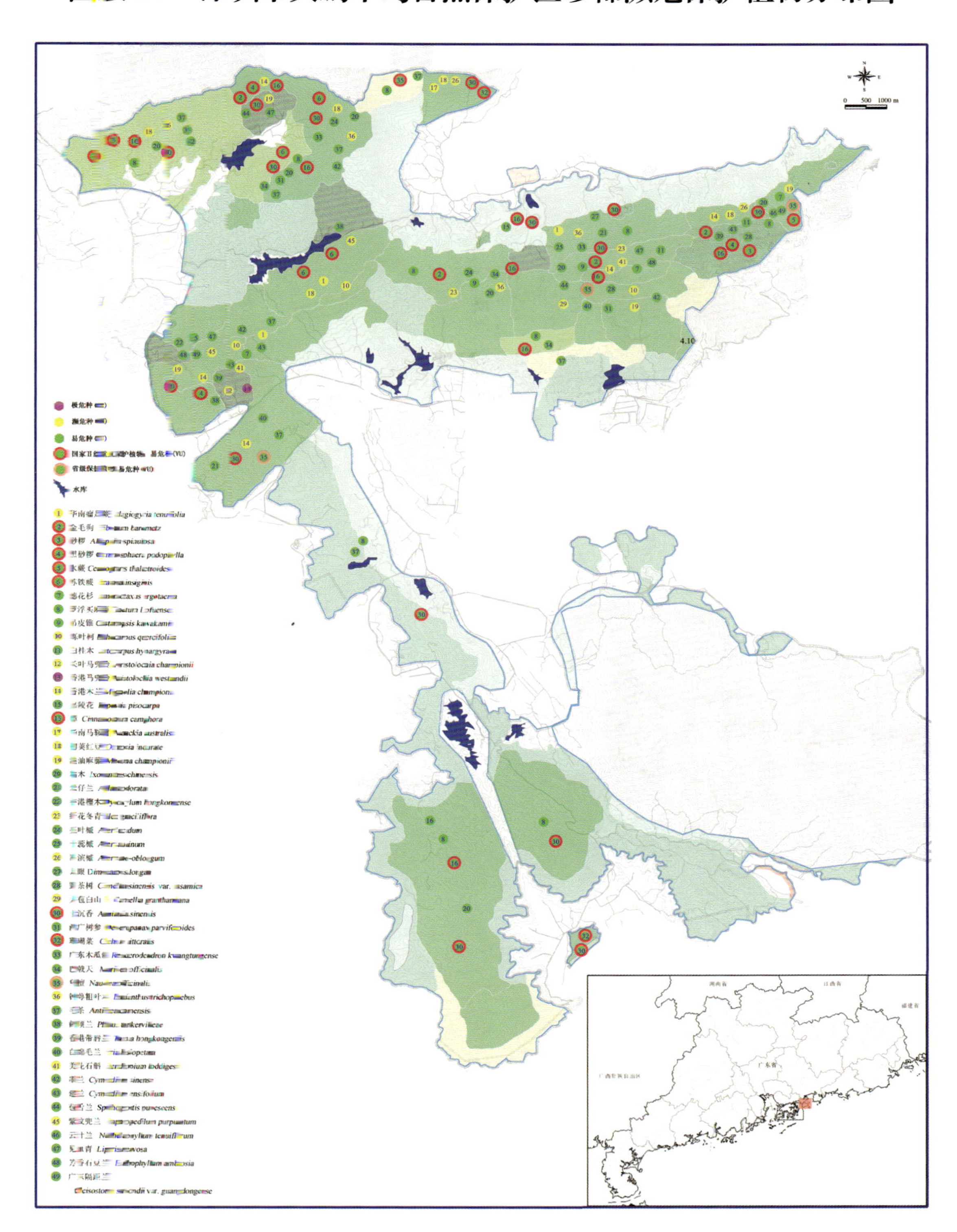

图版 V 深圳市大鹏半岛自然保护区珍稀濒危动物分布图

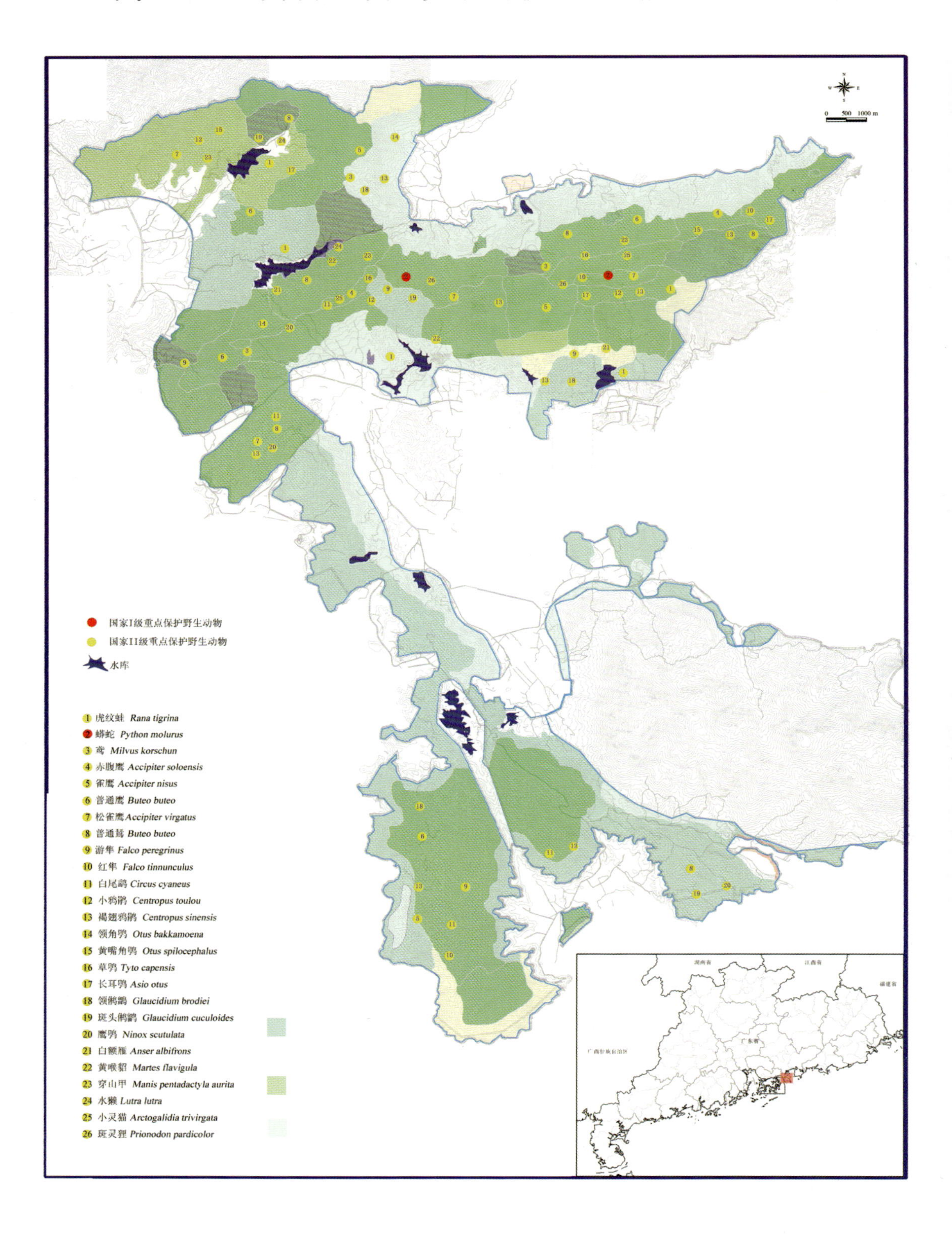

图版VI 深圳市大鹏半岛自然保护区土地利用现状图

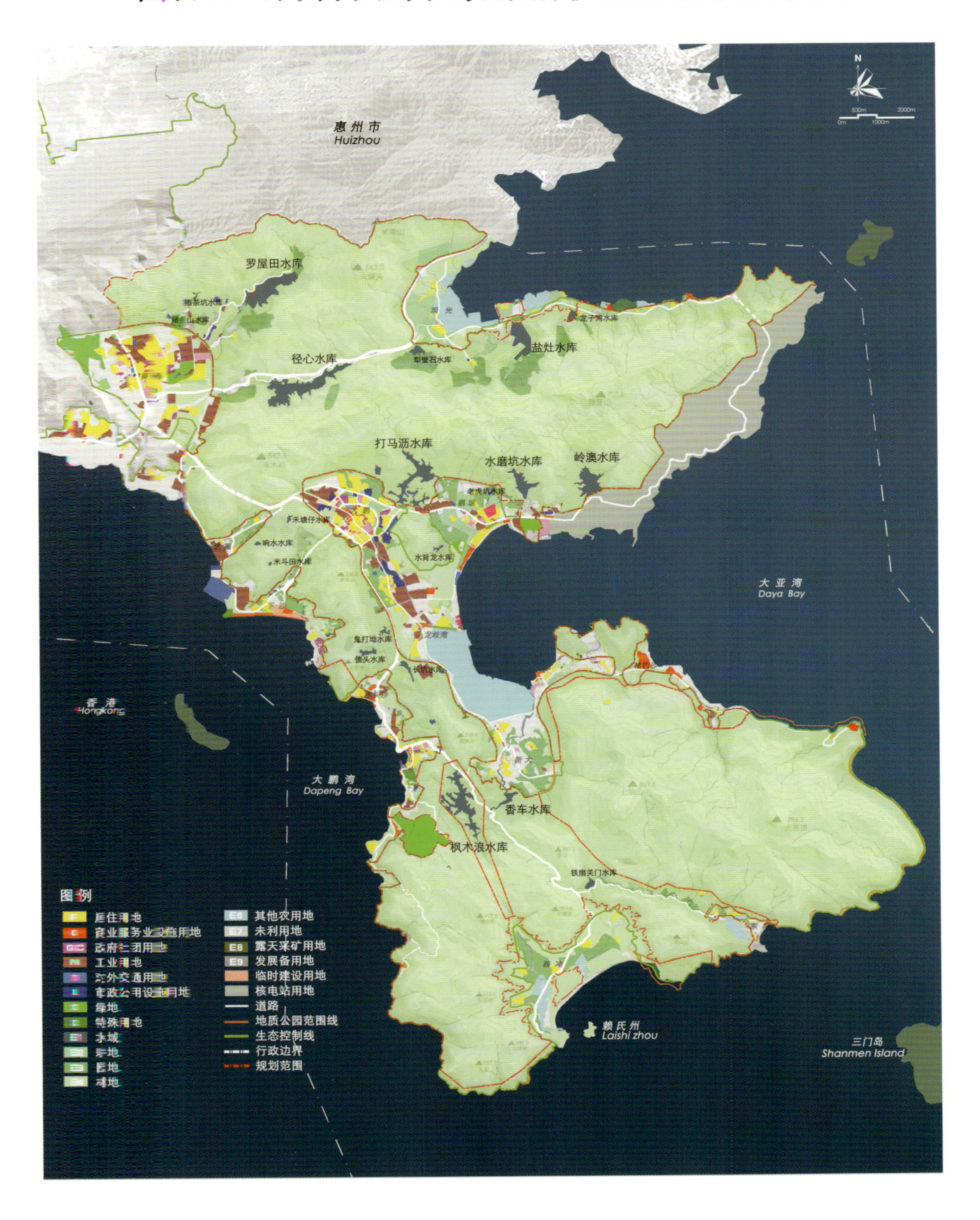

图版 VII 深圳市大鹏半岛自然保护区地形图

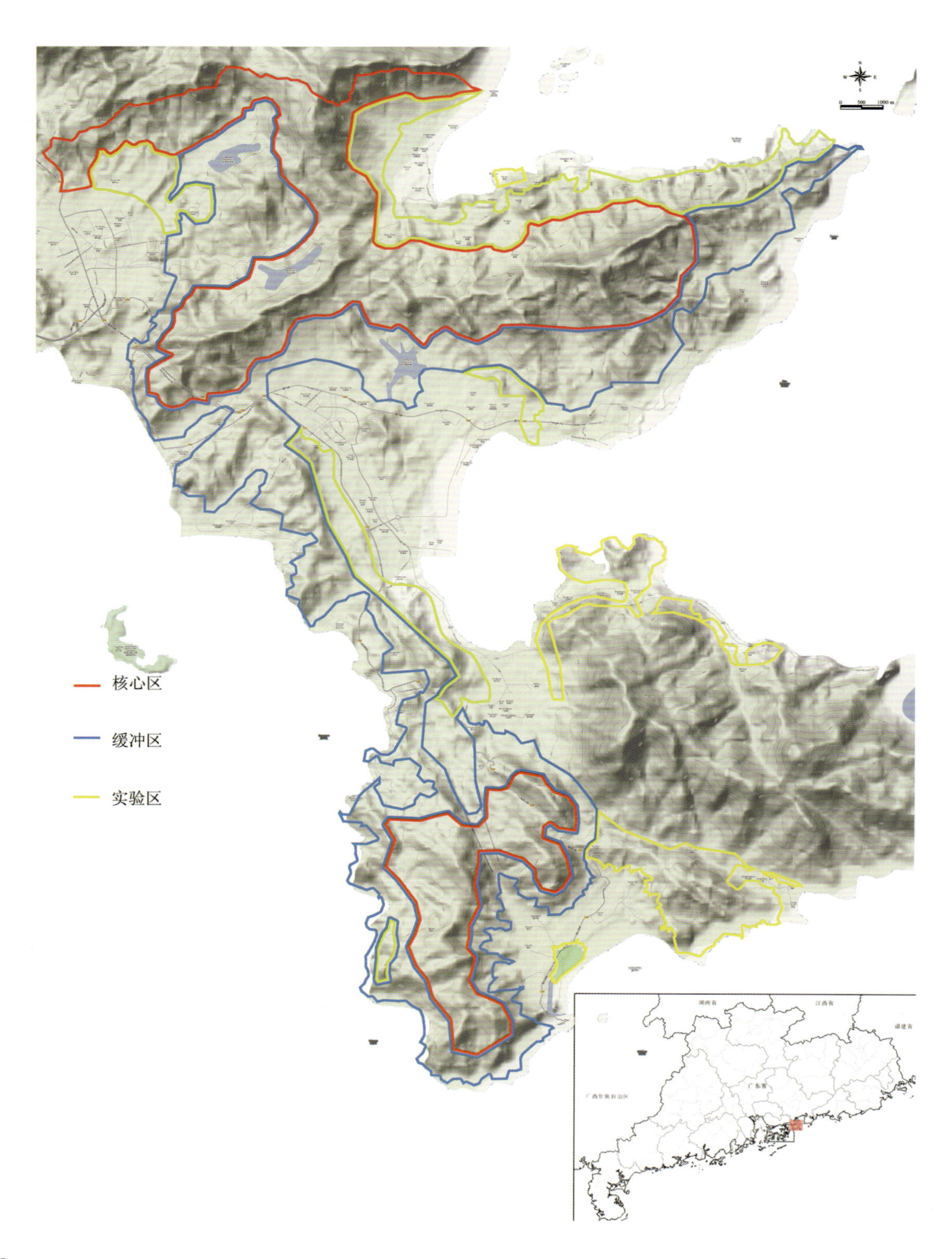

图版 VIII　深圳市大鹏半岛自然保护区卫星航片图

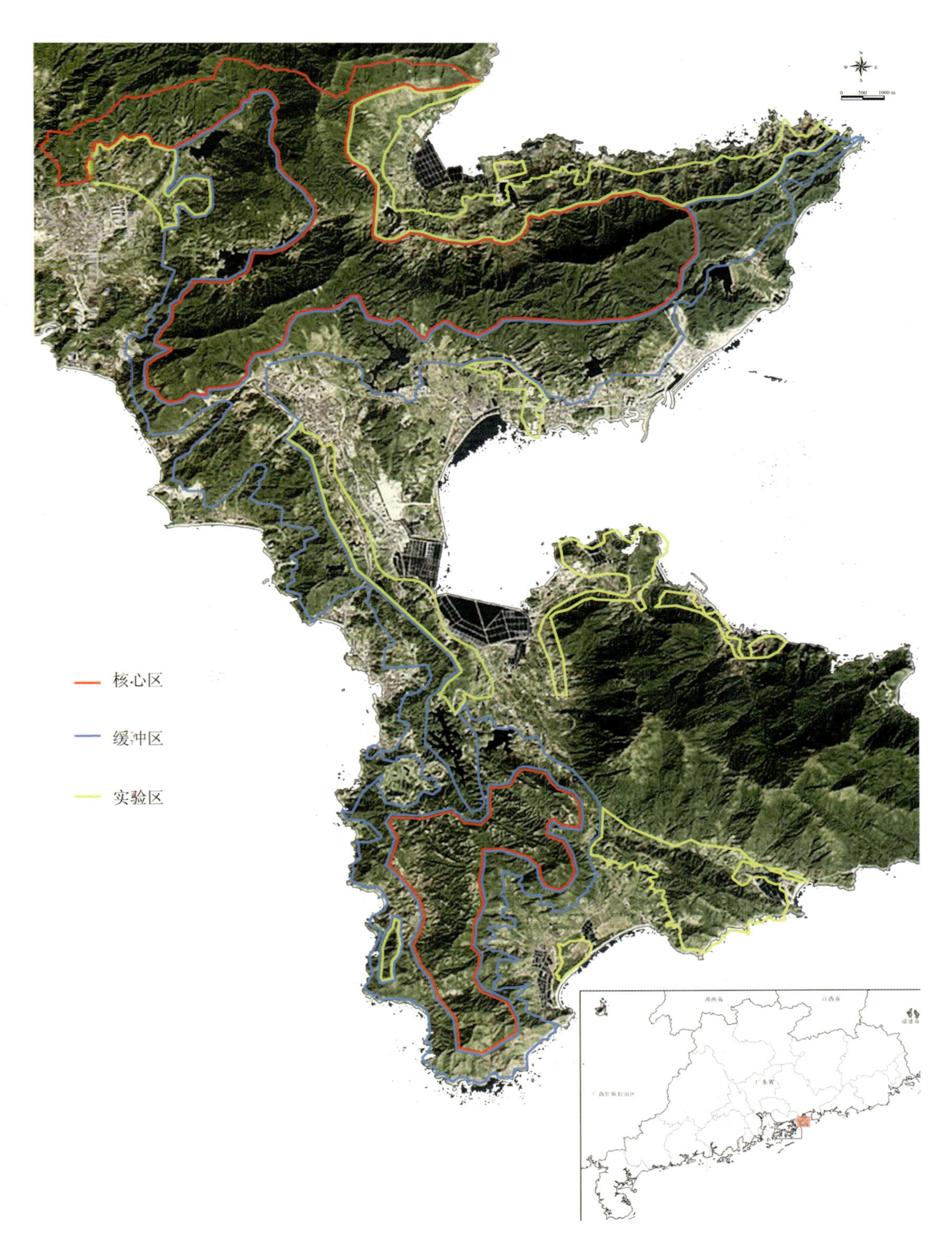

图版 IX 深圳市大鹏半岛自然保护区功能区规划图

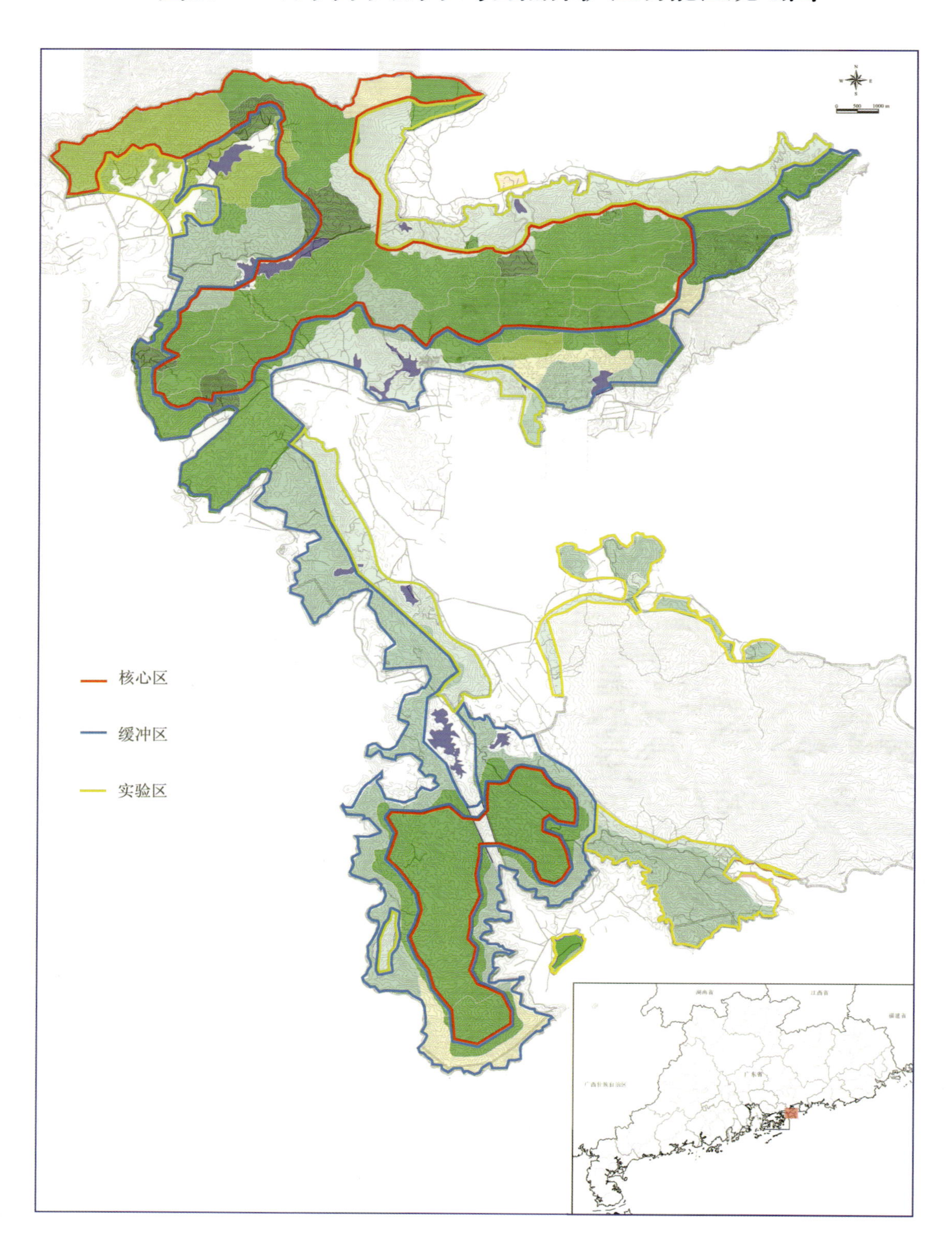

图版 X-1　深圳市大鹏半岛自然保护区植被景观

排牙山顶景观

通往排牙山山顶小道

沟谷季风常绿阔叶林

山地常绿阔叶林（深山含笑 *Michelia maudiae*）

山顶矮林（深山含笑 *Michelia maudiae*）及灌木林

山地常绿针阔叶林片层（穗花杉 *Amentotaxus argotaenia* 群落）

图版 X-2 深圳市大鹏半岛自然保护区植被景观

沟谷季风常绿阔叶林

依山常绿阔叶林（马尾松 *Pinus massoniana*+ 浙江润楠 *Machilus chekiangensis* 群落）

东涌红树林景观（红树林群落）

山地常绿灌丛（广东莿柊 *Scolopia saeva* 灌丛）

东涌红树林植被（海漆 + 桐花树群落）

海岸滩地草丛（珊瑚菜 *Glehnia littoralis* 层片）

图版 X-3 深圳市大鹏半岛自然保护区植被景观

低地常绿阔叶林林内层间植物（白花油麻藤 *Mucuna birdwoodiana*）

山顶灌木林（吊钟花 *Enkianthus quinqueflorus*）

低山灌丛（露兜簕 *Pandanus kaida*）

沟谷常绿阔叶林（华南紫萁 *Osmunda vachellii*）

低地沟谷疏林灌丛（天香藤 *Albizia corniculata*）

山地次生常绿阔叶林（苏铁蕨 *Brainea insignis*）

图版 XI-1 深圳市大鹏半岛自然保护区珍稀濒危保护植物

金毛狗 *Cibotium barometz*

金毛狗 *Cibotium barometz*

金毛狗 *Cibotium barometz*

桫椤 *Alsophila spinulosa*

桫椤 *Alsophila spinulosa*

桫椤 *Alsophila spinulosa*

图版 XI-2 深圳市大鹏半岛自然保护区珍稀濒危保护植物

半柱毛兰*Eria corneri*

半柱毛兰*Eria corneri*

苏铁蕨*Brainea insignis*

苏铁蕨*Brainea insignis*

苏铁蕨*Brainea insignis*

穗花杉*Amentotaxus argotaenia*

图版 XI-3 深圳市大鹏半岛自然保护区珍稀濒危保护植物

棱果花 *Barthea barthei*

三蕊兰 *Neuwiedia singapureana*

土沉香 *Aquilaria sinensis*

土沉香 *Aquilaria sinensis*

粘木 *Ixonanthes reticulata*

粘木 *Ixonanthes reticulata*

图版 XII-1 深圳市大鹏半岛自然保护区植物资源

福建观音座莲*Angiopteris fokiensis*

福建观音座莲*Angiopteris fokiensis*

中华双扇蕨*Dipteris chinensis*

罗浮买麻藤*Gnetum luofuense*

罗浮买麻藤*Gnetum luofuense*

马尾松*Pinus massoniana*

臀果木*Pygeum topengii*

臀果木*Pygeum topengii*

图版 XII-2 深圳市大鹏半岛自然保护区植物资源

紫玉盘 *Uvaria macrophylla*

华南云实 *Caesalpinia crista*

钝叶假蚊母树 *Distyliopsis tutcheri*

绒毛润楠 *Machilus velutina*

广东含笑 *Michelia guangdongensis*

假鹰爪 *Desmos chinensi*

假鹰爪 *Desmos chinensi*

深山含笑 *Michelia maudiae*

图版 XII-3 深圳市大鹏半岛自然保护区植物资源

石岩枫 *Mallotus repandus*

余甘子 *Phyllanthus emblica*

红背山麻杆 *Alchornea trewioides*

毛果算盘子 *Glochidion eriocarpum*

白花油麻藤 *Mucuna birdwoodiana*

牛耳枫 *Daphniphyllum calycinum*

铁海棠 *Euphorbia milii*

图版 XII-4 深圳市大鹏半岛自然保护区植物资源

香港马兜铃 *Aristolochia westlandii*

多花勾儿茶 *Berchemia floribunda*

金樱子 *Rosa laevigata*

石斑木 *Rhaphiolepis indica*

小叶红叶藤 *Rourea microphylla*

杂色榕 *Ficus variegata*

杂色榕 *Ficus variegata*

图版 XII–5 深圳市大鹏半岛自然保护区植物资源

常山 *Dichroa febrifuga*

鼠刺 *Itea chinensis*

锡叶藤 *Tetracera asiatica*

寄生藤 *Dendrotrophe varians*

木防己 *Cocculus orbiculatus*

华南青皮木 *Schoepfia chinensis*

图版 XII-6 深圳市大鹏半岛自然保护区植物资源

毛冬青 *Ilex pubescens*

铁冬青 *Ilex rotunda*

华凤仙 *Impatiens chinensis*

常绿荚蒾 *Viburnum sempervirens*

图版 XII-7 深圳市大鹏半岛自然保护区植物资源

桃金娘 *Rhodomyrtus tomentosa*

香蒲桃 *Syzygium odoratum*

多花野牡丹 *Melastoma affine*

细轴荛花 *Wikstroemia nutans*

飞龙掌血 *Toddalia asiatica*

簕欓 *Zanthoxylum avicennae*

两面针 *Zanthoxylum nitidum*

毛八角枫 *Alangium kurzii*

图版 XII-8 深圳市大鹏半岛自然保护区植物资源

翅果菊 *Lactuca indica*

窄叶唇柱苣苔 *Chirita sinensis* var. *angustifolia*

杜虹花 *Callicarpa formosana*

假连翘 *Duranta erecta*

毛茶 *Antirhea chinensis*

楠藤 *Mussaenda erosa*

莲座紫金牛 *Ardisia primulaefolia*

乌材 *Diospyros eriantha*

图版 XII-9 深圳市大鹏半岛自然保护区植物资源

水团花 *Adina pilulifera*

乌檀 *Nauclea officinalis*

羊角拗 *Strophanthus divaricatus*

玉叶金花 *Mussaenda pubescens*

栀子 *Gardenia jasminoides*

栀子 *Gardenia jasminoides*

紫花短筒苣苔 *Boeica guileana*

山油柑 *Acronychia pedunculata*

图版 XII-10 深圳市大鹏半岛自然保护区植物资源

大头茶 *Polyspora axillaris*

杨桐 *Adinandra millettii*

大头茶 *Polyspora axillaris*

吊钟花 *Enkianthus quinqueflorus*

光叶海桐 *Pittosporum glabratum*

小果柿 *Diospyros vaccinioides*

广东箣柊 *Scolopia saeva*

广东箣柊 *Scolopia saeva*

图版 XII-11 深圳市大鹏半岛自然保护区植物资源

木荷 *Schima superba*

毛棉杜鹃 *Rhododendron moulmainense*

山血丹 *Ardisia lindleyana*

鸭跖草 *Commelina communis*

大苞鸭跖草 *Commelina paludosa*

草豆蔻 *Alpinia hainanensis*

土茯苓 *Smilax glabra*

图版 XII-12 深圳市大鹏半岛自然保护区植物资源

海漆 *Excoecaria agallocha*

老鼠簕 *Acanthus ilicifolius*

木榄 *Bruguiera gymnorrhiza*

秋茄树 *Kandelia obovata*

天门冬 *Asparagus cochinchinensis*

桐花树 *Aegiceras corniculatum*

银叶树 *Heritiera littoralis*

艳山姜 *Alpinia zerumbet*

图版 XIII-1 深圳市大鹏半岛自然保护区的动物资源

小鸊鷉

鸬鹚

绿鹭

池鹭

白鹭

黄斑苇鳽

鸢

松雀鹰

红隼

鹌鹑

白胸苦恶鸟

金眶鸻

图版 XIII-2 深圳市大鹏半岛自然保护区的动物资源

白腰草鹬　大沙锥　珠颈斑鸠

山斑鸠　四声杜鹃　噪鹃

褐翅鸦鹃　领角鸮　领鸺鹠

斑头鸺鹠　鹰鸮　小白腰雨燕

图版 XIII-3 深圳市大鹏半岛自然保护区的动物资源

斑鱼狗　普通翠鸟　白胸翡翠

大拟啄木鸟　斑啄木鸟　家燕

金腰燕　灰鹡鸰　白鹡鸰

树鹨　红耳鹎　白头鹎

图版 XIII-4 深圳市大鹏半岛自然保护区的动物资源

白喉红臀鹎　棕背伯劳　黑伯劳

黑卷尾　发冠卷尾　黑领椋鸟

八哥　丝光椋鸟　松鸦

喜鹊　大嘴乌鸦　白颈鸦

图版 XIII-5 深圳市大鹏半岛自然保护区的动物资源

红点颏　鹊鸲　北红尾鸲

紫啸鸫　黑喉石䳭　乌鸫

红头穗鹛　灰眶雀鹛　红嘴相思鸟

黑脸噪鹛　画眉　栗耳凤鹛

图版 XIII–6 深圳市大鹏半岛自然保护区的动物资源

黄腰柳莺　长尾缝叶莺　黄腹鹪莺

褐头鹪莺　大山雀　叉尾太阳鸟

暗绿绣眼鸟　［树］麻雀　白腰文鸟

斑文鸟　金翅雀　灰头鹀

《深圳市大鹏半岛自然保护区生物多样性综合科学考察》编写组

编委会主任： 王国宾

编委会副主任： 朱伟华　吴素华　陈俊开

主持单位： 深圳市城市管理局（林业局）

完成单位： 深圳市野生动植物保护管理处
深圳市野生动物救护中心（深圳市自然保护区管理中心）
中山大学生命科学学院
华南农业大学林学与风景园林学院

主编： 刘海军　凡　强　孙红斌　崔大方　昝启杰　廖文波

参加考察和编著主要人员：

深圳市城市管理局（林业局）：
刘海军　孙红斌　王佐霖　王　芳　刘莉娜　昝启杰
胡　平　邓　辉　代晓康　孙延军　庄平弟　林一焕
郭　强　林桂鹏　李　瑜　张寿洲　王晓明　张　力
陈　涛

中山大学： 凡　强　刘蔚秋　常　弘　廖文波　丁明艳　于法钦
李　薇　赵万义　刘忠成　关开朗　孙　键　陈素芳
许可旺　李　贞　束文圣　沈如江　邵京松　罗　连
金建华　符小敏　黄伟结　慕瑞华　林石狮

华南农业大学： 马焕基　刘　柯　孟昭祥　崔大方　羊海军　梁　庆
曾曙才

华南师范大学： 仲铭锦

仲恺农业工程学院： 郭　微

前　言

大鹏半岛位于深圳市大鹏新区，南临大亚湾和西涌湾，北接惠州地区，包括葵涌街道办、大鹏街道办和南澳街道办，地理范围由北半岛、南半岛及其间的颈部连接地带组成，形似哑铃。排牙山和七娘山分别位于北半岛和南半岛，其中最高峰为排牙山，海拔707 m。整体上，区域内水库众多，是深圳市重要的水源涵养区之一。

大鹏半岛历来以其丰富的林木资源著称，早在20世纪60—70年代，就曾在该区设立了林场，场部设在今天的坝光村附近。早期的调查也显示，排牙山和七娘山的生物资源非常丰富，具有发育完好的南亚热带常绿阔叶林，并且在部分海岸地带还保存有大面积的红树林，如坝光半红树植物银叶树林以及东涌桐花树、海漆林等。

为加强大鹏半岛管理，保护生态环境，促进可持续发展，深圳市人民政府制定了《大鹏半岛保护与发展管理规定》，并于2008年1月7日正式发布（深圳市人民政府令第178号）。该规定指出："市政府在大鹏半岛内实施空间管制，划定核心生态保护区和建设控制区，进行分级分区保护。核心生态保护区包括：自然保护区、国家地质公园地质遗迹保护区；划入基本生态控制线的其他地区。"

大鹏半岛是深圳市东部一个相对独立的区域，目前，大鹏半岛的七娘山已规划为国家地质公园；而其他地区仍没有得到很好的保护。鉴于大鹏半岛地区生物资源丰富，生态环境良好，具备建立自然保护区的必要条件，因此筹建大鹏半岛自然保护区已迫在眉睫。

早在2005年7月，在深圳市城市管理局（林业局）的组织下，深圳市野生动植物保护管理处（原深圳市绿化委员会办公室）、中山大学等开始对排牙山地区进行较为全面的综合科学考察工作，并于2006年6月提交了考察报告，考查范围主要包括排牙山、东涌红树林以及西涌香蒲桃林等区域，总面积为103.65 km^2。2007年，深圳市人民政府决定将整个大鹏半岛建为自然保护区，并于2009年批准了新的划线方案，2010年将自然保护区面积调整为146.22 km^2。为此，深圳市野生动植物管理处、中山大学、华南农业大学等在原来基础上对大鹏半岛自然保护区重新进行了补充考察，并编制了"科考报告"和"深圳市大鹏半岛自然保护区建设方案"。本书整理了科考报告并增加了保护、建设方案的部分内容一起出版。

本综合科学考察共包含8个部分，但由于涉及内容广泛，野外工作时间仓促，资料搜集也欠全面，整体上存在一些不足之处，尤以对水文、土壤及社区状况的考察仍欠全面，希望在自然保护区建立后进一步完善，特别加强对生物资源、自然资源的调查、研究，为保护和管理提供可靠的依据和措施。本书的出版，得到了市城管局领导的大力支持，在考察过程中，还得到大鹏半岛各管理站的帮助。首次前往排牙山调查时，深圳市仙湖植物园张寿洲、陈涛还陪同带队一起参加了考察，此后还陆续参加了几次考察，在此一并致以诚挚谢意。

编者

2015 年 10 月 12 日

目　录

第一章　深圳市大鹏半岛自然保护区综合概况

摘要：深圳市大鹏半岛自然保护区位于深圳市大鹏新区，南临大亚湾和西涌湾，北接惠州地区，总面积为146.22 km^2，其中核心区面积为59.18 km^2，缓冲区面积为56.67 km^2，实验区面积为30.34 km^2。自然保护区以中低山地貌为主，境内沟谷众多，水源丰富，形成了9个中小型水库，是深圳市重要的水源涵养林区。保护区的生物资源非常丰富，拥有野生维管植物1372种，其中珍稀濒危植物49种；陆生脊椎动物188种，其中珍稀濒危及保护动物58种。山地发育有完好的南亚热带常绿阔叶林，并且在低地保存有香蒲桃林、在海岸带局部保存有典型的古银叶树林。保护区范围内包含了多个人文景观，以大鹏所城最为著名，被誉为鹏城之根，是深圳市又名鹏城的由来，也是深圳市唯一的全国重点文物保护单位。

1.1　自然保护区地理位置

深圳市大鹏半岛自然保护区位于深圳市东部大鹏半岛（图版Ⅰ），隶属大鹏新区，南临大亚湾和西涌湾，北接惠州地区，包括葵涌街道办、大鹏街道办和南澳街道办。保护区的规划面积为146.22 km^2，南北长约22.3 km，东西宽约16.6 km，地理位置为东经114°17′—114°22′，北纬22°27′—22°39′，海拔0～707 m。从地理位置看，包括北半岛、南半岛及其间的颈部连接地带，形似哑铃状。其中，北半岛的排牙山山地森林为主体部分，面积达97.48 km^2；南半岛以位于大鹏街道及南澳街道西部的山地主体，面积约42.57 km^2。此外，还包括三自然保护小区，即：葵涌坝光管理区的银叶树林3.61 km^2、东涌红树林1.96 km^2、西涌沙岗香蒲桃林0.6 km^2。

1.2　自然地理环境概况

1.2.1　地质

大鹏半岛自然保护区出露的岩性主要为沉积岩类，包括早石炭世、晚三叠世、早侏罗世、晚侏罗世、早白垩世、晚白垩世等时期的地层；在南部和北部边缘外围出露有少量花岗岩类，为燕山期第三期侵入岩。简述如下。

1.2.1.1　沉积岩类

下石炭统：出露地层为测水组，为一套滨岸河湖相碎屑岩建造，其中下段主要岩性有灰白色石英砾岩、石英砂岩和薄层石灰岩，以及灰黑色粉砂岩、细砂岩、泥质页岩和炭质页岩等，页岩中产 *Neuropteris gigantea* Sternberg 等植物化石碎屑；上段岩性主要为灰白色厚层含砾石英砂岩、石英砂岩及千枚状绢云母页岩等。

上三叠统：出露的是艮口群，为一套海陆交互相碎屑岩建造，主要岩性为砾岩、含砾砂岩、石英砂岩、砂质页岩、粉砂质页岩、炭质页岩，夹薄煤层。

下侏罗统：出露地层有下部的金鸡组和上部的桥源组。其中，金鸡组以海相碎屑岩为主，反映的是海进序列，岩性为含砾粗砂岩、砾岩、长石石英砂岩，夹粉砂岩、黑色页岩等；桥源组为海退序列，岩性主要有中粗粒长石石英砂岩等。

上侏罗统：出露的是高基坪群上亚群，为一套复杂的陆相火山岩系。其中下部岩性以酸性流纹岩和火山碎屑岩为主，夹炭质页岩、粉砂岩和凝灰质砂岩（图版Ⅱ-2），具石英脉（图版Ⅱ-2）和水平层理（图版Ⅱ-2），受后期构造运动的影响，岩层常变形呈柔皱构造（图版Ⅱ-2）；上部岩性主要为英安岩、流纹岩、安山岩、含砾凝灰岩、凝灰质砂岩、火山碎屑岩、炭质页岩、粉砂岩夹铁矿层等。

下白垩统：出露的是百足山群，其中下部岩性为紫红色含砾凝灰质砂岩、凝灰质粉砂岩、凝灰质页岩夹砾岩、砂岩及粉砂岩；上部岩性主要为石英砂岩、粉砂岩、粘土质页岩、凝灰岩夹流纹岩等。

上白垩统：出露的是南雄群，岩性主要为紫红色砂质泥岩夹细粒砂岩。

1.2.1.2 花岗岩类

燕山期第三期侵入岩［γ52（3）］：为燕山期第三期侵入，相当于晚侏罗世时期，同位素年龄145 Ma左右，主要侵入于晚侏罗世火山岩。岩体岩性主要为浅肉红色细细粒或中粒黑云母花岗岩，花岗结构或斑状结构，块状构造。矿物成分主要为钾长石、斜长石、石英和黑云母；副矿物有磁铁矿、榍石、褐帘石、磷灰石和锆石等；微量元素主要有Cr、Ni、V、Cu、Pb、Zn、Sn、Ga、Ba、Be、Sr、Y、Yb和Zr等；化学成分主要为SiO_2、TiO_2、Al_2O_3、Fe_2O_3、FeO、MnO、MgO、CaO、Na_2O、K_2O和P_2O_3等。此外还有少量细粒二云母花岗岩和似斑状黑云母二长花岗岩。

综上所述，大鹏半岛地区主要分布有早石炭世、晚三叠世、早侏罗世、晚侏罗世、早白垩世、晚白垩世等时期的地层。其中，晚侏罗世高基坪群为一套复杂的陆相火山岩系。另外，晚侏罗世本区还发生了燕山期第三期花岗岩的侵入。由此可以看出，本区晚侏罗世岩浆活动和火山活动比较强烈，由于受燕山期断裂和燕山期以前断裂带的影响，火山喷发盆地在空间上成带分布，沿北东向断裂及其派生的北西向断裂构造带呈串珠状分布，自粤西至粤东，形成连县—郁南、吴川—四会、新丰—连平、河源、莲花山、潮安及南澳等7个火山喷发带，仙湖植物园位于莲花山喷发带笔架山喷发盆地内。该期火山岩为一套陆相及内陆湖泊相安山岩-英安岩-流纹岩建造，形成一套巨厚的火山碎屑岩和酸性火山岩，夹少量沉积岩。该期火山岩的化学成分主要为SiO_2、TiO_2、Al_2O_3、Fe_2O_3、FeO、MnO、MgO、CaO、Na_2O、K_2O和P_2O_5等，总的特点是高钾，低钠、钙，富铁贫镁。

1.2.2 地貌

大鹏半岛北部的排牙山呈东北—西南走向，颇似一排牙齿（见图版Ⅱ-2），山名即因此而来。南北宽4～8 km，东西长约18 km，保护区规划面积达146.22 km^2，最高峰海拔707 m，是深圳市第六高峰，在排牙山稍南侧有一次主峰求水岭其海拔为668m。其他高于500 m的山峰总共不到10座，多数山峰位于海拔300～500 m，同时还有较多海拔为100～200 m的低丘，整体上属于较为典型的中低山地貌，兼有陡峭的山峰和沟谷。

岩性和构造的不同，导致了大鹏半岛保护区的地形也较为复杂多样。岩性较软的泥质页岩和砂质页岩，易遭风化侵蚀，形成以低山和低丘为主的地形，且往往坡度较缓，土层较厚，经长期的开发利用，多为人工林或荔枝园，在部分地段还残留有南亚热带低地常绿阔叶林，上层乔木树种以臀果木、黄桐、假苹婆及榕树等为代表。岩性较硬的砾岩、砂岩及花岗岩等，抗蚀性也较强，常常形成较为高大陡峭的山峰。各山峰由于切割作用和重力崩塌作用，形成较多沟谷，为区内各水库提供了水源，但由于长期受人为活动的干扰，如伐林种植荔枝等，使得沟谷中水流多不大，且在旱季往往处于枯水期，导致大鹏半岛地区的沟谷常绿阔叶林中发育有朴树等落叶树种，红鳞蒲桃这一低地林的代表种也能在部分沟谷地段占据优势，而湿生性较强的黑桫椤、鸟巢蕨、紫纹兜兰等物种在沟谷内则较为少见。

1.2.3　土壤

保护区内代表性土壤类型为赤红壤，具有一定的垂直分布规律，由低至高依次为赤红壤→山地红壤→山地黄壤→草甸土。土壤主要由变质岩类风化发育形成，土层厚度在1m以内，为中壤土或重壤土。土壤剖面中石砾含量高，土壤总孔隙度偏小，但通气孔隙比例适中。土壤呈强酸性反应，有机质含量、全氮含量中等，碱解氮、速效磷含量水平很低。有机质、全氮含量由表层土壤往下呈下降趋势。整体而言，保护区的土壤生产潜力较好。

1.2.4　水文

大鹏半岛自然保护区的水文条件较好，水资源丰富，水库密布，是深圳市重要的水源涵养区之一。地表水主要以溪流、水库和水塘等形式分布，形成了9个中小型水库。溪流水量随降雨季节变化明显，4—9月为丰水期，10月至翌年3月为枯水期。通过对保护区内每个水库的出入口、湖心区等的水质进行检测，发现保护区水质状况良好，均达到国家Ⅱ类水质标准，完全满足生活饮用水的标准。深圳市政府将保护区内的径心水库、打马坜水库及罗屋田水库被划定为水源保护区。

1.2.5　气候

大鹏半岛自然保护区属南亚热带海洋性季风气候，四季温和，雨量充足，日照时间长。夏季受东南季风的影响，高温多雨；冬季受东北季风以及北方寒流的影响，干旱稍冷。全年平均温度为22.4 ℃，最高温度36.6 ℃，最低温度1.4 ℃，平均降雨量1948.4 mm。

排牙山北、东、南三面濒海，故该地区常年海风较大，以东南风向为主，主峰南坡由于正对风向，故蒸发量较大，与北坡相比较为干旱，原生植被经破坏后，次生植被往往以硬灌木林为主，并进一步发展到以大头茶占优势的乔木林。而主峰北坡则发育和保存有较为典型的南亚热带常绿阔叶林。总体而言，大鹏半岛自然保护区的气候条件较为优越，为植物的生长提供了良好的生态环境。

1.2.6 植被

大鹏半岛自然保护区保护区植被类型多样，自然植被可以分为南亚热带针阔叶混交林、南亚热带常绿阔叶林、南亚热带次生常绿灌木林及红树林等4种植被型，共32个群落（群丛），主要分布在海拔100 m以上的沟谷及山地之上。

植被和植物群落的主要优势种和建群种主要为樟科、山茶科、梧桐科、芸香科及大戟科等热带亚热带成分。如浙江润楠、鸭脚木、鼠刺、大头茶、假苹婆、山油柑、豺皮樟、厚皮香、亮叶冬青、马尾松、银柴、香花枇杷、罗伞树、九节、绒楠、鸭公树、臀果木等。这些优势种主导着大鹏半岛自然保护区的森林群落类型与结构。优势及地带性植被为南亚热带低山常绿阔叶林，尤以大面积分布于排牙山北坡的“浙江润楠 + 鸭公树群落”，以及求水岭东坡、南坡的“浙江润楠 + 鸭脚木 - 亮叶冬青 + 假苹婆”保存最为完好，其物种多样性指数甚至高于分别位于南亚热带和中亚热带的粤西黑石顶及南岭山地的相应代表群落，为深圳市保存最为完好的低山常绿阔叶林之一。

大鹏半岛尽管垂直海拔不高，主峰仅707 m，但沿山体垂直带差异明显，可分为三个亚带，随着海拔的升高，依次分布着低地常绿阔叶林（海拔150 m以下）、低山常绿阔叶林（海拔150～450 m）及山地常绿阔叶林（海拔450 m以上），尤以在排牙山主峰的北坡较为明显。在低地阔叶林外缘有以臀果木占优势的群落，而低山阔叶林以浙江润楠占优势，山地阔叶林则以香花枇杷（北坡）或钝叶水丝梨（南坡）占优势。同时，低地阔叶林的层间藤本最为发达，而低山阔叶林则次之，山地阔叶林则最不发达。

主峰南北两侧的植被坡向差异明显，南坡为阳坡，且正对风向，蒸发量大，故与北坡相比较为干旱，北坡低山常绿阔叶林更复杂，以浙江润楠、鸭公树、厚壳桂、亮叶冬青、鸭脚木等占优势；南坡干旱，植被往往高不及10 m，优势种以能耐干旱的大头茶等最为突出，其余有鼠刺、野漆树及浙江润楠等。

1.3 自然资源概况

1.3.1 植物资源

深圳市大鹏半岛自然保护区的植物种类非常丰富，共有野生维管植物1372种，隶属于200科732属，约占深圳市和广东省野生维管植物的科属种比例分别为93.5%、77.3%、64.1%和73.3%、46.6%、25.3%。其中蕨类植物40科72属124种，裸子植物4科4属5种，被子植物156科656属1243种。蕨类植物区系以热带亚热带成分占优势，主要优势科有水龙骨科、金星蕨科、凤尾蕨科、卷柏科、鳞毛蕨科、蹄盖蕨科、里白科、铁角蕨科等，尤以2种树蕨——桫椤（*Alsophila spinulosa*）和黑桫椤（*Gymno-*

sphaera podophylla）为代表，体现了蕨类区系的古老性。

种子植物区系表征科主要有山矾科、山茶科、壳斗科、冬青科、桑科、马鞭草科、苋科、旋花科、紫金牛科、樟科等，其中亦以热带、亚热带分布的科、属为主，具有较强的热带性。同时，温带科属在区系中也占有一定的比例，反映大鹏半岛植物区系也受到温带成分的影响。其中，中国特有属有5个中国特有属，分别为石笔木属 *Tutcheria*、箬竹属 *Indocalamus*、大血藤属 *Sargentodoxa*、棱果木属 *Barthea* 及马铃苣苔属 *Oreocharis*。其中大血藤属所在的大血藤科为中国特有科。

大鹏半岛保护区共有各类珍稀濒危保护植物49种，隶属于26科44属。其中，国家重点保护野生植物8种，如金毛狗 *Gbotium barometz*、苏铁蕨 *Brainea insiginis*、水蕨 *Ceratopteris thalictroides*、桫椤 *Alsophila spinulosa*、黑桫椤 *Gymnosphaera podophylla*、樟树 *Cinnamomum camphora*、土沉香 *Aquilaria sinensis*、珊瑚菜 *Glehnia littoralis* 等，省级保护植物1种。IUCN或中国物种红名录收录的有：极危种有1种，即马兜铃科的香港马兜铃（*Aristolochia westlandii*）；濒危种13种；易危种35种。

大鹏半岛地区的野生资源植物非常丰富。大致包括10大类，如用材树种120多种、药用植物500多种、食用植物40多种、淀粉植物30多种、油脂植物100多种、芳香植物50多种、鞣料植物50多种、纤维植物90多种、观赏植物500多种、饲料植物40多种。

1.3.2　动物资源

本次调查表明大鹏半岛自然保护区分布有陆生脊椎动物188种，隶属于27目68科。其中两栖动物2目6科18种，爬行动物3目13科40种，鸟类15目34科102种，哺乳动物7目15科28种。各类珍稀濒危动物及保护动物共58种，其中国家Ⅰ级和Ⅱ级重点保护野生动物分别为2种和25种。省级保护动物有14种。28种列入中国濒危动物红皮书和中国物种红色名录（极危5种、濒危8种、易危15种）。有13种列入CITES公约（附录Ⅰ为2种、附录Ⅱ为9种、附录Ⅲ为2种）。另有115种被国家陆生野生保护动物名录收录。

1.3.3　景观资源

1.3.3.1　自然景观

大鹏半岛自然保护区的山体景观独特，山脊线呈东西走向，连绵不断有十几个山峰，三面环海，山石嶙峋，景色极佳。由远处眺望，酷似一排排错落不齐的牙齿，由此得名排牙山。

保护区境内沟谷众多，沟谷中的水流向南流淌，形成了9个中小型水库。沟谷水量丰沛，植物物种丰富，景观奇特，树形优美，形成典型的南亚热带沟谷常绿阔叶林植被景观。水库周围有大片的沼泽地，生长着许多湿地植物，吸引大量水鸟来此觅食，形成许多斑块状的湿地景观。水库蓄水量丰富，每当旱季水量减少，部分库底出露，形成独特的景观带——绿色森林－黄色裸露区－墨兰色水面。此外，坝光古银叶树林，板根相互交错，曲折迂回，蔚为壮观。

1.3.3.2 人文景观

主要人文景观有东山寺、大鹏所城、咸头岭新石器遗址、谭仙古庙、坝光海滨田园风光等。

东山寺，始建于明洪武二十七年（公元1394年），距今已有600多年的历史。东山寺背山面海，风景极是幽雅、绚丽，寺内种有春桃、夏荔、秋芒果，别有一番景致。

大鹏所城，是深圳市目前唯一的国家级重点文物保护单位，深圳市又名“鹏城”即源于此。是我国东部沿海现存最完整的明代军事所城之一，为抗击倭寇而设立，占地110000 m^2，始建于明洪武二十七年（1394年）。名列深圳市八景榜首。

咸头岭新石器遗址，被评为“2006年中国六大考古新发现”之一，被中国考古界称为“咸头岭文化”。是6000年至7000年前新石器时代中期岭南人的杰作，充分说明珠江文明的古老性不亚于黄河文明、长江文明。

谭仙古庙，其供奉着客家人的神仙，保佑着他们历经磨难而重生，通往古庙的路由红褐色的石头砌成，古色古香，神韵味道十足。

坝光海滨田园风光，极具诗意，由18个自然村组成，如坝光村、高大村、西乡、井头、盐灶等村庄，还有盐灶水库、坝光水库、坪埔水库等中小型水库，白沙湾的海滨还散布有很多海业虾场和养蚝基地，散布在16 km的海岸线旁。是游人远离喧闹都市，拥抱自然，领略“采菊东篱下，悠然见南山”的好去处。

1.4 社会经济概况

根据大鹏新区管委会2013年的统计数据，大鹏新区面积607 km^2，其中陆域面积302 km^2，约占深圳市六分之一，海域面积305 km^2，约占深圳市四分之一，海岸线长133.22 km，约占全市的二分之一。下辖大鹏、南澳、葵涌三个办事处，坝光、高源、西涌、官湖、土洋、葵涌、鹏城、下沙、大鹏、南澳等25个居委会，总人口约20万，其中户籍人口4.7万。

2013年，大鹏新区GDP为245亿元，上规模的工业增加值136.68亿元，全社会固定资产投资71亿元。全年接待游客数862.67万人次，实现旅游收入34.25亿元，分别增长10.22%、15.40%。2014年大鹏新区实现地区生产总值259.25亿元，其中，第一产业生产总值为0.44亿元，第二产业生产总值为161.13亿元，第三产业生产总值为97.68亿元。

1.5 保护区范围及功能区划

1.5.1 保护区范围

大鹏半岛自然保护区整体几何形状呈哑铃形，南北长约22.3 km，东西宽约

16.6 km，宽长比为0.7。保护区规划面积146.22 km^2，此外，保护区西北部与田头山自然保护区相邻，北部与笔架山和惠州的红缨帽山等山地接壤，南部东侧与七娘山山地相邻，南北部的连接带为生态公益林走廊。整体上保护区的范围基本能够满足自然保护区规划需要。

1.5.2　功能区划

根据保护区的现状、自然资源与自然景观、主要保护对象以及主要保护目标进行区划，将大鹏半岛自然保护区划分为核心区、缓冲区及实验区等3个功能区。

核心区面积约59.18 km^2，占总面积的30.33%，包括主峰南北坡海拔200 m以上区域，以及求水岭、火烧天、岭澳水库、抛狗岭、红花岭等。

缓冲区面积约56.67 km^2，占总面积的38.62%。缓冲区是位于核心区外围的缓冲区域。包括排牙山南坡海拔50～200 m之间的低地和低山以及沟谷，大坑水库、水磨坑水库和打马坜水库周边地区；求水岭、禾木岭和火烧天的低山地段，西部的灿田子及英管岭山地。

实验区面积约30.34 km^2，占总面积的20.75%。核心区或缓冲区外围区域，包括排牙山北坡200 m以下的山坡和平地；求水岭、禾木岭和火烧天的山麓地段；径心水库、罗屋田水库、盐灶水库、坝光村、高大村和大鹏所城周边地区；南澳西部山地的低海拔部分；以及需要进行环境整治和生态公益林改造的区域。

1.6　综合价值概论

1.6.1　自然属性

（1）具有典型的南亚热带常绿阔叶林

大鹏半岛保护区的地带性植被以南亚热带常绿阔叶林为主体，也是深圳市典型的森林生态系统，具有极高的保护价值。尤以大面积分布于排牙山北坡的“浙江润楠＋鸭公树”及求水岭东坡、南坡的“浙江润楠＋鸭脚木－亮叶冬青＋假苹婆－鼠刺群落”保存最为完好。南亚热带低地常绿阔叶林以南澳西涌的“香蒲桃（*Syzygium odoratum*）群落”为代表，山地常绿阔叶林以“香花枇杷（*Eriobotrya fragrans*）群落”以及“钝叶水丝梨（*Sycopsis tutcheri*）群落”为代表。

（2）典型的红树林湿地生态系统

大鹏半岛自然保护区尚保存有大面积的半红树林——古银叶树林以及真红树林（东涌红树林），属于较为典型的红树林湿地。

（3）生物区系成分的复杂性及古老性

大鹏半岛自然保护区生物区系成分复杂，在植物区系方面，排牙山共有野生维管植物1372种。保护区内不乏古老或在系统进化上具有重要地位的代表类群，如罗汉松科、红豆杉科、木兰科、金缕梅科、木通科、大血藤科及山茶科等。

在陆生脊椎动物区系方面，大鹏半岛以东洋界区系成分为主，占种数的78.4%。

其中，以华南、华中区共有成分比例较高，说明了大鹏半岛动物区系具备南亚热带区系特征。

（4）生物区系的稀有性

大鹏半岛自然保护区分布中国特有植物多达302种，广东特有种10多种。包括国家Ⅱ级重点保护野生植物8种及省级重点保护植物1种，属于IUCN或中国物种红色名录的极危植物有1种，濒危植物有9种，易危植物有38种。

国家Ⅰ级和Ⅱ级重点保护陆生脊椎动物分别为1种和25种，省级保护动物14种。全部共计40种。

（5）生境的脆弱性

大鹏半岛自然保护区出露地表的砾岩、砂岩及花岗岩较多，这些岩石较为坚硬，不易风化，特别是近山顶处和陡坡处几呈裸岩；有些地段土层较浅，乱石成堆，树木只能从石缝中生长，加之由于近海而蒸发量较大，导致植株较为矮小，且一旦遭到破坏就极难恢复。这是大鹏半岛生态系统中最为脆弱的一部分。南亚热带常绿阔叶林已退缩到主峰附近和求水岭的部分地段，相对而言，原生性的核心区域面积较为狭窄。

1.6.2 经济和社会价值

（1）大鹏半岛是深圳市重要的水源涵养林区

大鹏半岛自然保护区的沟谷众多，较大的中小型水库有9个，即罗屋田水库、径心水库、坝光水库、盐灶水库、打马坜水库、水磨坑水库、大坑水库、岭澳水库和香车水库等，是深圳市水库最为密集的地区之一。湿地环境丰富了该地区的动物多样性。

（2）景观资源的巨大贡献

大鹏半岛自然保护区的景观资源丰富，山峦绵延起伏，林海翠绿浩瀚，水体通透清澈，云雾神奇迷人，是生态旅游和休闲避暑的胜地。

（3）对维护东部地区的海岸生态环境有巨大意义

大鹏半岛是深圳市中轴线整体区域的核心地带，东部自排牙山、七娘山、田头山，往西为马峦山、田头山、梧桐山、银湖山、梅林山、塘郎山、凤凰山、羊台山等，均为生物多样性的重要栖息地、核心区、家园。东部海岸环境、海岸山地，对维护生态旅游，维持生态环境起着巨大的缓解和库容作用。

第二章　大鹏半岛自然保护区土壤和水资源

摘要： 大鹏半岛自然保护区属于中低山地貌，区内沟谷众多，水资源丰富，地表水主要以溪流、水库和水塘等形式分布，形成了9个中小型水库，如径心水库、打马坜水库、岭澳水库、盐灶水库、坝光水库、罗屋田水库、大坑水库、香车水库等，是深圳市重要的水源涵养林区。水质检测结果良好，主要库区均达到国家Ⅱ类水质标准。土壤主要由变质岩类风化发育形成，土壤质地为中壤土或重壤土；土壤呈强酸性反应，有机质含量、全氮含量中等，碱解氮、速效磷含量水平很低。深20 cm的土层中有机碳贮量平均为17.74 t·ha^{-1}，而表层土壤（0～20cm）有机碳贮量为26.66t·ha^{-1}，反映出森林土壤的重要碳汇功能。总体结果表明土壤没有障碍性因子，生产潜力较好。

2.1　水资源与水质检测

大鹏半岛地区地形复杂，地貌类型多样，以中低山地为主，沟壑纵横，分布有多个中小型人工水库，是深圳市重要的水源涵养区之一，地表水主要以溪流、水库和水塘等形式分布。区内溪流众多，汇合或直接注入水库，也有部分溪流流入大海。较大的水库主要有径心水库、打马坜水库、岭澳水库、盐灶水库、坝光水库、罗屋田水库、大坑水库、香车水库等。

溪流水量随降雨季节变化明显，4—9月为丰水期，10月至翌年3月为枯水期，雨季地表径流顺坡而下，流量大增；旱季缺乏地表径流补给，流量减少，部分溪流甚至断流。森林对水源的涵养非常重要，调查中发现，在原生森林植被下的溪流，其流水量往往大于受干扰地区，因此，应加强对森林尤其是原生植被的保护，以保证各水库的水源供应。

根据2000年7月4日颁布的《深圳市人民政府关于重新划分深圳市生活饮用水地表水源保护区的通知》（深府〔2000〕80号），其总面积达2248 km^2，本区内的径心水库、打马坜水库及罗屋田水库也被包括在水源保护区内。而且大鹏半岛自然保护区是其中的主要集雨区之一，该保护区的建设将对保证那些水库的水质和水源供应发挥重要的意义。

2.1.1　水样的采集与检测

2.1.1.1　采样点和采样

针对大鹏半岛生态环境特征和用水情况，于2006年5月（晴天）在大鹏半岛各大水库进行了采样，分别在每个水库的入水口和出水口设置了采样点。采样点设在水库岸边，从距水面30cm深处采集水样，然后封装标记，于当日在华南农业大学检测。

2.1.1.2　水质检测项目及测定方法

按照《国家地表水环境质量标准》（GB 3838—2002）（下简称“《标准》”）所推荐的标准和规范分析方法对各水样进行了测定分析，所有水样均于采集当日送往清远市自来水有限责任公司水质监测站，并在24 h内对水样进行检测处理。主要选取了浊度、色度、pH值、总硬度、耗氧量、铝、氟化物、氯化物、氨氮、硝酸盐氮、铁、亚硝酸盐氮等12项理化指标进行了测定。

2.1.2　水质检测结果

深圳市大鹏半岛自然保护区各大水库水体水质检测结果见表2－1（其中2项物理指标；10化学指标）。

2.1.3　水质评价分析

2.1.3.1　评价参数与标准

根据水体现行功能与用途，结合所检测的项目，选取2项物理指标和8项化学指标，参照《标准》Ⅱ类水质标准对大鹏半岛自然保护区水体水质进行评价。

2.1.3.2　评价方法

先根据物理指标做出感官性的初步评价，然后采用W分级法对水质的化学指标进行综合评价，评定其水质级别。

W分级法是根据《标准》，以水体中浓度最大的两种污染物质为关键要素，对水体进行综合评价。其分析步骤大致为：①首先将评价水域的使用功能或已确定的环境保护目标作为综合分级的“合格级”，定为3分，以《标准》为依据，水质每提高一类，增加1分，并相应定为良好级或优秀级，每降低一类，减1分，定为污染级或重污染级；②对单项指标按“就高不就低”的原则评定分值；③写出水质表达式 $sN_5^iN_4^jN_3^kN_2^mN_1^n$，其中 N_x^y 表示得 x 分的水质要素为 y 项，s 值表示参与水环境评价的水质要素的总项数，$s=i+j+k+m+n$；④将污染最严重的两项得分之和作为分级的标准，分值之和为6分或7分合格级，优秀级最低两项得分为10分，良好级为8、9分，污染级为4、5分，重污染为2、3分；⑤最后根据综合分级结果，写出分级表达式 $sWJ-C$［·］，其中 s 表示参与水质评价的要素总项数，J 表示综合分级的级别，C 则表示对合格级而言超标的水质要素的项数，中括号中列出超标要素的名称和超标倍数。此种方法使得分最少的两种污染物之间起到一定的补偿作用，而且计算简单、分析具体、评价全面、信息量大。可以减少分析人员的主观任意性和弥补综合指数法的不足。其分级更加具体细致，直观扎实，综合评价结果具有坚实的基础，便于理解，有利于应用。

表 2－1　深圳大鹏半岛自然保护区各大水库水体水质检测结果

序号	检测项目	采样点													
		大坑水库		径心水库		打马坜水库		岭澳水库		盐灶水库		坝光水库		罗屋田水库	
		入水口	出水口	入水口	出水口	入水口	出水口	入水口	出水口	入水口	出水口	入水口	出水口	入水口	出水口
1	色度	<5.0	5.0	<5.0	<5.0	25	35	<5.0	<5.0	<5.0	10	10	12	20	20
2	浑浊度（NTU）	2.66	2.61	2.84	3.12	3.72	4.18	1.52	0.86	1.53	1.58	4.18	4.62	2.10	2.20
3	pH 值	6.4	6.4	6.9	6.9	6.9	6.9	6.7	6.8	6.3	6.6	6.6	6.8	6.7	6.9
4	总硬度（$mg \cdot L^{-1}$）	12.0	8.0	19.0	15.0	26.0	15.0	13.0	22.0	17.0	15.0	13.0	19.0	24.0	19.0
5	可溶性铁（$mg \cdot L^{-1}$）	0.14	0.13	0.14	0.17	0.52	0.59	0.11	0.09	0.09	0.10	0.17	0.19	0.22	0.23
6	氯化物/（$mg \cdot L^{-1}$）	3.5	3.7	2.7	3.2	2.7	2.8	4.1	3.8	3.7	3.8	3.1	2.1	2.1	2.2
7	氟化物（$mg \cdot L^{-1}$）	0.40	0.40	0.10	<0.10	0.15	0.10	0.15	0.15	<0.10	0.25	0.40	0.40	0.40	0.40
8	硝酸盐氮（$mg \cdot L^{-1}$）	2.20	1.17	1.91	1.90	1.75	1.74	1.63	1.34	2.44	2.37	2.02	2.26	1.82	2.01
9	高锰酸钾指数（$mg \cdot L^{-1}$）	0.2	0.3	1.2	1.2	2.5	2.7	1.2	1.0	1.5	1.5	0.8	0.7	1.8	1.7
10	氨氮（$mg \cdot L^{-1}$）	0.39	0.31	0.22	0.23	0.33	0.39	0.16	0.20	0.35	0.15	0.42	0.28	0.26	0.27
11	铝（$mg \cdot L^{-1}$）	0.044	0.044	0.041	0.040	0.059	0.062	0.037	0.040	0.056	0.048	0.045	0.046	0.042	1.042
12	亚硝酸盐氮（$mg \cdot L^{-1}$）	0.001	0.003	0.002	0.004	0.005	0.005	0.003	0.001	0.004	0.004	0.002	0.004	0.004	0.002

2.1.3.3 评价结果

（1）感官性状评价

大鹏半岛自然保护区各个水库透明度较高，大部分水库呈浅绿色，只有打马坜水库有点浑浊，且略带黄色。各水库未见到令人感官不快的漂浮物和沉淀物，也未见易滋生令人不快的水生生物的物质，观察不到肉眼可见微粒。感官性状基本符合《标准》Ⅱ类水质标准的要求，有待化学指标进一步检测。

（2）化学指标评价

根据 W 分级法计算分级和结果见表 2－2。

表 2－2 用 W 分级法计算分级标准及各项指标得分

分类	级别	分值	pH 值	总硬度	可溶性铁	氯化物	氟化物	硝酸盐氮	高锰酸钾指数	氨氮
	优秀	5	6－9	<450	<0.3	<250	<1.0	<10	<2	<0.15
Ⅰ类	良好	4	6－9	450	0.3	250	1.0	10	2	0.15
Ⅱ类	合格	3	6－9	450	0.3	250	1.0	10	4	0.5
Ⅲ类	污染	2	6－9	450	0.5	250	1.0	20	6	1.0
Ⅳ类	重污染	1	6－9	450	0.5	250	1.5	20	10	1.5
大坑水库		C_{11}	6.4	12	0.14	3.5	0.4	2.2	0.2	0.39
		C_{12}	6.4	8	0.13	3.7	0.4	1.17	0.3	0.31
		$\bar{c}_1$	6.4	10	0.135	3.6	0.4	1.685	0.25	0.35
		得分 1	5	5	5	5	5	5	5	3
径心水库		C_{21}	6.9	19	0.14	2.7	0.1	1.91	1.2	0.22
		C_{22}	6.9	15	0.17	3.2	<0.10	1.9	1.2	0.23
		$\bar{c}_2$	6.9	17	0.155	2.95	0.1	1.905	1.2	0.225
		得分 2	5	5	5	5	5	5	5	3
打马坜水库		C_{31}	6.9	26	0.52	2.7	0.15	1.75	2.5	0.33
		C_{32}	6.9	15	0.59	2.8	0.1	1.74	2.7	0.39
		$\bar{c}_3$	6.9	20.5	0.555	2.75	0.125	1.745	2.6	0.36
		得分 3	5	5	1	5	5	5	3	3
岭澳水库		C_{41}	6.7	13	0.11	4.1	0.15	1.63	1.2	0.16
		C_{42}	6.8	22	0.09	3.8	0.15	1.34	1	0.2
		$\bar{c}_4$	6.75	17.5	0.1	3.95	0.15	1.485	1.1	0.18
		得分 4	5	5	5	5	5	5	5	3

（续表2-2）

分类	级别	分值	pH值	总硬度	可溶性铁	氯化物	氟化物	硝酸盐氮	高锰酸钾指数	氨氮
盐灶水库		C_{51}	6.3	17	0.09	3.7	<0.10	2.44	1.5	0.35
		C_{52}	6.6	15	0.1	3.8	0.25	2.37	1.5	0.15
		$\bar{c}_5$	6.45	16	0.095	3.75	0.25	2.405	1.5	0.25
		得分5	5	5	5	5	5	5	5	3
坝光水库		C_{61}	6.6	13	0.17	3.1	0.4	2.02	0.8	0.42
		C_{62}	6.8	19	0.19	2.1	0.4	2.26	0.7	0.28
		$\bar{c}_6$	6.7	16	0.18	2.6	0.4	2.14	0.75	0.35
		得分6	5	5	5	5	5	5	5	3
罗屋田水库		C_{71}	6.7	24	0.22	2.1	0.4	1.82	1.8	0.26
		C_{72}	6.9	19	0.23	2.2	0.4	2.01	1.7	0.27
		$\bar{c}_7$	6.8	21.5	0.225	2.15	0.4	1.915	1.75	0.265
		得分7	5	5	5	5	5	5	5	3
各水库平均值 $\bar{c}$			6.70	16.93	0.21	3.11	0.28	1.90	1.31	0.28
	得分		5	5	5	5	5	5	5	3

根据得分情况，大坑水库、径心水库、岭澳水库、盐灶水库、坝光水库、罗屋田水库的水质表达式都为：$8N_5^7N_3^1$，只有氨氮这项指标得分为3，其余各指标均达到5分，得分最低的两种因素得分之和为8分，综合评价为良好级。分级表达式为：8W良好-0，说明这些水库保护良好，达到水体现行功能（Ⅱ类水域）的要求。其中pH值、总硬度、可溶性铁、氯化物、氟化物、硝酸盐氮、高锰酸钾指数达到Ⅰ类水域质量标准，氨氮达到Ⅱ类水域质量标准，没有超标项目。打马坜水库的水质表达式为：$8N_5^5N_3^2N_1^1$，污染最严重的两种因素得分之和为4分，综合评价为污染级。分级表达式为：8W污染-1［可溶性铁（1.85）］，说明该水库环境质量为污染级，达不到环境保护目标（Ⅱ类水域）的要求。其中pH值、总硬度、氯化物、氟化物、硝酸盐氮达到Ⅰ类水域质量标准，高锰酸钾指数、氨氮达到Ⅱ类水域质量标准，可溶性铁仅达到Ⅴ类水域质量标准，超过Ⅱ类水域质量标准1.85倍。

综合起来看，深圳市大鹏半岛自然保护区水质表达式为：$8N_5^7N_3^1$，综合评价为良好级。分级表达式为：8W良好-0，说明大鹏半岛自然保护区水环境质量总体而言保护良好，达到环境保护目标（Ⅱ类水域）的要求。其中pH值、总硬度、可溶性铁、氯化物、氟化物、硝酸盐氮、高锰酸钾指数达到Ⅰ类水域质量标准，氨氮达到Ⅱ类水域质量标准，没有超标项目。

2.1.4　讨论

对深圳市大鹏半岛自然保护区多个水库水质检测后，发现只有打马坜水库达不到环境保护目标（Ⅱ类水域）的要求，其可溶性铁这项指标超标1.85倍，有待进一步改善，其余指标均合格或优良。铁是植物和动物不可缺少的微量元素，但过量的铁会形成悬浮的铁沉淀物，呈黄赭色或红色，在感官上会使人厌恶。铁明显地影响饮料的味道，而且能够沾污洗涤的衣物及管件设备。在没有外界污染源的情况下，水中的可溶性铁主要取决于该地区的地质状况，考虑到打马坜水库可溶性铁超标不是很严重，经过一定的处理，可以作为饮用水使用。其他水库都能达到环境保护目标的要求，各项指标均为合格或优良。

总体而言，大鹏半岛自然保护区水体得到良好的保护，尚未受到有害物质的污染，水质状况良好，达到环境保护目标（Ⅱ类水域）的要求，完全满足生活饮用水的需要。

2.2 土壤资源与土壤检测

土壤是植物生长的介质，是多种自然因素和人为影响长期作用的结果。土壤为植物生长发育提供了必要的条件，包括物理支撑作用，水分、养分、空气和热量的供应与协调作用等。土壤质地、孔隙状况等物理性状是影响土壤水分、通气状况、微生物活性、养分转化和肥力水平的重要因素，同时对林木根系生长、土壤稳定性和抗蚀能力有重要影响（林大仪，2002）。土壤水分是影响植物生长发育的重要条件之一，土壤含水量及其植物有效性受土壤物理性质、气候和地形条件等因素综合影响。土壤化学性质和养分含量水平直接影响植物生长发育，是土地生产力的重要决定因素。分析林地土壤理化性质，有助于了解土壤的现实肥力水平和生产潜力，进一步认识植被与土壤的相互作用规律，为调查区的林分改造和植被恢复提供背景资料。

2.2.1 土壤采样与分析方法

采样点设在植被调查样方内，采集时间2006年5月（晴天）。在样方内选择代表性地段，挖掘剖面，深度60～100cm不等，主要根据土壤厚度情况而定。划分层次，填写土壤剖面调查表。按0～20cm、20～40cm、40～60cm和60～80cm分层采集土壤分析样品。同时采集环刀样品和小铝盒样品，用于自然含水量、容重和孔隙性的测定。本次土壤调查共挖掘土壤剖面4个，采集土壤分析样品14份。采样点基本自然条件见表2-3。分析样品带回室内后风干、除杂、研磨过筛，贮于封口胶袋内供分析用。环刀和小铝盒样品带回室内后及时分析。检测在华南农业大学林学院进行。

表2-3 采样点基本自然条件

剖面号	地点	地貌	坡度	坡向	坡位	母岩	土壤类型	植被盖度	主要植被
1	大林山	丘陵	25°	东偏南40°	中上	侏罗纪变质岩	赤红壤	100%	马尾松、桃金娘、罗浮柿、蜈蚣草、岗松、岭南山竹子、豺皮樟、乌毛蕨、苏铁

（续表2-3）

剖面号	地点	地貌	坡度	坡向	坡位	母岩	土壤类型	植被盖度	主要植被
2	大林山	丘陵	30°	正东	沟谷	侏罗纪变质岩	赤红壤	100%	鸭脚木、铁线蕨、蒲桃、山油柑、水船花、苏铁、乌毛蕨、蔓九节、桃金娘、假萍婆、浙江润楠
3	大林山	冲积谷	0	—	山麓	冲积物	耕作土	100%	马缨丹、破布叶、芒萁、火炭母、桃金娘、蔓九节、野牡丹
4	岭澳核电站入口	丘陵	20°	西偏北30°	下	侏罗纪变质岩	赤红壤	100%	鸭脚木、九节、对叶榕

分析项目及测定方法包括自然含水量，酒精燃烧法；容重和毛管持水量，环刀法；质地，简易比重计法；pH值，水土比2.5:1，电位法；有机质，重铬酸钾-硫酸氧化，外加热法；全氮，扩散吸收法；碱解氮，扩散吸收法；有效磷，盐酸-氟化铵浸提，钼锑抗比色法（国家标准局，1988）。

2.2.2 结果与分析

2.2.2.1 土壤物理性质

（1）土壤水分

土壤水分状况与植物生长密切相关，同时影响土壤热量状况、通气状况和养分转化。土壤水分有不同的存在形态，其能态及植物有效性亦大不相同。土壤自然含水量受地形、天气状况、植被覆盖、孔隙状况、结构、有机质含量等因素综合影响，变异很大。大鹏半岛自然保护区土壤自然含水量为141.78～272.09 $g \cdot kg^{-1}$（见表2-4），平均为193.19 $g \cdot kg^{-1}$。2号剖面位于沟谷，土壤自然含水量最高，3号剖面为冲积物发育的耕作土，砂性较强，无上层林冠覆盖，自然含水量最低。

毛管持水量是指土壤毛管孔隙中全部充满水时的土壤含水量，包括吸湿水、膜状水和毛管悬着水。其值大小可反映土壤的保水能力，与土壤涵养水源的生态功能密切相关。大鹏半岛土壤毛管持水量为208.07～416.20 $g \cdot kg^{-1}$，平均为280.77 $g \cdot kg^{-1}$，土壤的持水能力变异较大。与深圳市莲花山、围岭公园等地相比，该公园土壤总体上具有较强的持水能力（曾曙才等，2002，2003）。

（2）土壤容重及孔隙状况

土壤容重是土壤重要的物理性状指标，其大小反映土壤的松紧状况和孔隙多少，并可用来求算一定体积土体内某物质的储量。土壤容重主要与土壤质地、结构、团聚状况、排列状况及有机质含量等因素有关。大鹏半岛自然保护区土壤容重为1.09～1.71 g·cm^{-3}，平均值为1.43 g·cm^{-3}。

表2-4　土壤水分状况与孔隙性

剖面号	土层深度	自然含水量 /g·kg^{-1}	毛管持水量 /g·kg^{-1}	容重 /g·cm^{-3}	总孔隙度/%	毛管孔隙度/%	非毛管孔隙度/%	通气孔隙度/%
1	0～20cm	182.30	298.97	1.28	51.80	23.41	28.40	28.52
	20～40cm	183.27	274.20	1.46	45.00	18.81	26.19	18.29
2	0～20cm	272.09	416.20	1.09	58.80	38.12	20.68	29.09
	20～40cm	210.67	257.65	1.55	41.42	16.60	24.82	8.71
	40～60cm	202.77	284.15	1.50	43.43	18.96	24.48	13.04
3	0～20cm	141.78	226.15	1.45	45.20	15.57	29.63	24.62
	20～40cm	142.12	208.07	1.71	35.56	12.18	23.37	11.28
4	0～20cm	220.86						
	20～40cm	182.84						

土壤孔隙是土壤水分和空气的存在场所，也是植物根系、土壤动物和微生物的生活空间。自然土壤中孔隙容积所占比例愈大，水分和空气的容量就愈大。土壤孔隙包括毛管孔隙和非毛管孔隙。非毛管孔隙主要用于通气，毛管孔隙则可蓄水。一般对于植物来说，孔隙度在50%左右或稍大而其中通气孔隙度占20%～40%比较理想（罗汝英，1990）。大鹏半岛自然保护区土壤总孔隙度为35.56%～58.80%，平均为45.89%，低于深圳市莲花山和围岭公园土壤的平均水平（曾曙才等，2002，2003）。该公园土壤毛管孔隙度为12.18%～38.12%，变异较大。土壤非毛管孔隙度为20.68%～29.63%，平均为25.37%。通气孔隙度为11.28%～29.09%，平均为19.08%。总体来说，大鹏半岛自然保护区土壤的总孔隙度偏低，但非毛管孔隙度比例适当，土壤具有较好的通气性和透水性。

（3）土壤质地

土壤质地是土壤最重要的物理性质之一，影响土壤的水、肥、气、热等各个肥力因子及土壤的耕性。土壤质地状况决定于成土母质（岩）、气候、地形、地表植被、人为活动等因素。深圳市大鹏半岛自然保护区土壤主要为中壤土，少数属重壤土（见表2-5）。土壤中石砾含量为4.37%～56.77%，平均为25.72%，多数土壤砾质性强。这样的土壤质地类型对土壤物质循环和植物生长比较有利，但是部分土壤的石砾含量太高，对土壤耕作不利。

表 2-5　土壤质地

剖面号	土层深度	<0.01mm 土粒含量 /g·kg^{-1}	石砾含量 /%	质地名称
1	0～20cm	429.94	4.37	非砾质中壤土
	20～40cm	460.68	35.44	中砾质重壤土
	40～60cm	426.00	44.86	中砾质中壤土
	60～80cm	488.79	33.06	中砾质重壤土
2	0～20cm	473.02	7.61	非砾质重壤土
	20～40cm	454.42	15.59	少砾质重壤土
	40～60cm	432.67	9.75	非砾质中壤土
	60～80cm	409.41	22.28	少砾质中壤土
3	0～20cm	434.19	4.88	非砾质中壤土
	20～40cm	340.84	7.14	非砾质中壤土
4	0～20cm	391.88	26.37	少砾质中壤土
	20～40cm	377.00	43.94	中砾质中壤土
	40～60cm	417.47	56.77	多砾质中壤土
	60～80cm	418.48	48.04	中砾质中壤土

2.2.2.2　土壤化学性质和养分含量

（1）土壤酸度

土壤酸碱性是土壤重要的化学性质，对营养元素的分解释放、植物的养分吸收、土壤肥力、微生物活动、土源病虫害的发生及植物的分布与生长有重要影响。大鹏半岛自然保护区土壤水提 pH 值（活性酸度）为 4.33～4.85，平均为 4.64，呈强酸性；KCl 提 pH 值（交换性酸度）为 3.31～3.79，平均为 3.54（见表 2-6），比活性酸度低 1.1 个 pH 单位，反映土壤胶体上吸附的 H^+、Al^{3+} 等致酸离子数量较多，土壤潜性酸度大。总体上看，公园内土壤酸性变异不大。

（2）土壤养分状况

土壤有机质。土壤有机质是土壤的重要组成物质，影响土壤的物理、化学和生物学性质。森林土壤有机质主要来源于森林凋落物，此外还有枯死根系、森林动物和土壤小动物的排泄物和尸体以及微生物的代谢产物等。有机质在土壤中的含量一般仅占土壤重量的 1%～10%，但它是土壤中最活跃的成分，对水、肥、气、热等肥力因子影响很大，成为土壤肥力的重要物质基础。大鹏半岛自然保护区土壤有机质含量为 1.30～33.11 g·kg^{-1}，平均值为 10.72 g·kg^{-1}。不同剖面之间差异很大。4 号剖面表层土壤有机质含量最高，这与其地表存留有丰富的凋落物有关。

氮素。岩石矿物中不含氮素，所以自然土壤中的氮主要来源于生物、雷电现象和降雨等，其中有机质是自然土壤氮素的最主要来源，凋落物的分解可使土壤 N 素含量明显增加。高等植物组织平均含氮2%～4%，是蛋白质的基本成分，影响植物的光合作用和根系生长。土壤含氮的多少，在一定程度上影响植物对磷和其他元素的吸收。

大鹏半岛自然保护区土壤全氮含量为0.09～1.75 g·kg^{-1}，平均值为0.67 g·kg^{-1}。4个剖面中，以4号剖面的表层土壤总氮含量最高，2号剖面下层土壤（60～80cm）总氮含量最低，这种趋势与有机质的情况相类似。

土壤碱解氮包括铵态氮、硝态氮、氨基酸、酰胺和易水解的蛋白质中的氮素。其数量大小可以反映近期可被植物吸收利用的有效氮含量。大鹏半岛自然保护区土壤碱解氮含量为11.19～162.01 mg·kg^{-1}，平均值为57.72 mg·kg^{-1}，属中等水平（孙向阳，2005）。公园碱解氮含量高于莲花山公园的平均水平（曾曙才等，2002），但低于围岭公园（曾曙才等，2003）。

表2-6　土壤化学性质和养分含量

剖面号	土层深度 cm	pH		有机质	全氮	碱解氮	C/N	速效磷
		pH（H_2O）	pH（KCl）					
1	0～20	4.33	3.31	11.24	0.52	39.95	12.6	0.75
	20～40	4.46	3.39	5.53	0.36	29.18	8.9	0.99
	40～60	4.67	3.36	2.50	0.16	17.18	9.3	0.60
	60～80	4.76	3.36	1.30	0.16	11.19	4.8	0.65
2	0～20	4.47	3.47	16.15	0.89	91.96	10.5	2.25
	20～40	4.52	3.42	7.35	0.71	50.98	6.0	1.23
	40～60	4.75	3.40	3.44	0.11	30.47	18.1	0.95
	60～80	4.83	3.44	2.38	0.09	21.91	16.2	0.79
3	0～20	4.74	3.79	8.17	0.52	41.15	9.1	1.28
	20～40	4.85	3.77	11.19	0.72	60.98	9.0	5.65
4	0～20	4.66	3.78	33.11	1.75	72.93	11.0	5.97
	20～40	4.57	3.73	19.38	0.97	93.51	11.6	9.06
	40～60	4.66	3.73	16.28	1.26	84.62	7.5	7.71
	60～80	4.72	3.69	12.07	1.14	162.01	6.2	17.42
	最小值	4.33	3.31	1.30	0.09	11.19	4.81	0.60
	最大值	4.85	3.79	33.11	1.75	162.01	18.10	17.42
	平均	4.64	3.54	10.72	0.67	57.72	10.05	3.95
	CV	3.29%	5.33%	80.26%	74.28%	70.59%	37.28%	122.84%

土壤速效磷。磷是细胞核的组成成分，在细胞分裂和分生组织发育过程中起重要作用，有促进叶绿素形成与蛋白质合成的作用，有利于新芽和根生长点的形成，因而能促进根系生长，使根系吸收面积扩大，有利于氮的吸收。有机质含量、土壤质地和成土条

件也影响磷的含量。南方赤红壤对磷有强烈的吸附和固定作用，施磷肥后其有效性往往会在一定时间内迅速降低（熊毅等，1987）。土壤中的磷包括速效磷和迟效磷。土壤速效磷只占全磷量的极小部分，且在很多情况下速效磷含量与全磷量并不相关，土壤全磷量一般不能作为土壤磷素供应水平的确切指标（袁可能，1983）。实践证明，土壤速效磷含量是衡量土壤磷素供应状况的较好指标。大鹏半岛自然保护区土壤速效磷含量为 0.60～17.42 $mg \cdot kg^{-1}$，平均 3.95 $mg \cdot kg^{-1}$，属于低水平（孙向阳，2005）。各剖面之间差异较大。

2.2.2.3　土壤各因子相关关系分析

土壤各主要因子之间的相关系数见表 2－7。由表 2－7 可见，活性酸对各因子的影响不显著。交换性酸度则与有机质含量、全氮含量、碱解氮含量及速效磷含量均具有显著正相关关系，其原因有待探讨。有机质与全氮含量和碱解氮含量均具有显著的正相关关系，表明有机质是重要的氮源。另外，速效磷含量与全氮和碱解氮含量之间也呈显著相关关系，表明氮磷的供应水平是成一定的比例。上述结果与过去的一些研究结论是相符的。

表 2－7　土壤各因子相关系数表

	pH（H_2O）	pH（KCl）	有机质	全氮	碱解氮	C/N	速效磷
pH（H_2O）	1						
pH（KCl）	0.39	1					
有机质	－0.21	0.64 *	1				
全氮	－0.15	0.71 *	0.93 * *	1			
碱解氮	－0.07	0.58 *	0.57 *	0.74 *	1		
C/N	0.06	－0.18	－0.03	－0.28	－0.26	1	
速效磷	0.17	0.63 *	0.47	0.66 *	0.92 * *	－0.29	1

注：* 表示相关性显著（$p < 0.05$），* * 表示相关性极显著（$p < 0.01$）。

2.2.2.4　土壤养分及化学性质的空间分布格局

图 2－1 显示了土壤 pH、有机质含量、氮磷含量在土壤剖面不同层次的分布格局。由图 2－1（A、B）可以看出，活性酸度大小由上层往下逐渐减弱，而交换性酸度由上往下呈现增强趋势。有机质含量由表层土壤往下呈明显下降趋势［图 2－1（C）］，这与有机质主要来源于地上部分的生物残体有关。全氮含量的分布格局与有机质相似［图 2－1（D）］，主要因为有机质是重要的土壤氮源。速效养分氮磷在土壤剖面 0～60cm 土层中的含量比较接近，但在 60～80 cm 土层中含量较高［图 2－1（E、F）］。不过，方差分析结果表明，各层之间在统计上并无显著差异。

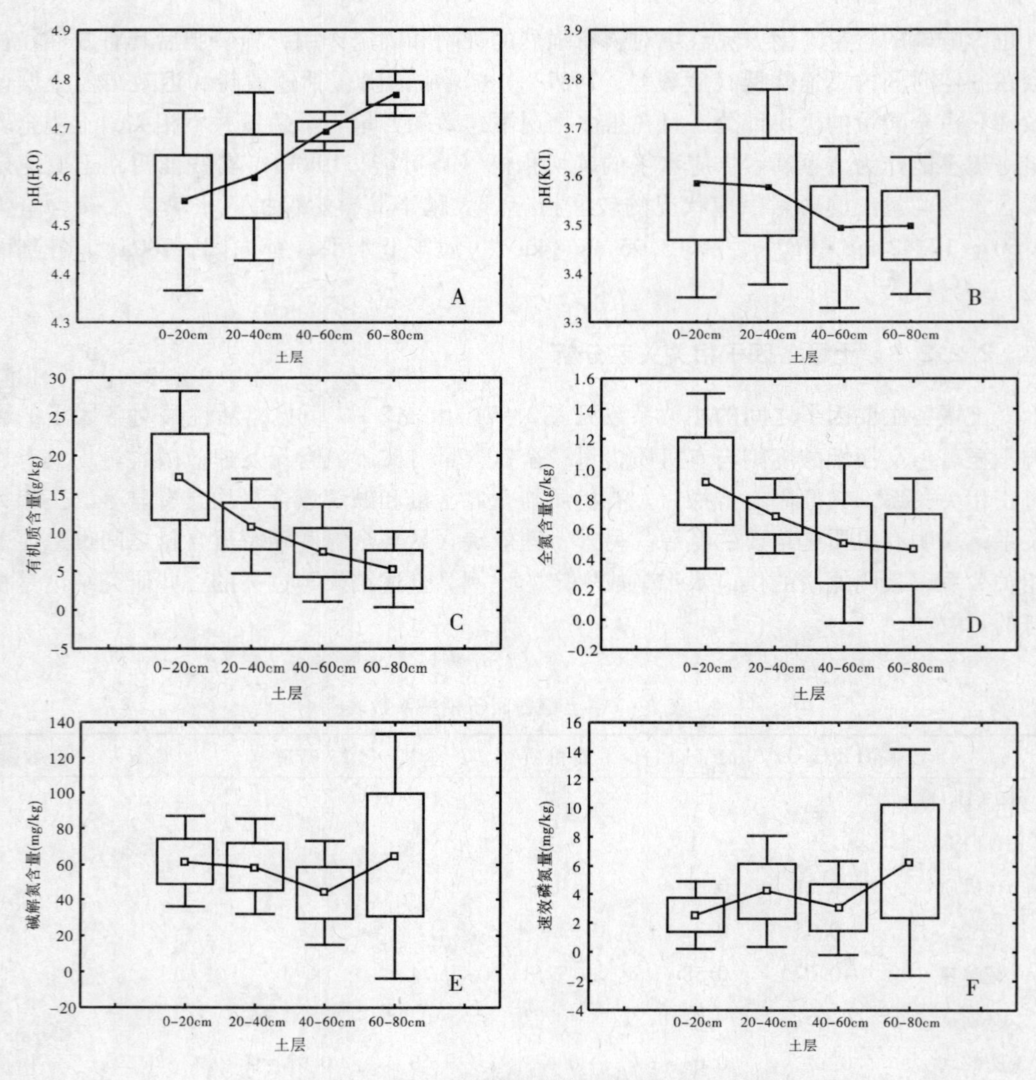

图2-1　土壤pH及养分在各土层中的分布情况

2.2.2.5　土壤养分储量

根据土壤容重（未测定容重的土层用平均值）和各层土壤养分含量（浓度），求算出1 ha土地面积上一定深度土层中的养分贮量，结果见表2-8。可以发现，20cm深的土壤中有机碳贮存量为2.21～55.77 $t \cdot ha^{-1}$，平均为17.74 $t \cdot ha^{-1}$，反映出森林土壤的重要碳汇功能。其中表层土壤有机碳贮量远高于下层土壤，在4个剖面中，4号剖面的有机碳贮量远高于其他剖面。20cm深的土层全氮贮量为0.33～5.08 $t \cdot ha^{-1}$，平均为1.92 $t \cdot ha^{-1}$，碱解氮和速效磷的贮量分别为32.61～470.51 $kg \cdot ha^{-1}$和1.76～50.60 $kg \cdot ha^{-1}$，平均值分别为165.25 $kg \cdot ha^{-1}$和11.58 $kg \cdot ha^{-1}$，速效磷的贮量属很低水平，土壤缺磷是制约林地生产力的重要原因。

表2-8　土壤养分贮量

剖面号	土层深度	有机碳/t	全氮/t	碱解氮/kg	速效磷/kg
1	0～20cm	16.65	1.32	102.06	1.92
	20～40cm	9.34	1.05	85.07	2.89
	40～60cm	4.22	0.46	50.09	1.76
	60～80cm	2.21	0.46	32.61	1.91
2	0～20cm	20.46	1.95	200.83	4.91
	20～40cm	13.24	2.21	158.28	3.83
	40～60cm	5.98	0.33	91.36	2.84
	60～80cm	4.15	0.26	65.69	2.38
3	0～20cm	13.76	1.51	119.51	3.71
	20～40cm	22.18	2.46	208.29	19.28
4	0～20cm	55.77	5.08	211.81	17.34
	20～40cm	32.65	2.81	271.58	26.32
	40～60cm	27.43	3.67	245.77	22.40
	60～80cm	20.34	3.31	470.51	50.60

2.2.3　小结

深圳市大鹏半岛自然保护区土壤主要由变质岩类风化发育形成，土层厚度为1米以内。地表植被保存较好，枯落物层厚度为6～10cm。土壤剖面中石砾含量高，土壤总孔隙度偏小，但通气孔隙比例适中。土壤质地中壤土或重壤土。土壤呈强酸性反应，交换性酸度大。土壤有机质含量、全氮含量中等，碱解氮、速效磷含量水平很低。土壤活性酸度由表土往下逐渐下降，交换性酸度则刚好相反；有机质、全氮含量由表层土壤往下呈下降趋势。相关分析结果表明，许多土壤因子之间存在显著或极显著的相关关系，如有机质和全氮之间的相关系数为0.93，全氮与碱解氮之间的相关系数为0.74。深20 cm 的土层中有机碳贮量平均为17.74 t·ha^{-1}，而表层土壤（0～20 cm）有机碳贮量为26.66t·ha^{-1}，反映出森林土壤的重要碳汇功能。调查分析结果表明土壤没有障碍性因子，生产潜力较好。

第三章　大鹏半岛自然保护区植被与植物区系

摘要： 大鹏半岛自然保护区的自然植被为次生常绿阔叶林，优势及代表性植被为南亚热带低山常绿阔叶林，尤以"浙江润楠＋鸭公树－鸭脚木＋亮叶冬青－银柴＋九节群落"和"浙江润楠＋鸭脚木－亮叶冬青＋假苹婆－鼠刺群落"保存最为完好。保护区的植被主要特征为：①自然植被保存较好，类型丰富，主要优势种群较丰富；②主峰南北两侧的植被差异明显；③植被的垂直分布现象较为明显。大鹏半岛地区处于北回归线以南，为亚洲热带北缘与南亚热带的过渡地带，属于南亚热带海洋性季风气候。保护区有维管植物208科806属1528种，其中野生维管植物200科732属1372种，包括：蕨类植物40科72属124种；裸子植物4科4属5种；被子植物156科656属1243种。保护区内各类保护植物及珍稀濒危植物52种，隶属于28科46属，且蕴藏了比较丰富的资源植物。植物区系以热带、亚热带科属成分为主，热带成分占80.98%，温带成分占19.02%。

3.1　植被

大鹏半岛位于深圳市大鹏新区，属南亚热带海洋性季风气候，由于正对风向且靠海，南坡的蒸发量较大，其植物群落从外貌上看比北坡矮小，平均仅为6～8 m，组成上也较为单调，主要以马尾松 *Pinus massoniana*、大头茶 *Gordonia axillaris* 占优势；而北坡则相对湿润，保存和发育有较为完好的南亚热带常绿阔叶林，物种多样性较高，优势种多样，主要有臀果木 *Pygeum topengii*、浙江润楠 *Machilus chekiangensis*、鸭公树 *Neolitsea chunii*、亮叶冬青 *Ilex viridis*、香花枇杷 *Eriobotrya fragrans* 及中华杜英 *Elaeocarpus chinensis* 等，且随着海拔的升高，群落的垂直演替现象也较为明显。由于大鹏半岛自然保护区的筹建，本书对大鹏半岛地区的植被状况、植物群落特点进行了样地研究和分析。

3.1.1　研究方法

3.1.1.1　野外调查方法

依据大鹏半岛自然保护区内森林植被的分布特点，在每条线路上分林型和层次进行多度－优势度记录。在线路调查的基础上选择典型地段进行样地调查，样地基本为顺着山体从上往下布设，每个样地面积为600～1600 m^2，共调查了18个样方，总面积为18000 m^2。每个样地再分成若干10×10 m^2 的小样方，采用单株每木记账调查法，起测径阶2 cm，起测树高1.5 m，记录各植物的种名、胸围、高度、冠幅、枝下高等数据；在每个小样方内再设一个2×2 m^2 的草本小样方，调查其中所有草本和灌木植物的多度、覆盖度等（王伯荪，1996）。

3.1.1.2　数据分析方法

群落的样地分析包括相对多度、相对频度、相对显著度、重要值及物种多样性等方面的分析，以便判断各主要植物群落的特征，以及其可能的演替动态。

（1）*群落结构*

相对多度：是指种群在群落中的丰富程度，用公式表示为：

相对多度 = 某种植物种群的个体总数/同一生活型植物个体总数 ×100

频度和相对频度：频度是指一个种在一定地区内的特定样方中出现的机会，它不仅反映出每种植物在群落中的密度，而且还反映出其个体在群落中的分布格局。其数值与样方的面积大小有关。

频度 = 某种植物出现的样地数/所调查的样地总数

相对频度 = 某个种的频度/所有种的频度总和 ×100

相对显著度 = 该种所有个体胸面积之和/所有种个体胸面积总和 ×100

重要值：是一个综合性指标，较全面地反映种群在群落中的地位和作用，即：

重要值 = 相对多度（或相对密度）+ 相对显着度 + 相对频度

植株密度 = 总株树/样地面积

平均株距 =（样地面积/总株树）$^{1/2}$ − 平均胸径

（2）*物种多样性分析*

物种多样性是把物种数和均匀度混合起来的一个统计量，一个群落中如果有许多物种，且它们的多度非常均匀，则该群落就有较高的多样性；反之，如果群落中物种数较少，并且它们的多度不均匀，则说群落有较低的多样性。测度物种多样性常用以下几个指数。

Simpson 多样性指数：该指数是基于概率论提出的，其意义是当从包含 N 个个体 S 个种的样方中随机抽取两个个体并且不再放回，如果这两个个体属于相同种的概率大，则认为样方的多样性低，反之则高。其公式如下：

$$Sp = N(N-1) / \sum_{i=1}^{S} ni(ni-1)$$

式中，Sp 为 Simpson 多样性指数，N 为群落全部个体总数，n_i 为第 i 个种的个体数，S 为物种数。

Shannon-Wiener 多样性指数：是以信息论范畴的 Shannon-Wiener 函数为基础，用以测度从群落中随机排出一定个体的种的平均不定度，当种的数目增加或已存在的物种的个体分布越来越均匀时，此不定度增加。其公式如下：

$$SW = -\sum_{i=1}^{S} P_i \times \log_2 P_i$$

式中，SW 为 Shannon-Wiener 多样性指数，S 为物种数，P_i 为 i 种占总个体数的比例。

均匀度：群落的均匀度是指群落中各个物种的多度的均匀度，是通过多样性指数值和该样地物种数、个体总数不变的情况下理论上具有的最大的多样性指数值的比值来度量的。这个理论值实际是在假定群落中所有种的多度分布是均匀的这个基础上来实现的。

基于 Simpson 多样性指数的物种均匀度的计算式为：

$$J_{Sp} = Sp / Sp_{max}$$

其中，$Sp_{max} = S(N-1)/(N-S)$。

基于 Shannon-Wiener 多样性指数的物种均匀度的计算式为：

$$J_{SW} = SW / SW_{max}$$

其中，$SW_{max} = \log_2 S$。

3.1.2 植被的优势种和建群种

优势种（dominant species）、建群种（edificator species）是植物群落中的主要物种，对群落的生境特性、群落的外貌、组成与演替特征有重要影响。优势种、建群种植物不但是决定着植物群落的外貌，也是制约着植物群落中其他组成成分（包括植物、动物和微生物）的因素，也制约着群落的演替。各类植物群落类型亦多依据建群种、优势种来命名。

群落的建群种和优势种对于维持群落的稳定起着重要的作用，它们中的一些种类往往对整个生态系统具有控制性的影响，常被称为“关键种（keystone species）”或“关键种集（clusters of keystone species）”。如果这些关键种或关键种集丧失，其他的种，乃至整个生态系统将受到严重影响。它们的确定和保护对于生态系统多样性的保护也是至关重要的。

依据上述 18 个样方的数据，本书列出了大鹏半岛自然保护区植物群落的优势种和建群种（见表 3－1）。从表 3－1 中可看出，大鹏半岛自然保护区的种类优势现象相当明显，占样方植物总种数 10.10% 的这 20 种植物代表着样方中的 4709 株个体，占样方中胸径大于 2 cm 植株总数的 67.75%；它们的重要值之和则占样方植株重要值总和的 63.90%。这些优势种类主导着大鹏半岛自然保护区的森林群落类型与结构，它们主要为樟科 Lauraceae、山茶科 Theaceae、梧桐科 Sterculiaceae、芸香科 Rutaceae 及大戟科 Euphobiaceae 等热带亚热带成分的种类。

表 3－1　深圳市大鹏半岛自然保护区森林群落的优势种和建群种

种名	多度	相对多度	相对频度	相对显著度	重要值
浙江润楠	281	4.04	4.24	17.28	25.56
鸭脚木	266	3.83	4.68	10.51	19.01
鼠刺	666	9.58	4.30	3.42	17.30
大头茶	379	5.45	2.72	6.65	14.82
假苹婆	229	3.29	2.65	6.01	11.96
山油柑	246	3.54	3.92	4.21	11.67
豺皮樟	487	7.01	3.41	0.80	11.22
厚皮香	498	7.17	0.95	1.74	9.85

（续表 3－1）

种名	多度	相对多度	相对频度	相对显著度	重要值
亮叶冬青	111	1.60	2.47	4.10	8.16
桃金娘	256	3.68	3.67	0.32	7.67
马尾松	119	1.71	2.28	3.56	7.55
银柴	157	2.26	2.02	2.37	6.65
香花枇杷	160	2.30	1.52	2.45	6.27
罗伞树	215	3.09	2.28	0.41	5.78
九节	189	2.72	2.53	0.51	5.76
绒楠	96	1.38	2.34	1.74	5.46
鸭公树	86	1.24	1.52	1.79	4.54
臀果木	30	0.43	0.44	3.33	4.20
变叶榕	109	1.57	2.21	0.41	4.19
密花树	129	1.86	1.52	0.69	4.06
合计 Total	4709	67.75	51.64	72.29	191.69

3.1.3　植被类型及其主要特征

3.1.3.1　植被和植物群落的基本特征

大鹏半岛自然保护区的植被可分为自然植被和人工植被。人工植被包括荔枝林及桉树、相思林，其中以荔枝林面积最大，主要分布在排牙山北面海拔 300 m 以下与葵坝公路之间的山坡上，东西走向，呈狭长的带状分布；此外，从西乡至谭仙古庙的公路西侧（即白沙湾西侧），海拔约 200～300 m 以下的山坡上也有大面积的荔枝林。

自然植被主要分布在海拔 100 m 以上的沟谷及山地之上，主要植被为天然的次生常绿阔叶林，局部山地如坪埔村附近的山坡还保存有较为完好的原生植被。主要自然植被类型包括 4 个植被型，8 个植被亚型，35 个群落，简明特征如下。

（1）南亚热带针、阔叶混交林

南亚热带针、阔叶混交林主要分布在保护区西北部的火烧天附近，以及岭澳水库的东面山坡和水磨坑水库的北面山坡。林分以阔叶树种占优势，如鼠刺 *Itea chinensis*、浙江润楠、大头茶及鸭脚木 *Schefflera octophylla* 等；针叶树仅有马尾松 1 种，主要为早期飞播种植，在保护区内天然更新不良，处于衰退地位。

（2）南亚热带沟谷常绿阔叶林

南亚热带沟谷常绿阔叶林指星散分布于保护区海拔 300 m 以下的各处沟谷地段，这里环境湿润，土壤有机质含量较高，为植物的生长提供了良好的条件。林中的木质藤本、茎花现象、绞杀现象和附生植物等雨林景观较为明显。主要乔木优势种类有鸭脚木、假苹婆 *Sterculia lanceolata*、朴树 *Celtis sinensis*、红鳞蒲桃 *Syzygium hancei*、水翁 *Cleistocalyx operculatus*、中华杜英、刨花润楠 *Machilus pauhoi*、浙江润楠、小叶干花豆 *Fordia microphylla* 及落瓣短柱茶 *Camellia kissi* 等。层间藤本发达，主要种类有小叶买麻藤 *Gnetum parvifolium*、刺果藤 *Byttneria aspera*、龙须藤 *Bauhinia championii*、粉叶羊蹄甲 *Bauhinia glauca* 等，此外，还偶见有极危植物香港马兜铃 *Aristolochia westlandii* 的分布；草本层多阴生植物，主要有华南紫萁 *Osmunda vachellii*、金毛狗 *Cibotium barometz*、海芋 *Alocasia macrorrhiza*、石菖蒲 *Acorus tatarinowii*、山蒟 *Piper hancei*、虾脊兰 *Calanthe* spp. 以及草豆蔻 *Alpinia hainanensis* 等。

（3）南亚热带低地常绿阔叶林

南亚热带低地常绿阔叶林又名村边林或风水林，分布于坝光村、坪埔村及长湾北附近和岭澳水库附近的山麓地带，长湾北附近的群落正受到施工的严重干扰，被割裂成若干片断。群落外貌终年常绿，结构复杂，林中木质藤本、附生和茎花现象常见，也有明显的板根现象。上层乔木成分主要有榕树 *Ficus microcarpa*、假苹婆、山杜英 *Elaeocarpus sylvestris*、红鳞蒲桃、秋枫 *Bischofia javanica*、朴树、黄桐 *Endospermum chinense*、山油柑 *Acronychia pedunculata*、鸭脚木、樟树 *Cinnamomum camphora*、羊舌山矾 *Symplocos glauca* 等，树高一般超过 10 m。

（4）南亚热带低山常绿阔叶林

南亚热带低山常绿阔叶林主要分布在保护区海拔 400 ～ 500 m 以下的各处低山地带，是保护区内的主要植被及代表性植被类型。优势乔木主要包括浙江润楠、鸭公树、鸭脚木、亮叶冬青、黄杞 *Engelhardia roxburghiana*、软荚红豆 *Ormosia semicastrata*、鼠刺、大头茶、山乌桕 *Sapium discolor*、黧蒴 *Castanopsis fissa*、绒楠 *Machilus velutina*、香叶树 *Lindera communis*、大叶臭花椒 *Zanthoxylum myriacanthum* 及厚壳桂 *Cryptocarya chinensis* 等。

（5）南亚热带山地常绿阔叶林

南亚热带山地常绿阔叶林分布在保护区海拔 400 ～ 500 m 以上的山地。在种类组成上温带种类增多，如蔷薇科 Rosaceae、槭树科 Aceraceae 的比重增加。由于某些种类的生态幅度较广，使其与低山常绿阔叶林拥有共优的种类，如浙江润楠、亮叶冬青、绒楠、大头茶、鼠刺等，但二者在群落的外貌、结构上表现出明显的差异。如后者的优势种相较前者更为突出，显得比较单调；层间植物也较前者贫乏；结构方面则层次较为分明。主要优势种类除上述种类外，还有香花枇杷、腺叶野樱 *Prunus phaeosticta*、钝叶水丝梨 *Sycopsis tutcheri* 及岭南槭 *Acer tutcheri* 等。

（6）南亚热带次生常绿灌木林

南亚热带次生常绿灌木林是指以灌木生活型植物为建群种的植被类型，系原生植被遭受严重干扰逆行演替的产物，或称为“偏途顶级群落（Plagiocimax）”。群落中常具有马尾松、野漆树 *Toxicodencron succedanea* 等一些先锋树种，但难以形成乔木群落。这一植被类型在保护区内分布较广，主要优势种类为厚皮香 *Ternstroemia gymnanthera*、余甘子 *Phyllanthus emblica*、桃金娘 *Rhodomyrtus tomentosa*、岗松 *Baeckea frutescens*、豺皮樟 *Litsea rotundifolia* var. *oblongifolia*、大头茶及赤楠蒲桃 *Syzygium buxifolium* 等。

(7) 红树林

红树林包括位于葵涌坝光管理区盐灶村的古银叶树群落叶南澳街道办东涌村入海口内湖的红树林群落。

盐灶村银叶树的林龄已有数百年，是我国目前发现的最古老、现存面积最大、保存最完整的银叶树群落。树群面积80多hm，植株100多棵以上，其中树龄100年以上的银叶树有27株，500年以上的银叶树有1株，且林相完整，是目前我国发现的典型的半红树林代表类群之一。

东涌分布的红树林面积达300 hm，主要种类有秋茄 *Kandelia candel*、老鼠簕 *Acanthus ilicifolius*、白骨壤 *Avicennia marina*、木榄 *Bruguiera gymnorrhiza* 等，尤以内湖中央近4000 m^2 的红树林生长的最为茂盛。

3.2.3.2　植被类型

A. 自然植被

针叶林

南亚热带针叶林

Ⅰ. 南亚热带针、阔叶混交林

Ⅰ1. 马尾松 - 鼠刺 + 野漆树 - 豺皮樟 - 苏铁蕨群落（样地5）

Ⅰ2. 浙江润楠 + 大头茶 + 马尾松 - 山油柑 + 豺皮樟 + 鼠刺群落（样地7）

Ⅰ3. 马尾松 + 鸭脚木 - 鼠刺 - 映山红 + 梅叶冬青群落（样地12）

Ⅰ4. 马尾松 - 山乌桕 + 鼠刺群落

阔叶林

南亚热带常绿阔叶林

Ⅱ. 南亚热带沟谷常绿阔叶林

Ⅱ1. 红鳞蒲桃 + 鸭脚木 - 鼠刺 + 山油柑群落（样地6）

Ⅱ2. 鸭脚木 + 假苹婆 + 中华杜英群落

Ⅱ3. 鸭脚木 - 九节 - 苏铁蕨群落（样地16）

Ⅱ4. 朴树 - 假苹婆 - 小叶干花豆 + 落瓣短柱茶群落（样地13）

Ⅱ5. 刨花润楠 + 浙江润楠 - 鸭脚木群落

Ⅲ. 南亚热带低地常绿阔叶林

Ⅲ1. 榕树 + 红鳞蒲桃 + 假苹婆 - 罗伞树 + 九节群落

Ⅲ2. 秋枫 + 朴树 + 羊舌山矾 - 假苹婆 - 罗伞树群落

Ⅲ3. 臀果木 + 鸭脚木 + 假苹婆 - 银柴 + 罗伞树 - 九节群落（样地4）

Ⅲ4. 浙江润楠 + 黄桐 - 血桐群落

Ⅲ5. 香蒲桃群落

Ⅳ. 南亚热带低山常绿阔叶林

Ⅳ1. 浙江润楠 + 鸭公树 - 鸭脚木 + 亮叶冬青 - 银柴 + 九节群落（样地1）

Ⅳ2. 浙江润楠 + 鸭脚木 - 亮叶冬青 + 假苹婆 - 鼠刺群落（样地14）

Ⅳ3. 浙江润楠 + 大头茶 + 野漆树群落

Ⅳ4. 大头茶＋鼠刺群落
Ⅳ5. 大头茶＋吊钟花－桃金娘＋岗松群落（样地10）
Ⅳ6. 山乌桕＋野漆树（/鼠刺）＋山苍子群落
Ⅳ7. 黧蒴－山乌桕＋鼠刺（/山杜英＋厚皮香）群落（样地8）
Ⅳ8. 大叶臭花椒＋楝叶吴茱萸－布渣叶＋山乌桕－乌药群落
Ⅳ9. 鼠刺＋绒楠＋香叶树群落
Ⅳ10. 白楸（/白背叶）＋血桐＋山乌桕群落
Ⅴ. 南亚热带山地常绿阔叶林
Ⅴ1. 香花枇杷＋浙江润楠＋鸭公树－密花树－金毛狗群落（样地2）
Ⅴ2. 鼠刺＋密花树－大头茶＋豺皮樟－桃金娘群落（样地15）
Ⅴ3. 浙江润楠＋亮叶冬青＋绒楠－密花树－赤楠蒲桃群落（样地3）
Ⅴ4. 钝叶水丝梨＋大头茶＋腺叶野樱群落
灌丛
Ⅵ. 南亚热带次生常绿灌木林
Ⅵ1. 厚皮香－岗松＋桃金娘灌木林（样地9）
Ⅵ2. 余甘子－桃金娘灌木林
Ⅵ3. 马尾松（/大头茶）－桃金娘＋岗松灌木林
Ⅵ4. 赤楠蒲桃灌木林
Ⅵ5. 桃金娘－地稔－毛麝香群落（样地17）
红树林
Ⅶ. 南亚热带红树林
Ⅶ1. 秋茄＋白骨壤＋木榄群落
Ⅶ2. 海漆＋桐花树群落
Ⅷ. 南亚热带半红树林
Ⅷ1. 银叶树群落
B. 人工植被
林业植被
Ⅸ. 桉树、相思、木麻黄林
Ⅸ1. 马占相思＋马尾松－豺皮樟群落（样地11）
Ⅸ2. 大叶相思＋马占相思群落
Ⅸ3. 窿缘桉＋台湾相思群落
Ⅸ4. 木麻黄群落
Ⅸ5. 台湾相思＋桉树－豺皮樟＋芒萁群落（样地18）
农业植被
Ⅹ. 农业经济林
Ⅹ1. 荔枝林

3.1.4 主要植物群落特征分析

3.1.4.1 群落结构、物种多样性指数

(1) 马尾松－鼠刺＋野漆树－豺皮樟－苏铁蕨群落（样地5）

该群落在排牙山保护区300 m以下的阳性山坡分布较为普遍，其中马尾松的地位较突出，占很大优势，外貌上呈苍绿色。这一群落属于不稳定的混交林，阔叶树种发展迅速，而马尾松则更新困难，缺乏幼树，如不受人为干扰，阳性阔叶树种的优势将进一步增大，乃至演替为常绿阔叶林。乔木可分为2层，上层高7～10 m，有马尾松、樟树及中华杜英，下层高7 m以下，以鼠刺和野漆树占优势，常见的种类还有山油柑、鸭脚木、变叶榕 *Ficus variolosa*、银柴 *Aporosa dioica*、杨桐 *Adinandra millettii*、豺皮樟及岭南山竹子 *Garcinia oblongifolia* 等。灌木层主要由阔叶幼树以及豺皮樟、银柴、石斑木 *Rhaphiolepis indica*、九节 *Psychotria rubra* 等组成。草本层以苏铁蕨 *Brainea insignis* 及芒萁 *Dicranopteris pedata* 占优势，前者盖度可达25%，常见的草本还有铺地蜈蚣 *Palhinhaea cernua*、扇叶铁线蕨 *Adiantum flabelluatum*、山菅兰 *Dianella ensifolia*、蔓九节 *Psychotria serpens* 及蜈蚣草 *Pteris vittata* 等。

样地位于葵涌罗屋田水库附近山坡，海拔约100 m，面积600 m^2。胸径2 cm以上植物25种共228株，植株密度为0.38株/m^2，平均株距为1.59 m。群落结构及多样性指数分析见表3－2。

表3－2 马尾松－鼠刺＋野漆树－豺皮樟－苏铁蕨群落

种名	多度	频度	相对多度/%	相对频度/%	相对显著度/%	重要值
鼠刺	46	6	20.18	10.71	16.50	47.39
豺皮樟	46	6	20.18	10.71	12.37	43.26
马尾松	9	4	3.95	7.14	30.37	41.46
桃金娘	30	5	13.16	8.93	4.31	26.40
野漆树	14	4	6.14	7.14	10.83	24.11
山油柑	9	3	3.95	5.36	3.87	13.18
岭南山竹子	6	4	2.63	7.14	1.19	10.96
鸭脚木	5	3	2.19	5.36	3.00	10.55
变叶榕	6	3	2.63	5.36	1.71	9.70
岗松	9	2	3.95	3.57	1.97	9.49
银柴	5	1	2.19	1.79	4.09	8.06
樟树	1	1	0.44	1.79	4.11	6.34
以下13种略						

（2）浙江润楠＋大头茶＋马尾松－山油柑＋豺皮樟＋鼠刺群落（样地7）

该群落在排牙山保护区200～400 m的阳性山坡分布也较为普遍，与“马尾松－鼠刺＋野漆树－豺皮樟－苏铁蕨”群落相比，本群落分布海拔略高，同时马尾松的正趋于衰退，上层优势阔叶树种以大头茶、浙江润楠为主，即这一混交林类型在演替阶段上已更为接近常绿阔叶林。当海拔上升为400 m以上时，本群落往往被大头茶的纯林所替代。群落可大致分为4层，乔木上层高10～15 m，以大头茶、浙江润楠及马尾松占优势，还见有腺叶野樱；乔木下层高10 m以下，以大头茶、山油柑、豺皮樟及鼠刺占优势，其余树种有鸭脚木、腺叶野樱、光叶山矾 *Symplocos lancifolia*、绒楠、罗浮栲 *Castanopsis fabri*、刺柊 *Scolopia chinensis* 及山乌桕等。灌木层除阔叶乔木的幼树外，以香楠 *Aidia canthioides*、桃金娘及栀子 *Gardenia jasminoides* 占优势。草本层稀疏，常见有乌毛蕨 *Blechnum orientale*、珍珠茅 *Scleria* spp.、蔓九节、芒萁及黑莎草 *Gahnia tristis* 等种类。

样地位于葵涌罗屋田水库附近的山坡上，海拔约350 m，面积1200 m^2。胸径2 cm以上植物38种共503株，植株密度为0.42株/m^2，平均株距为1.48 m。群落结构及多样性指数分析见表3－3。

表3－3　浙江润楠＋大头茶＋马尾松－山油柑＋豺皮樟＋鼠刺群落分析

种名	多度	频度	相对多度/%	相对频度/%	相对显著度/%	重要值
大头茶	105	12	20.87	8.51	40.50	69.88
浙江润楠	64	12	12.72	8.51	19.10	40.33
马尾松	32	11	6.36	7.80	14.99	29.15
山油柑	39	6	7.75	4.26	11.65	23.66
豺皮樟	71	10	14.12	7.09	1.65	22.86
鼠刺	47	12	9.34	8.51	1.58	19.43
桃金娘	39	10	7.75	7.09	0.84	15.68
香楠	17	10	3.38	7.09	0.58	11.06
腺叶野樱	9	5	1.79	3.55	3.59	8.93
鸭脚木	10	6	1.99	4.26	1.38	7.62
栀子	9	7	1.79	4.96	0.47	7.22
光叶山矾	6	3	1.19	2.13	1.82	5.14
以下26种略						

（3）马尾松＋鸭脚木－鼠刺－映山红＋梅叶冬青群落（样地12）

为针、阔叶混交林群落，分为4层，乔木层2层，乔木上层高8～15 m，仅有2种，即马尾松和鸭脚木，下层高8 m以下，以鼠刺和鸭脚木占绝对优势，其余优势种类有马尾松、豺皮樟、大头茶、梅叶冬青 *Ilex asprella*、白背算盘子 *Glochidion wrightii*、变叶榕及毛棉杜鹃 *Rhododendron moulmainense* 等。灌木层以映山红 *Rhododendron simsii* 和梅叶冬青占主要优势，其余有桃金娘、变叶榕、栀子、牛耳枫 *Daphniphyllum calycinum*、九节、毛稔 *Melastoma sanguineum* 等。草本层稀疏，主要有山菅兰、剑叶鳞始蕨 *Lindsaea ensifolium*、团叶鳞始蕨 *Lindsaea orbiculata*、芒萁等。层间藤本不发达，常见有山鸡血藤 *Millettia dielsiana*、粉背菝葜 *Smilax corbularia*、小叶红叶藤 *Rourea microphylla*、小叶买麻藤等。

样地位于大鹏水磨坑水库附近向阳山坡，坡度40°～45°，土壤为山地黄壤，干旱，样地面积800 m^2。胸径2 cm以上植物30种共700株，植株密度为0.88株/m^2，平均株距为1.03 m。群落结构及多样性指数分析见表3－4。

表3－4　马尾松＋鸭脚木－鼠刺－映山红＋梅叶冬青群落

种名	多度	频度	相对多度/%	相对频度/%	相对显著度/%	重要值
鼠刺	122	8	17.43	8.16	18.66	44.26
鸭脚木	44	8	6.29	8.16	29.38	43.82
映山红	173	8	24.71	8.16	5.44	38.32
豺皮樟	129	8	18.43	8.16	6.36	32.95
马尾松	10	4	1.43	4.08	14.08	19.59
大头茶	24	4	3.43	4.08	5.24	12.75
梅叶冬青	28	6	4.00	6.12	1.36	11.48
白背算盘子	22	4	3.14	4.08	3.75	10.98
变叶榕	32	4	4.57	4.08	1.83	10.48
栀子	25	6	3.57	6.12	0.56	10.26
桃金娘	20	6	2.86	6.12	0.51	9.49
毛棉杜鹃	18	2	2.57	2.04	2.52	7.13
银柴	4	3	0.57	3.06	1.61	5.24
牛耳枫	6	4	0.86	4.08	0.14	5.08
山油柑	3	3	0.43	3.06	0.96	4.45
罗浮柿	3	2	0.43	2.04	1.87	4.34
九节	6	3	0.86	3.06	0.18	4.10
以下13种略						

（4）红鳞蒲桃＋鸭脚木－鼠刺＋山油柑－豺皮樟群落（样地6）

本群落分布于葵涌罗屋田水库附近的沟谷地段，海拔180～300 m。乔木层可分3个亚层，第1亚层高11～16 m，以红鳞蒲桃占优势，其余种类有假苹婆、鸭脚木、亮叶猴耳环 *Archidendron lucidum*、浙江润楠及黄樟 *Cinnamomum parthenoxylon* 等；第2亚层高6～10 m，以鸭脚木、鼠刺及山油柑占优势，常见的种类还有岭南山竹子、天料木 *Homalium cochinchinense*、假苹婆、亮叶猴耳环、乌材 *Diospyros eriantha* 及罗浮柿 *Diospyros morrisiana* 等；第3亚层高6 m以下，以鼠刺、豺皮樟及水团花 *Adina pilulifera* 占优势，还常见有蒲桃 *Syzygium jambos*、天料木、白背算盘子及土沉香 *Aquilaria sinensis* 等。

灌木层以豺皮樟、银柴及九节占优势，还常见有乔木树种的幼树，如鸭脚木、鼠刺及山油柑等。草本层稀疏，常见种类有苏铁蕨、黑莎草、乌毛蕨、团叶鳞始蕨、扇叶铁线蕨及草珊瑚 *Sarcandra glabra* 等。

样地面积1200 m^2，胸径2 cm以上植物53种共654株，植株密度为0.55株/m^2，平均株距为1.30 m。群落结构及多样性指数分析见表3-5。

表3-5　红鳞蒲桃+鸭脚木-鼠刺+山油柑-豺皮樟群落分析

种名	多度	频度	相对多度/%	相对频度/%	相对显著度/%	重要值
鸭脚木	33	11	5.05	6.43	30.68	42.16
豺皮樟	162	10	24.77	5.85	9.38	40.00
鼠刺	110	11	16.82	6.43	11.57	34.82
山油柑	49	12	7.49	7.02	12.56	27.07
岭南山竹子	47	8	7.19	4.68	1.80	13.66
红鳞蒲桃	14	7	2.14	4.09	7.30	13.53
桃金娘	31	9	4.74	5.26	0.84	10.85
天料木	21	7	3.21	4.09	2.10	9.41
假苹婆	17	6	2.60	3.51	3.25	9.36
乌材	14	5	2.14	2.92	1.27	6.33
浙江润楠	9	6	1.38	3.51	1.43	6.31
香楠	15	5	2.29	2.92	0.37	5.59
亮叶猴耳环	8	2	1.22	1.17	3.03	5.43
黄樟	6	2	0.92	1.17	3.33	5.41
以下39种略						

（5）鸭脚木-九节-苏铁蕨群落（样地16）

整个群落较为低矮，整体郁闭度较高。乔木层主要组成物种有鸭脚木、苏铁蕨、九节、鼠刺及银柴，分层不明显。灌木层主要由苏铁蕨、豺皮樟、大头茶等组成，数量较少。林下草本稀少，主要有莎草、淡竹叶、山菅兰、扇叶铁线蕨、团叶鳞始蕨等，数量也十分稀少。林间藤本主要有罗浮买麻藤、锡叶藤等，在样地局部地方数量及覆盖度较高。

该群落物种丰富，共计69种。重要值排名前六位的物种为鸭脚木、苏铁蕨、九节、鼠刺、银柴、豺皮樟，优势明显。此外，群落中重要值大于1的物种还有31种，可见该群落的物种组成丰富。样方中，苏铁蕨数量丰富，有80株，据不完全统计，整个群落的苏铁蕨数量约有300株，且绝大部分植株根茎粗壮，生长良好。

样地位于径心水库南边山地沟谷中，面积为1600 m^2。胸径2 cm以上植物55种共1059株，植株密度为0.662株/m^2，平均株距为1.059 m。群落结构及多样性指数分析见表3-6。

表3-6　鸭脚木-九节-苏铁蕨群落分析

种名	多度	频度	相对多度/%	相对频度/%	相对显著度/%	重要值
鸭脚木	158	15	14.75	5.43	28.94	48.44
苏铁蕨	80	15	7.61	5.43	22.54	34.9
九节	166	16	14.56	5.80	2.87	22.5
鼠刺	114	16	10.85	5.80	4.06	19.65
银柴	97	16	8.28	5.80	3.62	16.96
豺皮樟	93	13	8.66	4.71	2.23	15
大头茶	54	13	4.85	4.71	5.5	14.78
山乌桕	15	8	1.43	2.90	5.85	9.81
罗浮柿	38	12	3.62	4.35	2.25	9.66
红枝蒲桃	18	12	0.86	4.35	6.1	8.54
寄生藤	29	9	2.66	3.26	0.77	6.28
罗浮买麻藤	27	8	2.47	2.90	0.95	5.95
山油柑	26	7	2.28	2.54	1.23	5.41
杨桐	18	9	1.62	3.26	0.59	5.06
土沉香	8	5	0.76	1.81	2.48	4.82
白背算盘子	16	8	1.43	2.90	1	4.65
杜英	7	3	0.67	1.09	1.95	3.56
绒毛润楠	8	5	0.76	1.81	0.95	3.29
毛冬青	14	8	1.05	2.90	0.14	3.08
中华杜英	8	6	0.76	2.17	0.41	3.07
黄牛木	9	8	0.76	2.90	0.39	2.73
锡叶藤	10	9	0.95	3.26	0.13	2.66
毛稔	9	4	0.86	1.45	0.19	2.31
栀子	10	4	0.95	1.45	0.02	2.24
刨花润楠	5	4	0.48	1.45	1.02	2.13
石斑木	5	5	0.48	1.81	0.09	1.83
土沉香	4	1	0.38	0.36	1.03	1.73
常绿荚蒾	11	5	0.76	1.81	0.05	1.76
杉木	1	1	0.1	0.36	1	1.42
光叶山矾	3	1	0.29	0.36	0.81	1.41
狗骨柴	3	3	0.29	1.09	0.05	1.28
桃金娘	5	3	0.48	1.09	0.14	1.25
假鹰爪	12	10	0.29	3.62	0.03	1.26
山血丹	4	8	0.29	2.90	0.01	1.25
白花酸藤子	4	2	0.38	0.72	0.2	1.22
天料木	2	2	0.19	0.72	0.05	1.19
水团花	4	2	0.38	0.72	0.15	1.16

(6) 朴树－假苹婆－小叶干花豆＋落瓣短柱茶群落 (样地13)

群落结构复杂，分为5层，乔木层3层，第1亚层高17～28 m，仅有朴树1种；第2亚层高10～17 m，以假苹婆、小叶干花豆（广东分布新记录）、乌材占优势，其余树种有浙江润楠、鸭脚木、珊瑚树 *Viburnum odoratissimum*、鱼骨木 *Canthium dicoccum* 等；第3亚层高10 m以下，以小叶干花豆及落瓣短柱茶占优势，还常见有水同木 *Ficus fistulosa*、潺槁 *Litsea glutinosa*、山油柑、布渣叶 *Microcos paniculata*、罗伞树 *Ardisia quinquegona*、鸭脚木等。灌木层种类多样，除乔木层的幼树外，还有九节、海芋 *Alocasia macrorrhiza*、九节、紫玉盘 *Uvaria macrophylla*、水团花、广东大沙叶 *Pavetta hongkongensis*、苎麻 *Boehmeria nivea* 及柳叶毛蕊茶 *Camellia salicifolia* 等。草本层种类亦较为丰富，主要有刺头复叶耳蕨 *Arachniodes exilis*、线羽凤尾蕨 *Pteris linearis*、草豆蔻 *Alpinia hainanensis*、朱砂根 *Ardisia crenata*、草珊瑚及杯苋 *Cyathula prostrata* 等。层间植物丰富，尤以藤本最为发达，以刺果藤和粉叶羊蹄甲占主要优势，盖度可达80%，此外，还有山薯 *Dioscorea fordii*、青江藤 *Celastrus hindsii* 及北清香藤 *Jasminum lanceolarium* 等；附生植物亦较丰富，主要有石柑子 *Pothos chinensis*、山蒟、阴石蕨 *Humata repens* 及蔓九节等。

样地位于大鹏求水岭的沟谷林中，海拔约100 m，样地面积1000 m^2。胸径2 cm以上植物31种共280株，植株密度为0.28 株/m^2，平均株距为1.80 m。群落结构及多样性指数分析见表3－7。

表3－7 朴树－假苹婆－小叶干花豆＋落瓣短柱茶群落分析

种名	多度	频度	相对多度/%	相对频度/%	相对显著度/%	重要值
假苹婆	77	9	27.50	11.69	41.38	80.57
朴树	6	4	2.14	5.19	21.91	29.25
小叶干花豆	26	4	9.29	5.19	7.95	22.43
落瓣短柱茶	39	4	13.93	5.19	1.70	20.82
水同木	19	5	6.79	6.49	4.03	17.31
珊瑚树	9	5	3.21	6.49	5.36	15.06
山油柑	10	4	3.57	5.19	4.60	13.36
海芋	11	4	3.93	5.19	2.03	11.15
紫玉盘	15	4	5.36	5.19	0.26	10.82
水东哥	12	3	4.29	3.90	2.06	10.24
刺果藤	5	5	1.79	6.49	0.08	8.36
布渣叶	4	3	1.43	3.90	1.59	6.91
浙江润楠	2	2	0.71	2.60	2.12	5.43
潺槁	4	1	1.43	1.30	2.28	5.00
罗伞树	6	2	2.14	2.60	0.15	4.89
九节	4	2	1.43	2.60	0.20	4.22
以下15种略						

（7）臀果木＋鸭脚木＋假苹婆－银柴＋罗伞树－九节群落（样地4）

该群落位于排牙山北坡海拔250 m以下的低山地带，群落外貌浓绿色，郁闭度较大，达0.8以上，树冠层高大而呈波状起伏，植物种类组成丰富，层间藤本发达，群落结构复杂，垂直分化明显，可分为5层，其中乔木层分为3个亚层，第1亚层仅有臀果木，高16～25 m；第2亚层为臀果木、刨花润楠及鸭脚木，高10～15 m；第3亚层10 m以下，由臀果木、鸭脚木、假苹婆、乌材、土密树 *Bridelia tomentosa*、银柴及山油柑等组成。灌木层高2～3 m，以九节、罗伞树、光叶山黄皮等占优势，常见的还有毛冬青 *Ilex pubescens*、毛稔、栀子等。草本层较稀疏，主要有金毛狗 *Cibotium barometz*、扇叶铁线蕨、土麦冬 *Liriope spicata*、团叶鳞始蕨等。层间藤本植物非常丰富，其中以刺果藤和小叶买麻藤占绝对优势，常见的还有小叶红叶藤、藤黄檀 *Dalbergia hancei*、三脉马钱 *Strychnos cathayensis*、山鸡血藤、紫玉盘等。

样地设于葵涌坪埔村附近山坡上，海拔约200 m，坡度约20°～25°，面积600 m^2。胸径2 cm以上植物32种共174株，植株密度为0.29株/m^2，平均株距为1.77 m。群落结构及多样性指数分析见表3－8。

表3－8　臀果木＋鸭脚木＋假苹婆－银柴＋罗伞树－九节群落分析

种名	多度	频度	相对多度/%	相对频度/%	相对显著度/%	重要值
臀果木	28	6	16.09	9.84	56.07	81.99
银柴	40	6	22.99	9.84	12.07	44.89
鸭脚木	23	6	13.22	9.84	16.03	39.08
假苹婆	21	4	12.07	6.56	6.85	25.47
广东大沙叶	5	4	2.87	6.56	0.79	10.22
九节	5	3	2.87	4.92	0.41	8.20
罗伞树	5	3	2.87	4.92	0.22	8.01
紫玉盘	3	3	1.72	4.92	0.08	6.72
绒楠	7	1	4.02	1.64	0.86	6.52
土密树	7	1	4.02	1.64	0.74	6.40
香楠	4	2	2.30	3.28	0.16	5.73
刨花润楠	1	1	0.57	1.64	2.93	5.15
以下20种略						

（8）浙江润楠＋鸭公树－鸭脚木＋亮叶冬青－银柴＋九节群落（样地1）

以浙江润楠和鸭公树为主要建群种的南亚热带低山常绿阔叶林，是大鹏半岛自然保护区北坡海拔300 m以下山坡上普遍分布的类型，群落外貌和结构复杂，以浙江润楠、鸭公树、鸭脚木、绒楠、假苹婆、亮叶冬青、银柴、九节、罗伞树等占优势。层间藤本丰富，常见有小叶买麻藤、刺果藤、龙须藤、锡叶藤 *Tetracera asiatica*、紫玉盘及扁担

藤 *Tetrastigma planicaule* 等。整个群落可明显分为5层，其中乔木层可分为3层。乔木第1层高20～24 m，以浙江润楠、刨花润楠、厚壳桂 *Cryptocarya chinensis*、鸭公树等为主；乔木第2层高15～20 m，以浙江润楠、鸭公树、亮叶冬青、肉实树 *Sarcosperma laurinum*、厚壳桂、腺叶野樱及假苹婆等为主；乔木第3层高5～10 m，以鸭脚木、鸭公树、青藤公 *Ficus langkokensis*、肖蒲桃 *Acmena acuminatissima*、禾串树 *Bridelia balansae*、山杜英、山油柑及乌材等为主。灌木层高1.5～4 m，以银柴、九节、紫玉盘、狗骨柴 *Diplospora dubia* 及浙江润楠、鸭公树的幼树等为主。草本层以草豆蔻、草珊瑚、华山姜 *Alpinia oblongifolia*、土麦冬、半边旗 *Pteris semipinnata* 等占优势。

该群落发育成熟，保存完好，是深圳市地区南亚热带低山常绿阔叶林的一个顶级群落。样地设在葵涌坪埔村附近的山坡，坡度≤30°，海拔230～250 m，面积为1600 m^2，其中胸径2 cm以上植物71种共756株，植株密度为0.47株/m^2，平均株距为1.39 m。群落结构及多样性指数分析见表3-9。

表3-9 浙江润楠+鸭公树-鸭脚木+亮叶冬青-银柴+九节群落分析

种名	多度	频度	相对频度/%	相对多度/%	相对显著度/%	重要值
浙江润楠	64	11	4.62	8.47	26.00	39.09
鸭脚木	62	13	5.46	8.20	11.99	25.65
银柴	84	12	5.04	11.11	6.55	22.70
九节	91	16	6.72	12.04	1.58	20.34
假苹婆	58	11	4.62	7.67	2.89	15.18
亮叶冬青	24	10	4.20	3.17	6.87	14.24
绒毛润楠	21	10	4.20	2.78	2.75	9.73
鸭公树	30	11	4.62	3.97	0.91	9.50
罗伞树	41	8	3.36	5.42	0.44	9.23
黄果厚壳桂	28	7	2.94	3.70	2.38	9.03
肉实树	18	9	3.78	2.38	2.13	8.29
厚壳桂	4	3	1.26	0.53	6.17	7.96
腺叶野樱	14	6	2.52	1.85	3.57	7.94
山油柑	18	8	3.36	2.38	1.89	7.63
香花枇杷	17	6	2.52	2.25	1.14	5.91
土沉香	5	4	1.68	0.66	3.23	5.57
肖蒲桃	18	4	1.68	2.38	1.25	5.31
禾串树	8	5	2.10	1.06	1.98	5.14
狗骨柴	21	4	1.68	2.78	0.18	4.64
以下52种略						

(9) 浙江润楠+鸭脚木-亮叶冬青+假苹婆-鼠刺群落（样地14）

群落结构复杂，分为5层，乔木3层，第1亚层高15～20 m，仅有浙江润楠1种；第2亚层高9～15 m，以浙江润楠、鸭脚木、亮叶冬青、假苹婆占优势，还常见有珊瑚树、大头茶、赤杨叶 *Alniphyllum fortunei*、朴树、潺槁、秋枫等；第3亚层高8 m以下，以鼠刺和鸭脚木占优势，还常见有落瓣短柱茶、柳叶毛蕊茶、罗伞树、水同木、银柴及小叶干花豆等。灌木层除乔木层的幼树外，以九节和罗伞树占绝对优势，常见种类还有变叶榕、紫玉盘、豺皮樟、梅叶冬青、狗骨柴、横经席 *Calophyllum membranaceum* 等。草本层种类丰富，主要有草珊瑚、黑莎草、华山姜、仙茅 *Curculigo orchioides*、金毛狗及海芋等。藤本植物种类较多，但并不发达，主要有假鹰爪 *Desmos chinensis*、北清香藤、青江藤、菝葜 *Smilax china*、刺果藤、锡叶藤等。

样地位于大鹏求水岭的低山地带中，海拔约200 m，样地面积1600 m^2。胸径2 cm以上植物53种共657株，植株密度为0.41株/m^2，平均株距为1.49 m。群落结构及多样性指数分析见表3-10。

表3-10　浙江润楠+鸭脚木-亮叶冬青+假苹婆-鼠刺群落

种名	多度	频度	相对频度/%	相对多度/%	相对显著度/%	重要值
浙江润楠	61	15	9.28	8.93	40.27	58.49
鸭脚木	60	13	9.13	7.74	13.69	30.56
鼠刺	126	5	19.18	2.98	6.90	29.06
亮叶冬青	42	10	6.39	5.95	6.19	18.53
假苹婆	35	7	5.33	4.17	5.21	14.71
山油柑	32	7	4.87	4.17	4.60	13.63
九节	41	8	6.24	4.76	1.01	12.02
罗伞树	33	7	5.02	4.17	0.39	9.58
珊瑚树	11	4	1.67	2.38	3.94	8.00
变叶榕	29	4	4.41	2.38	1.11	7.90
大头茶	19	4	2.89	2.38	2.45	7.72
紫玉盘	19	7	2.89	4.17	0.24	7.30
豺皮樟	27	4	4.11	2.38	0.65	7.14
赤杨叶	10	7	1.52	4.17	1.01	6.70
朴树	11	1	1.67	0.60	3.44	5.71
潺槁	6	2	0.91	1.19	2.79	4.89
狗骨柴	10	5	1.52	2.98	0.21	4.71
梅叶冬青	7	4	1.07	2.38	0.07	3.51
桃金娘	10	3	1.52	1.79	0.10	3.41
落瓣短柱茶	11	2	1.67	1.19	0.31	3.18
以下33种略						

(10) 大头茶+吊钟花-桃金娘+岗松群落 (样地10)

分布于大鹏大坑水库附近的山坡上，海拔约300 m。群落分为3层，乔木层高3～7 m，以大头茶和吊钟花 *Enkianthus quinqueflorus* 占绝对优势，常见的种类还有山油柑、网脉山龙眼 *Helicia reticulata*、马尾松、鼠刺及浙江润楠等。灌木层高3 m以下，以桃金娘、岗松及乔木层的幼树占优势，常见的还有赤楠蒲桃、毛稔、香楠、越南叶下珠 *Phyllanthus cochinchinensis* 及乌饭叶柿 *Diospyros vaccinioides* 等。草本层稀疏，常见有黑莎草、芒萁、三叉蕨及扇叶铁线蕨等。

样地面积800 m^2，胸径2 cm以上植物21种共585株，植株密度为0.73株/m^2，平均株距为1.13 m。群落结构及多样性指数分析见表3-11。

表3-11 大头茶+吊钟花-桃金娘+岗松群落分析

种名	多度	频度	相对频度/%	相对多度/%	相对显著度/%	重要值
大头茶	177	8	30.26	10	65.59	100.79
吊钟花	200	7	34.19	8.75	5.09	44.21
山油柑	53	8	9.06	10	7.54	21.53
网脉山龙眼	30	8	5.13	10	6	16.06
桃金娘	27	8	4.62	10	0.75	10.3
马尾松	7	2	1.2	2.5	4.07	10.21
鼠刺	12	6	2.05	7.5	1.96	8.95
岗松	13	2	2.22	2.5	1.07	8.23
赤楠蒲桃	2	2	0.34	2.5	2.66	7.94
毛稔	6	3	1.03	3.75	0.96	6.92
香楠	7	3	1.2	3.75	0.73	6.86
浙江润楠	8	1	1.37	1.25	0.43	6.74
铁榄	4	1	0.68	1.25	1.08	6.7
豺皮樟	6	4	1.03	5	0.33	6.29
毛茶	4	3	0.68	3.75	0.49	6.11
栀子	3	2	0.51	2.5	0.11	5.56
毛冬青	3	1	0.51	1.25	0.05	5.51
乌饭叶柿	2	1	0.34	1.25	0.08	5.36
狗骨柴	1	1	0.17	1.25	0.07	5.18
刺柊	1	1	0.17	1.25	0.04	5.15
变叶榕	19	8	3.25	10	0.9	4.89

(11) 鳖蒴-山杜英+厚皮香-罗伞树+九节群落 (样地8)

鳖蒴是壳斗科常绿乔木，常生于海拔200 m以上的坡地、山谷林中，是亚热带常绿阔叶林的主要树种之一。鳖蒴在南亚热带通常是常绿林次生演替的先锋树种之一，常率先进入马尾松林发展成为常绿针阔叶混交林，继而演变为以黧蒴为优势的常绿阔叶林。然而，黧蒴是强阳性的常绿树种，在其本身形成的常绿阔叶林中，在自然状况下，通常难以自然更新而较快地为其他常绿树种多取代。

本群落在大鹏半岛保护区海拔 300 m 以下的低山地带较为常见，可分为 4 层，乔木上层高 8 ～13 m，以黧蒴占优势，还有山乌桕及山杜英等；乔木下层高 8 m 以下，以鼠刺、山杜英、银柴、厚皮香 *Ternstroemia gymnanthera* 及罗伞树等占优势，还常见有布渣叶、岭南山竹子、假苹婆、山油柑、黄牛木 *Cratoxylum cochinchinense*、绒楠、罗浮柿及密花树等。灌木层以罗伞数和九节占优势，此外还见有广东大沙叶、狗骨柴、疏花卫矛 *Euonymus laxiflorus* 等。草本层稀疏，常见有芒萁、单叶双盖蕨 *Diplazium subsinuatum*、乌毛蕨、山菅兰等。

样地位于大鹏岭澳水库附近的山坡上，海拔约 280 m，面积 800 m^2。胸径 2 cm 以上植物 38 种共 535 株，植株密度为 0.67 株/m^2，平均株距为 1.18 m。群落结构及多样性指数分析见表 3－12。

表 3－12　黧蒴－山杜英＋厚皮香－罗伞树＋九节群落分析

种名	多度	频度	相对频度/%	相对多度/%	相对显著度/%	重要值
黧蒴	41	2	7.66	2.00	30.28	39.94
罗伞树	120	9	22.43	9.00	5.69	37.12
鼠刺	53	6	9.91	6.00	8.05	23.96
九节	33	5	6.17	5.00	1.98	13.15
山杜英	15	4	2.80	4.00	6.30	13.10
银柴	14	3	2.62	3.00	7.41	13.03
厚皮香	11	3	2.06	3.00	7.95	13.01
乌材	21	5	3.93	5.00	3.49	12.42
布渣叶	22	5	4.11	5.00	2.56	11.67
岭南山竹子	15	4	2.80	4.00	3.74	10.55
假苹婆	20	4	3.74	4.00	2.67	10.41
山油柑	20	3	3.74	3.00	3.61	10.35
黄牛木	15	5	2.80	5.00	2.01	9.81
梅叶冬青	24	3	4.49	3.00	1.14	8.63
绒楠	13	4	2.43	4.00	1.53	7.96
罗浮柿	8	4	1.50	4.00	2.03	7.53
密花树	17	1	3.18	1.00	1.09	5.26
山乌桕	5	2	0.93	2.00	1.96	4.90
常绿荚蒾	18	1	3.36	1.00	0.23	4.59
狗骨柴	4	3	0.75	3.00	0.49	4.24
以下 18 种略						

(12) 香花枇杷 + 浙江润楠 + 鸭公树 - 密花树 - 金毛狗群落 (样地2)

该类型分布在排牙山北坡海拔400～580 m的地段，优势种类的频度很高，分布较为均匀，可分为5层，其中乔木层3层。第1亚层仅有4个树种，即浙江润楠、鸭公树、香花枇杷及肉实树，高16～24 m；第2亚层高10～15 m，主要有香花枇杷 *Eriobotrya fragrans*、浙江润楠、鸭公树、绒楠、鸭脚木、肉实树、厚壳桂及日本杜英 *Elaeocarpus japonicus* 等；第3亚层10 m以下，由香花枇杷、密花树、鸭公树、亮叶冬青、厚皮香、乌材、腺叶山矾 *Symplocos adenophylla*、五列木 *Pentaphylax euryoides* 及大头茶等组成。灌木层高1～3 m，除乔木种类的幼树外，几乎全部为金毛狗所占据，覆盖度高达90%以上。草本层不发达，主要有华山姜、山蒟、石韦 *Pyrrosia lingua*、阴石蕨等。层间植物贫乏，株冠整齐，是深圳市地区南亚热带山地常绿阔叶林的一个典型代表群落。

样地设在葵涌坪埔村附近的山坡，坡度≤45°，海拔420～480 m，面积为1200 m^2，其中胸径2 cm以上植物45种共438株，植株密度为0.37株/m^2，平均株距为1.58 m。群落结构及多样性指数分析见表3-13。

表3-13 香花枇杷 + 浙江润楠 + 鸭公树 - 密花树 - 金毛狗群落分析

种名	多度	频度	相对频度/%	相对多度/%	相对显著度/%	重要值
香花枇杷	137	12	31.28	10.17	25.02	66.47
浙江润楠	63	11	14.38	9.32	25.06	48.77
鸭公树	54	12	12.33	10.17	15.60	38.10
绒毛润楠	43	9	9.82	7.63	7.52	24.96
鸭脚木	13	6	2.97	5.08	6.03	14.08
密花树	11	6	2.51	5.08	1.36	8.95
肉实树	8	4	1.83	3.39	2.36	7.57
厚壳桂	7	2	1.60	1.69	2.59	5.89
亮叶冬青	5	4	1.14	3.39	1.02	5.55
日本杜英	3	2	0.68	1.69	2.33	4.71
福建青冈	5	2	1.14	1.69	1.62	4.45
黄果厚壳桂	8	2	1.83	1.69	0.86	4.39
大头茶	4	3	0.91	2.54	0.85	4.31
以下32种略						

(13) 鼠刺 + 密花树 - 大头茶 + 豺皮樟 - 桃金娘群落 (样地15)

为山顶矮林，植株矮小而密集，人在期间难以穿行，群落结构简单，可分为3层。乔木层高3～7 m，以鼠刺和密花树占优势，其余种类有山乌桕、亮叶冬青、大头茶、豺皮樟、鸭脚木、山油柑、马尾松等。灌木层除乔木的幼树外，以桃金娘、梅叶冬青、映山红、狗骨柴及变叶榕占优势，还常见有常绿荚蒾 *Viburnum sempervirens*、栀子、石斑木、细轴荛花 *Wikstroemia nutans* 及九节等。草本层稀疏，常见有芒萁、乌毛蕨、土麦冬、黑莎草及华山姜等。藤本不丰富，且不发达，有链珠藤 *Alyxia sinensis*、山银花 *Lonicera confusa* 等。

样地位于大鹏求水岭近山顶处，海拔约450 m，坡度5°～10°，面积600 m^2。胸径2 cm以上植物23种共501株，植株密度为0.84株/m^2，平均株距为1.06 m。群落结构及多样性指数分析见表3－14。

表3－14　鼠刺＋密花树－大头茶＋豺皮樟－桃金娘群落分析

种名	多度	频度	相对频度/%	相对多度/%	相对显著度/%	重要值
鼠刺	142	6	28.34	8.22	32.71	69.27
密花树	89	6	17.76	8.22	22.39	48.37
桃金娘	79	6	15.77	8.22	4.78	28.77
亮叶冬青	31	6	6.19	8.22	5.20	19.61
大头茶	33	5	6.59	6.85	5.48	18.92
豺皮樟	22	5	4.39	6.85	1.38	12.62
鸭脚木	13	5	2.59	6.85	2.92	12.37
山乌桕	6	3	1.20	4.11	6.81	12.12
梅叶冬青	21	5	4.19	6.85	0.80	11.84
马尾松	3	2	0.60	2.74	6.72	10.06
山油柑	4	2	0.80	2.74	4.62	8.15
映山红	22	2	4.39	2.74	0.68	7.82
狗骨柴	6	4	1.20	5.48	0.91	7.59
变叶榕	5	3	1.00	4.11	1.89	7.00
野漆树	3	2	0.60	2.74	1.66	5.00
毛稔	3	3	0.60	4.11	0.16	4.87
以下7种略						

（14）浙江润楠＋亮叶冬青＋绒楠－密花树－赤楠蒲桃群落（样地3）

该群落分布在排牙山近山顶处，海拔620～680 m，由于海拔较高，故与典型的南亚热带山地常绿阔叶林相比，林木相对较矮。群落分为4层，其中乔木层2层。第1亚层高10～15 m，仅有3个树种，即亮叶冬青、山杜英、浙江润楠；第2亚层高5～10 m，以浙江润楠、亮叶冬青、绒楠、香花枇杷、密花树、杨梅及华南木姜子 *Litsea greenmaniana* 等占优势。灌木层以赤楠蒲桃占优势，高不超过3 m，同时还有较多乔木的幼树，如密花树、杨梅 *Myrica rubra*、鼠刺等。草本层植物以芒萁、华南紫萁 *Osmunda vachellii*、团叶鳞始蕨及土麦冬等占优势。层间植物贫乏，藤本植物较为矮小，有菝葜、牛白藤 *Hedyotis hedyotidea* 等。

样地设于排牙山主峰近山顶处，面积800 m^2，海拔约655 m，坡度≤10°。胸径2 cm以上植物42种共460株，植株密度为0.58株/m^2，平均株距为1.26 m。群落结构及多样性指数分析见表3-15。

表3-15　浙江润楠+亮叶冬青+绒楠-密花树-赤楠蒲桃群落分析

种名	多度	频度	相对频度/%	相对多度/%	相对显著度/%	重要值
浙江润楠	48	8	10.43	6.72	34.46	51.61
亮叶冬青	62	8	13.48	6.72	24.20	44.40
绒楠	62	9	13.48	7.56	5.20	26.24
密花树	44	7	9.57	5.88	3.26	18.71
赤楠蒲桃	45	8	9.78	6.72	1.96	18.47
山杜英	11	4	2.39	3.36	9.91	15.66
变叶榕	33	5	7.17	4.20	1.09	12.47
香花枇杷	23	6	5.00	5.04	1.57	11.62
杨梅	13	4	2.83	3.36	4.60	10.79
华女贞	10	4	2.17	3.36	1.64	7.17
毛冬青	17	3	3.70	2.52	0.79	7.00
华南木姜子	8	4	1.74	3.36	0.56	5.66
罗伞树	9	2	1.96	1.68	1.43	5.07
鼠刺	6	4	1.30	3.36	0.37	5.04
以下28种略						

(15) 厚皮香-岗松+桃金娘灌木林群落（样地9）

分布于大鹏大坑水库附近的山坡上，海拔约250 m。整个群落高约5 m，主要以厚皮香、岗松及桃金娘占优势，群落结构简单，可直接分为2层，即木本层与草本层。木本层高1.5～5 m，以厚皮香占绝对优势，其余种类有岗松、马尾松、桃金娘、大头茶、毛稔、栀子、变叶榕及网脉山龙眼等。草本层主要有山菅兰、珍珠茅、芒萁、黑莎草及木本植物的幼苗。藤本植物种类丰富，有链珠藤、粉叶菝葜、小叶买麻藤、菝葜等种类。

本群落应由马尾松林偏途演变而来，由于南面面海，光照强，蒸发量大，导致较为干旱，马尾松发育不良，呈灌木状，叶光亮且厚革质的厚皮香发育良好而占绝对优势，同时岗松、桃金娘等均为耐干旱的灌木。

样地面积800 m^2，胸径2 cm以上植物9种共574株，植株密度为0.72株/m^2，平均株距为1.14 m。群落结构及多样性指数分析见表3-16。

表 3-16 厚皮香-岗松+桃金娘灌木林群落分析

种名	多度	频度	相对频度/%	相对多度/%	相对显著度/%	重要值
厚皮香	481	9	83.80	25.00	91.60	200.40
岗松	55	7	9.58	19.44	3.90	32.92
马尾松	7	5	1.22	13.89	2.32	17.42
桃金娘	6	4	1.05	11.11	0.21	12.37
大头茶	12	3	2.09	8.33	1.19	11.62
毛稔	3	3	0.52	8.33	0.20	9.05
栀子	4	2	0.70	5.56	0.11	6.36
变叶榕	3	2	0.52	5.56	0.14	6.22
网脉山龙眼	3	1	0.52	2.78	0.33	3.63

(16) 桃金娘-地稔-毛麝香群落 (样地17)

该群落为明显的灌木丛。群落中没有发现乔木，灌木层主要为桃金娘，平均高度约为1.1 m。此外，群落中大头茶数量虽然不多，但是平均高度约为1.5 m，故在群落中较为明显的。群落地下还有数量丰富的毛麝香、铺地蜈蚣、垂穗石松、地稔及芒萁等。

位于海拔约700 m的排牙山主峰附近，面积为400 m^2。胸径2 cm以上植物28种共576株，植株密度为0.845 株/m^2。群落结构及多样性指数分析见表3-17。

表 3-17 桃金娘-地稔-毛麝香群落分析

种名	频度	总高	相对频度/%	相对高度/%	相对盖度/%	重要值
桃金娘	4	112.2	8	53.35	44.02	105.37
地稔	4	3.6	8	1.71	17.44	27.15
毛麝香	4	26.1	8	12.41	0.27	20.68
禾草类 sp.	1	1	2	0.48	16.93	19.41
大头茶	3	22.3	6	10.60	1.52	18.13
芒萁	4	3.3	8	1.57	7.62	17.19
崖爬藤	3	6.5	6	3.09	0.69	9.79
岗松	3	3.7	6	1.76	0.02	7.78
细齿叶柃	2	6.8	4	3.23	0.17	7.40
铺地蜈蚣	2	0.2	4	0.10	2.54	6.63
华润楠	1	1.6	2	0.76	3.22	5.98
石斑木	1	4.8	2	2.28	1.69	5.98
米碎花	2	2	4	0.95	0.08	5.04
剑叶耳草	2	1.9	4	0.90	0.08	4.99

（续表3－17）

种名	频度	总高	相对频度/%	相对高度/%	相对盖度/%	重要值
垂穗石松	2	0.4	4	0.19	0.08	4.27
链珠藤	1	1.4	2	0.67	0.85	3.51
菝葜	1	2.8	2	1.33	0.07	3.40
海金沙	1	1	2	0.48	0.69	3.17
细轴荛花	1	1	2	0.48	0.51	2.98
变叶榕	1	1.2	2	0.57	0.34	2.91
浙江润楠	1	1.5	2	0.71	0.17	2.88
黑莎草	1	1.4	2	0.67	0.17	2.84
白花灯笼	1	1	2	0.48	0.17	2.64
山麦冬	1	1	2	0.48	0.14	2.61
蔓九节	1	0.5	2	0.24	0.34	2.58
莎草科 sp.	1	0.6	2	0.29	0.17	2.45
映山红	1	0.5	2	0.24	0.17	2.41

（17）马占相思＋马尾松－豺皮樟－岗松＋桃金娘群落（样地11）

分布于大鹏大坑水库附近的山坡上，海拔约80 m。群落分为3层，乔木层高3～8 m，以马占相思、马尾松及豺皮樟占优势，常见的种类还有软荚红豆、簕欓 *Zanthoxylum avicennae*、大头茶、变叶榕及鸭脚木等。灌木层高3 m以下，以桃金娘、岗松及乔木层的幼树占优势，常见的还有赤楠蒲桃、毛稔、栀子、毛冬青等。草本层稀疏，常见有山菅兰、黑莎草、芒萁、升马唐 *Digitaria ciliaris* 及扇叶铁线蕨等。

样地面积800 m²，胸径2 cm以上植物16种共245株，植株密度为0.31株/m²，平均株距为1.77 m。群落结构及多样性指数分析见表3－18。

表3－18　马占相思＋马尾松－豺皮樟－岗松＋桃金娘群落分析

种名	多度	频度	相对频度/%	相对多度/%	相对显著度/%	重要值
马占相思	119	8	48.57	59.34	43.59	151.50
马尾松	51	8	20.82	27.22	41.65	89.68
岗松	19	5	7.76	2.74	2.62	13.11
豺皮樟	13	2	5.31	3.80	1.88	10.99
软荚红豆	2	1	0.82	3.18	6.31	10.31
桃金娘	10	3	4.08	0.93	0.56	5.57
簕欓	7	4	2.86	0.64	0.60	4.10
石斑木	7	2	2.86	0.57	0.32	3.75
大头茶	4	2	1.63	0.38	0.38	2.40
以下7种略						

（18）台湾相思＋桉树－豺皮樟＋芒萁群落（样地18）

该群落的结构较为简单，整体密闭度较低。乔木层主要由桉树与台湾相思构成，其中，桉树主要占据第一乔木亚层，台湾相思占据第二乔木亚层。灌木层主要由豺皮樟与毛冬青组成，还夹杂数量较多的山乌桕小苗。草本植物主要为芒萁，在样方局部地方覆盖度可达100%。林间藤本植物主要为罗浮买麻藤，但是数量及覆盖度均较低。

样地位于田心村附近农场，样地面积为1600 m^2。该桉树林物种有41种，组成较为丰富。在种群优势度方面，群落中占优势（根据重要值）的物种主要有台湾相思桉树、豺皮樟及山乌桕，毛冬青。桃金娘、牛耳枫较为常见。此外，群落中还存在一定数量的野漆、毛稔等。此外，群落中重要值大于1的物种还有11种，可见该群落的物种组成较为复杂。桉树平均树龄约为5年，为人工种植，生长状况较好，但林下缺少幼苗，且其他物种处于旺盛生长阶段，故在整个群落中，桉树种群处于衰退状态。群落结构及多样性指数分析见表3－19。

表3－19　台湾相思＋桉树－豺皮樟＋芒萁群落分析

种名	多度	频度	相对多度/%	相对频度/%	相对显著度/%	重要值
台湾相思	197	16	30.12	10.88	40.59	80.65
桉树	109	13	16.67	8.84	29.84	54.58
豺皮樟	62	13	9.48	8.84	6.16	23.72
山乌桕	35	10	5.35	6.80	10.58	22.14
毛冬青	47	13	7.19	8.84	1.56	16.82
桃金娘	42	15	6.42	10.20	0.27	16.01
牛耳枫	24	10	3.67	6.80	4.84	14.72
野漆树	21	12	3.21	8.16	1.16	11.82
毛稔	24	8	3.67	5.44	0.99	9.62
银柴	21	7	3.21	4.76	0.79	8.35
阴香	14	7	2.14	4.76	0.34	6.83
红车	10	4	1.53	2.72	0.08	4.09
九节	6	5	0.92	3.40	0.00	4.02
盐肤木	7	2	1.07	1.36	0.19	2.51
藜蒴	2	1	0.31	0.68	1.54	2.46
余甘子	3	3	0.46	2.04	0.03	2.35
野牡丹	6	2	0.92	1.36	0.07	2.23
罗浮买麻藤	4	2	0.61	1.36	0.01	1.87
灰毛大青	2	2	0.31	1.36	0.09	1.64
羊角拗	2	2	0.31	1.36	0.01	1.56

(19) 南澳西涌香蒲桃(*Syzygium odoratum*)林群落

该群落属于南亚热带低地常绿阔叶林,是孑遗下来的"风水林",香蒲桃为该群落的单优乔木种,该群落面积达300 hm。如此大面积的香蒲桃纯林在深圳市是唯一的,在珠三角地区也是绝无仅有,具有极高的保护价值和科研价值。

(20) 坝光古银叶树林群落

葵涌坝光管理区盐灶村的古银叶树群落具有悠久的历史。银叶树(*Heritiera littoralis*)的林龄已有数百年,是我国目前发现的最古老、现存面积最大、保存最完整的银叶树林群落。树群面积80 hm,植株100多棵以上,其中树龄100年以上的银叶树有27株,500年以上的银叶树有1株,且林相完整,是目前我国发现的典型的半红树林群落的典型代表。

东涌分布的红树林面积达面积300 hm,主要种类有海漆、秋茄 *Kandelia candel*、老鼠簕 *Acanthus ilicifolius*、白骨壤 *Avicennia marina*、木榄 *Bruguiera gymnorrhiza* 等,尤以内湖中央近4000 m^2 的红树林生长的最为茂盛。

3.1.4.2 群落的物种多样性

大鹏半岛自然保护区各植物群落的物种多样性指数及均匀度见表3-20。可以看出,"厚皮香-岗松+桃金娘灌木林群落"的多样性最低,其物种均匀度也最低;"浙江润楠+鸭公树-鸭脚木+亮叶冬青-银柴+九节群落"的多样性最高。总的来说,物种多样性数值的分布大致表现为低山常绿阔叶林>沟谷/低地常绿阔叶林>针、阔叶混交林>山地常绿阔叶林>人工林>灌木林。

"厚皮香-岗松+桃金娘灌木林群落"位于罗屋田水库附近的阳性山坡,胸径大于2 cm的立木及灌木总共只有9种,厚皮香占绝对优势,其重要值高达200,远远超过排第二的岗松(重要值为32.92)。该群落为马尾松林受人工干扰后逆行演替而成的偏途顶级群落,物种单调,上层种类除厚皮香外,还星散分布着一些马尾松,但明显矮化,发育不良,且缺乏幼苗。

"马占相思+马尾松-豺皮樟群落"的多样性指数亦较为偏低,仍处于演替的初期阶段,如让其继续自然演替,次生阔叶树种种类将会增多或部分种类的优势度将会增大,群落的物种多样性将会随之增高。

"香花枇杷+浙江润楠+鸭公树-密花树-金毛狗群落"和"鼠刺+密花树-大头茶+豺皮樟-桃金娘群落"为排牙山中典型的山地常绿阔叶林,由于海拔偏高,组成种类与低山常绿阔叶林相比较为单调,故物种多样性指数也较后者为低。"浙江润楠+亮叶冬青+绒楠-密花树-赤楠蒲桃群落"分布于两山峰间的凹处,较为避风,且相对湿润,故而较分布于山坡的山地林种类相对丰富,优势种类较多,均匀度也较高。

代表针、阔叶混交林中"马尾松-鼠刺+野漆树-豺皮樟-苏铁蕨群落"和"浙江润楠+大头茶+马尾松-山油柑+豺皮樟+鼠刺群落"的多样性指数较高,说明马尾松已处于衰退地位,而阔叶树种开始占据优势,随着群落的自然演替,阔叶树种的优势度及群落的物种多样性将进一步增大。

"浙江润楠+鸭公树-鸭脚木+亮叶冬青-银柴+九节群落"和"浙江润楠+鸭脚

木－亮叶冬青＋假苹婆－鼠刺群落”为排牙山最为典型和保存最为完好的低山常绿阔叶林群落，分别分布于排牙山主峰的正北坡及求水岭的南坡，海拔为200～300 m，群落的组成种类丰富，结构复杂，因而物种多样性指数最高。甚至与植被保存完好的黑石顶及南岭山地相比，其多样性也高于后两者的相应代表群落。排牙山阳生性的黧蒴群落多样性指数接近于典型的南亚热带低山常绿阔叶林，说明已演替到中、后期阶段，下一步将被其他优势阔叶树种所替代。而“大头茶＋吊钟花－桃金娘＋岗松群落”显然是原生植被被人工干扰后，由于干旱而产生的次生性植被，其种类组成较为单调，结构简单，多样性偏低。事实上，由于排牙山的南坡正面风向，与北坡相比较为干燥，恢复起来的次生常绿阔叶林往往以耐干旱的大头茶、漆树及鼠刺占优势，群落的多样性普遍偏低。

表3－20　深圳市大鹏半岛自然保护区各植物群落的物种多样性指数比较

序号	群落类型	SP	SW	J_{SP}	J_{SW}	密度/株·m^{-2}	株距/m
1	马尾松－鼠刺＋野漆树－豺皮樟－苏铁蕨群落	8.74	3.62	0.31	0.78	0.38	1.59
2	浙江润楠＋大头茶＋马尾松－山油柑＋豺皮樟＋鼠刺群落	9.47	3.78	0.23	0.72	0.42	1.48
3	马尾松＋鸭脚木－鼠刺－映山红＋梅叶冬青群落	7.27	3.45	0.23	0.70	0.88	1.03
4	红鳞蒲桃＋鸭脚木－鼠刺＋山油柑群落	9.18	4.11	0.16	0.72	0.55	1.30
5	朴树－假苹婆－小叶干花豆＋落瓣短柱茶群落	8.55	3.82	0.25	0.77	0.28	1.80
6	臀果木＋鸭脚木＋假苹婆－银柴＋罗伞树－九节群落	8.82	3.76	0.23	0.75	0.29	1.77
7	浙江润楠＋鸭公树－鸭脚木＋亮叶冬青－银柴＋九节群落	17.38	4.75	0.22	0.77	0.47	1.39
8	浙江润楠＋鸭脚木－亮叶冬青＋假苹婆－鼠刺群落	13.26	4.36	0.23	0.76	0.41	1.49
9	大头茶＋吊钟花－桃金娘＋岗松群落	4.49	2.82	0.21	0.64	0.73	1.13
10	黧蒴－山乌桕＋鼠刺（山杜英＋厚皮香）群落	12.00	4.25	0.29	0.81	0.67	1.18
11	香花枇杷＋浙江润楠＋鸭公树－密花树－金毛狗群落	6.86	3.74	0.14	0.68	0.37	1.58
12	鼠刺＋密花树－大头茶＋豺皮樟－桃金娘群落	6.65	3.29	0.28	0.73	0.84	1.06
13	浙江润楠＋亮叶冬青＋绒楠－密花树－赤楠蒲桃群落	13.00	4.20	0.28	0.78	0.58	1.26
14	厚皮香－岗松＋桃金娘群落	1.41	0.97	0.15	0.31	0.72	1.14
15	马占相思＋马尾松－豺皮樟群落	3.46	2.49	0.20	0.62	0.31	1.77

沟谷阔叶林和低山阔叶林的多样性指数往往会高于低山常绿阔叶林，但排牙山属于此一类型的“红鳞蒲桃＋鸭脚木－鼠刺＋山油柑群落”、“朴树－假苹婆－小叶干花豆＋落瓣短柱茶群落”及“臀果木＋鸭脚木＋假苹婆－银柴＋罗伞树－九节群落”，其多样性指数均明显低于典型的低山常绿阔叶林，这可能是沟谷林和低山林分布的海拔较低，受到的人为干扰更大的原因。

3.1.4.3 优势种群的年龄结构

根据各群落优势种群胸径大小，可分为不同的立木级，各立木级的分类如下：Ⅰ级，胸径＜2.5 cm；Ⅱ级，2.5 cm ＜ 胸径 ＜ 7.5 cm；Ⅲ级，7.5 cm ＜ 胸径 ＜ 22.5 cm；Ⅳ级，胸径 ＞ 22.5 cm。

根据各立木级间各优势种群的数量，选择部分代表群落类型标示其年龄结构图（图3－1至图3－8）。

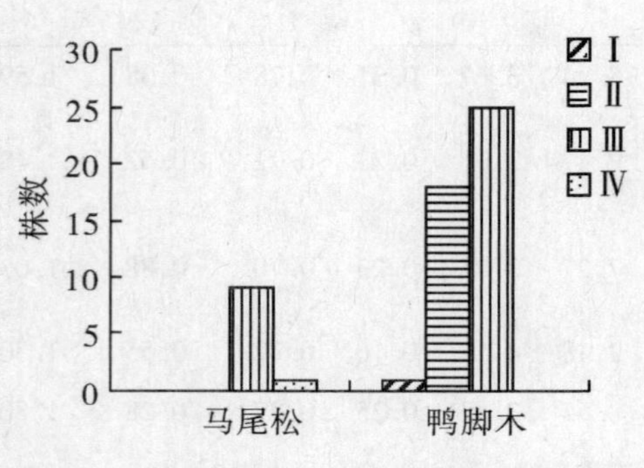

图3－1 “马尾松＋鸭脚木群落”年龄结构

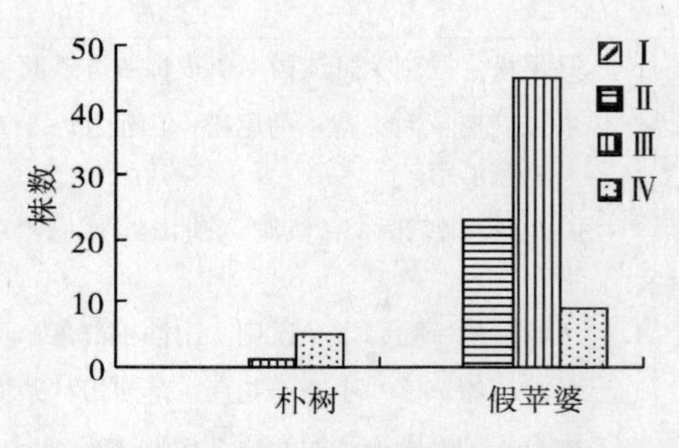

图3－2 “朴树＋假苹婆群落”年龄结构

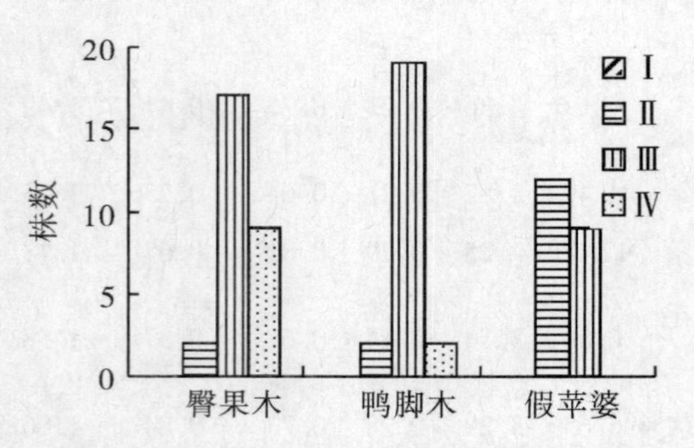

图3－3 “臀果木＋鸭脚木＋假苹婆群落”年龄结构

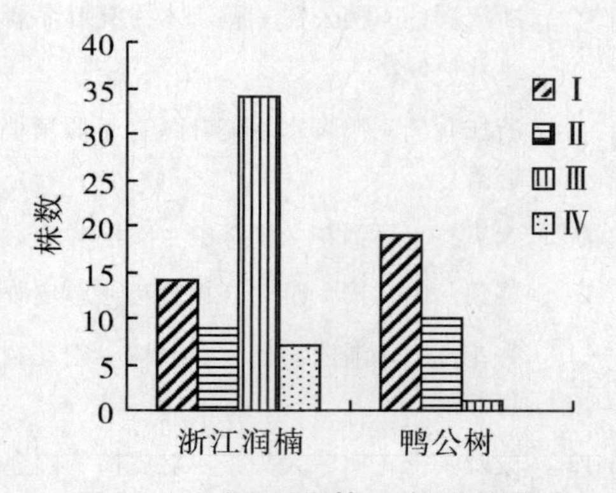

图3－4 “浙江润楠＋鸭公树群落”年龄结构

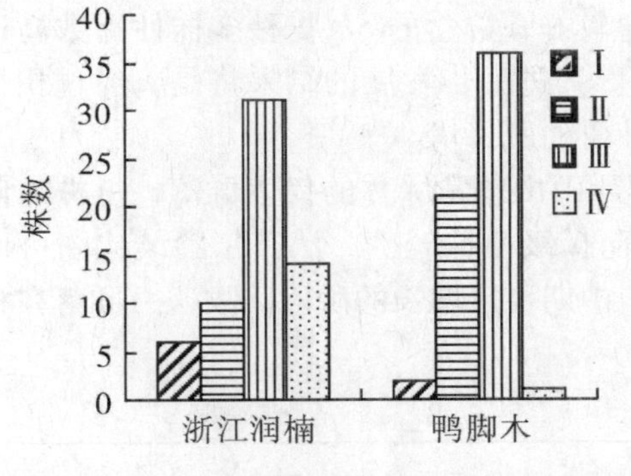

图3-5　“浙江润楠+鸭脚木群落”年龄结构

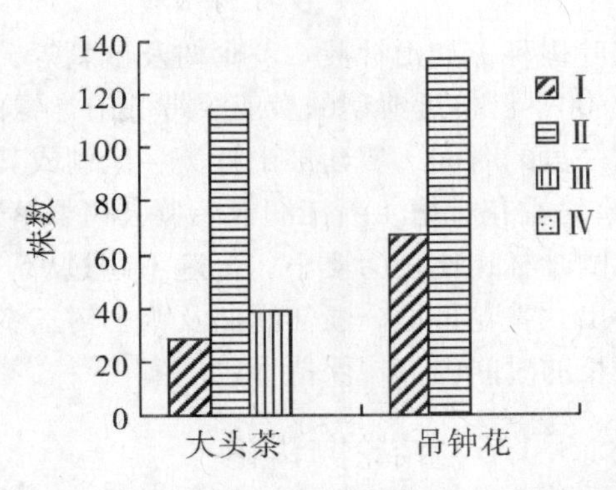

图3-6　“大头茶+吊钟花群落”年龄结构

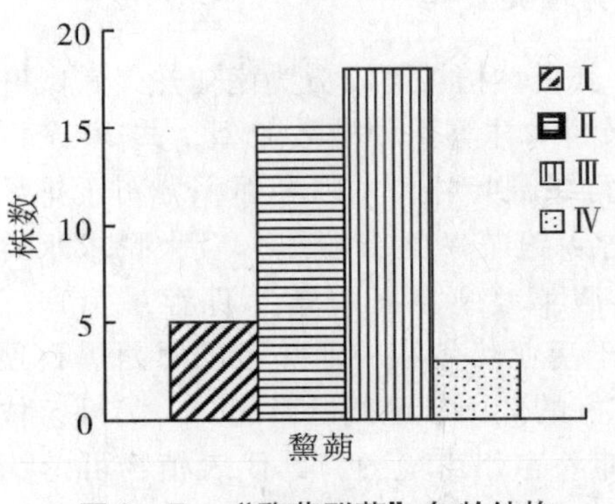

图3-7　“黧蒴群落”年龄结构

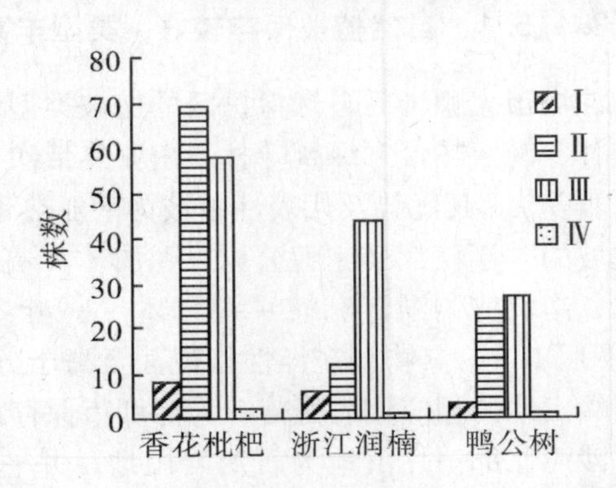

图3-8　“香花枇杷+浙江润楠+鸭公树群落”年龄结构

“马尾松+鸭脚木群落”中，马尾松缺乏Ⅰ级、Ⅱ级的幼树，处于更新不良的阶段；而鸭脚木则全为Ⅰ级、Ⅱ级及Ⅲ级，缺乏Ⅳ级，正处于发展的阶段，其自然演替的结果将代替马尾松成为群落的建群种。“朴树+假苹婆群落”的年龄结构与“马尾松+鸭脚木群落”类似，朴树已处于衰退阶段，而假苹婆正处于发展的阶段。

“臀果木+鸭脚木+假苹婆群落”中，臀果木的Ⅱ级、Ⅲ级及Ⅳ级均较多，正处于稳定的阶段，而鸭脚木和假苹婆的Ⅳ级较为缺乏，而Ⅱ级、Ⅲ级较多，正处于早期迅速发展的阶段。

“浙江润楠+鸭公树群落”中，Ⅳ级树种以浙江润楠占绝对优势，且其也不缺乏Ⅰ级、Ⅱ级及Ⅲ级的植株，处于较为稳定的阶段，且将继续保持优势。而鸭公树则以Ⅰ级幼树最占优势，正属于增长的阶段。“浙江润楠+鸭脚木群落”与前者的发展较为相似，唯鸭脚木属于中期壮年发展阶段。

“大头茶+吊钟花群落”已处于较为稳定的阶段，大头茶与吊钟花将保持相当长时间的优势种地位，直到群落中其余的阔叶树种，如浙江润楠、山油柑及网脉山龙眼等发展起来为止。

黧蒴群落除Ⅳ级植株在群落中占主要优势外，其Ⅱ级、Ⅲ级植株也较多，正处于早、中期迅速发展的阶段，黧蒴在较长时间内仍将是该群落的优势种。该群落中其余的阔叶树种，如山杜英、罗伞树及鼠刺等，均发育较好，群落的 *SP* 物种多样性指数高达 12.00，已接近典型的南亚热带低山常绿阔叶林。其进一步发展的结果将是，经过相当长一段的时间，黧蒴被山杜英、鼠刺或其他阔叶树种所替代。

“香花枇杷 + 浙江润楠 + 鸭公树群落”为排牙山山地常绿林的代表群落，植株与低山阔叶林相比较为矮小，普遍不超过 15 m，故而Ⅳ级植株较少。从其年龄结构图可以看出，香花枇杷、浙江润楠及鸭公树三者都处于中期稳定增长的阶段，故这一群落在相当长的时间内都将保持稳定。

3.1.5 结论与讨论

3.1.5.1 自然植被保存较好，类型丰富，优势种类多样

深圳市大鹏半岛自然保护区的植被类型多样，其自然植被可以分为南亚热带针阔叶混交林、南亚热带常绿阔叶林、南亚热带次生常绿灌木林等 4 种植被亚型，共 30 个群落（群丛）。其优势及代表性植被为南亚热带低山常绿阔叶林，尤以大面积分布于排牙山北坡的“浙江润楠 + 鸭公树 - 鸭脚木 + 亮叶冬青 - 银柴 + 九节群落”及大鹏求水岭东坡、南坡的“浙江润楠 + 鸭脚木 - 亮叶冬青 + 假苹婆 - 鼠刺群落”保存最为完好（见图版 III），其物种多样性指数甚至高于分别位于南亚热带和中亚热带的粤西黑石顶及南岭山地的相应代表群落，为深圳市保存最为完好的低山常绿阔叶林之一。另外，位于白沙湾北部一片山地为石灰岩山地，并一直延伸入惠州市境内，其代表植物群落为“大叶臭花椒 + 楝叶吴茱萸 - 布渣叶 + 山乌桕 - 乌药群落”，大叶臭花椒在乔木层中占据优势，这在深圳市的现存植物群落中较为少见，可能与石灰岩的特殊生境有关；同时，灌木层中以乌药占绝对优势，覆盖度高达 80% 以上，与深圳市其他低山地带灌木层往往以豺皮樟、九节或罗伞树占优势的情况也不同。

大鹏半岛的低地常绿阔叶林有 4 个代表型群落，以位于坪埔村附近的“臀果木 + 鸭脚木 + 假苹婆”和位于岭澳水库西面低山地带的“浙江润楠 + 黄桐 + 臀果木群落”面积较大，且保存较为完好。前一群落的分析可参见上文（样地 4），臀果木为该群落的建群种，最高可达 20 m，重要值高达 82，远远高于排第二的银柴（重要值为 34）。后一群落经观察，多样性也较高，乔木层除浙江润楠、黄桐和臀果木外，还分布有猴耳环、肉实树及软荚红豆等；藤本和灌木层发达，难以在林间穿行，藤本以粉叶羊蹄甲占优势，灌木层中以血桐、白背叶和罗伞树最为常见。岭澳水库周边的植被保存较好，该地还分布有珍稀濒危植物罗汉松，由于这片山地位于核电站附近，给考察工作带来了诸多不便，调查路线也不完整，还有待今后进一步深入调查。

沟谷常绿阔叶林在排牙山有 4 个代表群落，其中在求水岭的沟谷群落中发现一个广东省新记录植物——小叶干花豆为该群落中乔木层第三亚层的优势种类。

山地常绿阔叶林分布于排牙山主峰和求水岭海拔 450 m 以上的山地上，以“香花枇杷 + 浙江润楠 + 鸭公树 - 密花树 + 金毛狗群落”和“钝叶水丝梨 + 大头茶 + 腺叶野樱群落”最具特色，分别位于排牙山主峰的北、南两侧。

排牙山的山地常绿阔叶林与周边地区相比也具有鲜明的特色，如出现了大面积的香

花枇杷（*Eriobotrya fragrans*）群落、钝叶水丝梨（*Sycopsis tutcheri*）群落。此外，深山含笑（*Michelia maudiae*）、华南青皮木（*Schoepfia chinensis*）、腺叶野樱（*Prunus phaeosticta*）、饶平石楠（*Photinia raopingensis*）及岭南槭（*Acer tutcheri*）等亚热带山地的特征成分也常见其间。

3.1.5.2 主峰南北两侧的植被差异明显

排牙山呈东西走向，南、北两坡均面海，但南坡为阳坡，且正对风向，蒸发量大，故与北坡相比较为干旱。与之对应，北坡的植被无论从种类组成还是外貌结构上都要比南坡更为丰富和复杂，低山常绿阔叶林往往可高达20余米，分层较多，层间植物丰富，优势种类多样，如浙江润楠、鸭公树、厚壳桂、亮叶冬青及鸭脚木等。而南坡植被往往高不及10 m，种类组成也较单调，优势种明显，以能耐干旱的大头茶地位最为突出，其余有鼠刺、漆树及浙江润楠等。

3.1.5.3 植被的垂直分布现象较为明显

大鹏半岛保护区内山体不高，海拔最高仅为707 m，同时某些地段还受到了人为干扰，因此，其植被的垂直分布现象与南岭、海南五指山等相对高大的山脉相比不甚突出，但仍然可清楚的分为3个垂直更替分布的植被带。即随着海拔的升高，依次分布着低地常绿阔叶林（海拔150 m以下）、低山常绿阔叶林（海拔150～450 m）及山地常绿阔叶林（海拔450 m以上），尤以在排牙山主峰的北坡较为明显。三个类型的优势种往往会出现过渡的情况，即某些种类的生态幅度较宽，使不同类型间拥有共优的种类，如浙江润楠、亮叶冬青等。尽管如此，三者在群落的外貌、结构上仍表现出明显的差异，即使是共优的种类，在群落中分布格局也不相同。如低地阔叶林以臀果木占优势，低山阔叶林以浙江润楠占优势，而山地林则以香花枇杷（北坡）或钝叶水丝梨（南坡）占优势。同时，低地阔叶林的层间藤本最为发达，而低山阔叶林则次之，山地阔叶林则最不发达。结构方面，低地阔叶林和低山阔叶林较为复杂，层次多而不清，而山地林则层次分明，林冠整齐。

3.2 植物区系

深圳市大鹏半岛自然保护区位于深圳市大鹏新区，东径114°17′—114°22′，北纬22°27′—22°39′，处于北回归线以南，属于南亚热带海洋性季风气候。大鹏半岛共有维管植物208科806属1528种；其中野生维管植物200科732属1372种，包括：蕨类植物40科72属124种，裸子植物4科4属5种，被子植物156科656属1243种。大鹏半岛植物区系以热带、亚热带科属成分为主，代表植被类型为南亚热带常绿阔叶林，属于华夏植物区系。该地区具有一些较为原始的成分和5个中国特有属，具有较强的原始性和特有性。大鹏半岛保护区的植物区系与七娘山地质公园区系的相似性最高，这与两地同处大鹏半岛，地理位置接近，且植物的生境也较相似有关；而与南岭植物区系的相似性最低，则说明了大鹏半岛植物区系具有更为强烈的热带性质。

蕨类植物、裸子植物和被子植物物种及其分布见附录1。

3.2.1 植物区系的组成与特点

本次调查表明大鹏半岛自然保护区有野生维管植物1372种，隶属于200科732属。其中，蕨类植物40科72属124种，裸子植物4科4属5种，被子植物156科656属1243种。见表3-21。此外，还有栽培植物57科125属157种。

表3-21 深圳市大鹏半岛自然保护区野生维管植物科属种统计表

分类群 Taxon	科 Families	属 Genera	种 Species
蕨类植物 Pteridophyta	40	72	124
裸子植物 Gymnospermae	4	4	5
被子植物 Angiospermae	156	656	1243
植物总计 Total	200	732	1372

3.2.1.1 蕨类植物区系的组成和特点

根据对大鹏半岛自然保护区的全面调查结果统计，大鹏半岛共有野生蕨类植物40科72属124种（秦仁昌，1978）。其科属种组成见表3-22。

表3-22 深圳市大鹏半岛自然保护区蕨类植物科的组成

科 Family	属：种 Gen：Sp	科 Family	属：种 Gen：Sp
水龙骨科 Polypodiaceae	7：12	铁线蕨科 Adiantaceae	1：2
金星蕨科 Thelypteridaceae	5：11	肾蕨科 Nephrolepidaceae	1：2
凤尾蕨科 Pteridaceae	2：9	紫萁科 Osmundaceae	1：2
鳞毛蕨科 Dryopteridaceae	4：8	槲蕨科 Drynariaceae	1：1
卷柏科 Selaginellaceae	1：8	禾叶蕨科 Grammtidaceae	1：1
蹄盖蕨科 Athyriaceae	4：7	剑蕨科 Loxogrammaceae	1：1
铁角蕨科 Aspleniaceae	2：6	苹科 Marsileaceae	1：1
乌毛蕨科 Blechnaceae	3：5	满江红科 Azollaceae	1：1
鳞始蕨科 Lindsaeaceae	2：5	双扇蕨科 Dipteridaceae	1：1
三叉蕨科 Aspidiaceae	3：4	实蕨科 Bolbitidaceae	1：1
海金沙科 Lygodiaceae	1：4	舌蕨科 Elaphoglossaceae	1：1
中国蕨科 Sinopteridaceae	3：3	裸子蕨科 Hemionitidaceae	1：1
膜蕨科 Hymenophyllaceae	3：3	水蕨科 Parkeriaceae	1：1
骨碎补科 Davalliaceae	2：3	卤蕨科 Acrostichaceae	1：1
里白科 Gleicheniaceae	2：3	姬蕨科 Hypolepidaceae	1：1
石杉科 Huperziaceae	2：2	蚌壳蕨科 Dicksoniaceae	1：1
石松科 Lycopodiaceae	2：2	木贼科 Equisetaceae	1：1

（续表 3 – 22）

科 Family	属：种 Gen：Sp	科 Family	属：种 Gen：Sp
桫椤科 Cyatheaceae	2：2	莲座蕨科 Angiopteridaceae	1：1
碗蕨科 Dennstaedtiaceae	1：2	松叶蕨科 Psilotaceae	1：1
蕨科 Pteridiaceae	1：2	瘤足蕨科 Plagiogyriaceae	1：1
总计		72：124	

在大鹏半岛的蕨类植物区系中，水龙骨科 Polypodiaceae、金星蕨科 Thdypteridaceae、凤尾蕨科 Pteridaceae、鳞毛蕨科 Dryopteridaceae、卷柏科 Selaginellaceae、蹄盖蕨科 Athyriaceae、铁角蕨科 Aspleniaceae、乌毛蕨科 Blechnaceae 8 个大科占据主导地位，占蕨类总属和总种的 38.89% 和 53.22%，优势地位明显。除鳞毛蕨科为热带 – 温带分布的科外，其余的科都以热带、亚热带分布为主，如卷柏科和凤尾蕨科为典型的热带性分布的科。同时，大鹏半岛地区还保存有种系较为贫乏的古老蕨类，如属于拟蕨类（ferns – allies）的松叶蕨科 Psilotaceae 松叶蕨 *Psilotum nudum*、石杉科 Huperziaceae 蛇足石杉 *Huperzia serratum*、石松科 Lycopodiaceae 藤石松 *Lycopodiastrum casuarinoides* 及木贼科 Equisetaceae 节节草 *Hippochaete ramosissimum* 等；属于真蕨类（ferns）中较原始的科有莲座蕨科 Angiopteridaceae 福建莲座蕨 *Angiopteris fokiensis* 和瘤足蕨科 Plagiogyriaceae 华南瘤足蕨 *Plagiogryia tenuifolia*。此外，孑遗的木本蕨类桫椤科 Cyatheaceae 在大鹏半岛也拥有 2 个代表种——桫椤 *Alsophila spinulosa* 和黑桫椤 *Gymnosphaera podophylla*，它们零散分布于沟谷之中，数量较少，需对其加强保护。

大鹏半岛的植被主要为南亚热带常绿灌丛及南亚热带常绿阔叶林。而蕨类植物可保持水土，改良土壤环境，从而利于其他植物的生长或构成林下草本层的主体。因此蕨类植物作为先锋种在植被中有着重要的作用。如铁芒萁 *Dicranopteris linsaris* 等丛生型喜阳蕨类通常是阳性先锋植物。在次生人工林中，常见有铁芒萁、乌毛蕨 *Blechnum orientale*、三叉蕨 *Tectaria subtriphylla*、蜈蚣草 *Pteris vittata* 等；在灌丛、草地、林缘和路旁的向阳处常见有芒萁 *Dicranopteris pedata*、海金沙 *Lygodium japonicum*、蜈蚣草、团叶鳞始蕨 *Lindsaea orbiculata*、乌毛蕨 *Blechnum orientale* 等阳生性蕨；在较为阴湿处则主要有翠云草 *Selaginella uncinata*、华南紫萁 *Osmunda vachellii* 等耐阴性蕨类；同时，在林中还有海金沙等附生蕨类攀附生长于树干或枝条的表面。在水分充足、土壤有机质丰富的沟谷等地段，蕨类的生态类型和种类的丰富程度大大提高，例如一些水沟附近，草本层蕨类植物比较密集，既有藤本的海金沙缠绕在乔木和灌木上，也有其他多种附生蕨类生长在乔木的树干上、岩石的缝隙处，显示出明显的多样性。

3.2.1.2　种子植物区系的组成统计

（1）区系组成的优势科

根据调查统计，大鹏半岛自然保护区共有野生种子植物（包括归化种及逸生种）160 科 660 属 1248 种，其中裸子植物有 4 科 4 属 5 种，被子植物有 156 科 656 属 1243 种。各类群的科属种组成按种数多少排列见表 3 – 23。

表3－23　深圳市大鹏半岛自然保护区野生种子植物科大小组成

裸子植物 Gymnospermae	属：种	裸子植物 Gymnospermae	属：种
买麻藤科 Gnetaceae	1：2	罗汉松科 Podocarpaceae	1：1
松科 Pinaceae	1：1	红豆杉科 Taxaceae	1：1
被子植物 Angiospermae	属：种	被子植物 Angiospermae	属：种
禾本科 Gramineae	59：96	露兜树科 Pandanaceae	1：4
蝶形花科 Papilionaceae	32：70	胡颓子科 Elaeagnaceae	1：4
菊科 Compositae	39：61	红树科 Rhizophoraceae	3：3
大戟科 Euphorbiaceae	25：54	白花菜科 Capparidaceae	3：3
茜草科 Rubiaceae	26：51	景天科 Crassulaceae	2：3
莎草科 Cyperaceae	15：48	千屈菜科 Lythraceae	2：3
兰科 Orchidaceae	26：35	藤黄科 Guttiferae	2：3
樟科 Lauraceae	8：34	半边莲科 Lobeliaceae	2：3
桑科 Moraceae	5：27	天料木科 Samydaceae	2：3
蔷薇科 Rosaceae	9：24	紫草科 Boraginaceae	2：3
山茶科 Theaceae	8：23	谷精草科 Eriocaulaceae	1：3
壳斗科 Fagaceae	3：23	秋海棠科 Begoniaceae	1：3
旋花科 Convolvulaceae	10：20	木通科 Lardizabalaceae	1：3
马鞭草科 Verbenaceae	8：20	山龙眼科 Proteaceae	1：3
唇形科 Labiatae	13：15	桔梗科 Campanulaceae	2：2
玄参科 Scrophulariaceae	7：15	草海桐科 Goodeniaceae	2：3
紫金牛科 Myrsinaceae	5：15	山榄科 Sapotaceae	2：2
桃金娘科 Myrtaceae	5：15	杠柳科 Periplocaceae	2：2
山矾科 Symplocaceae	1：15	山茱萸科 Cornaceae	2：2
爵床科 Acanthaceae	14：14	金粟兰科 Chloranthaceae	2：2
芸香科 Rutaceae	10：13	蓝雪科 Plumbaginaceae	2：2
锦葵科 Malvaceae	7：13	绣球科 Hydrangeaceae	2：2
蓼科 Polygonaceae	2：13	金丝桃科 Hypericaceae	2：2
冬青科 Aquifoliaceae	1：13	三白草科 Saururaceae	2：2
夹竹桃科 Apocynaceae	9：12	苦木科 Simaroubaceae	2：2
天南星科 Araceae	8：12	五味子科 Schisandraceae	1：2
含羞草科 Mimosaceae	7：11	狸藻科 Lentibulariaceae	1：2
野牡丹科 Melastomataceae	5：11	灯心草科 Juncaceae	1：2
苋科 Amaranthaceae	5：11	马齿苋科 Portulacaceae	1：2
茄科 Solanaceae	5：10	小二仙草科 Haloragidaceae	1：2
番荔枝科 Annonaceae	5：10	牛栓藤科 Connaraceae	1：2
苏木科 Caesalpiniaceae	4：10	酢浆草科 Oxalidaceae	1：2

（续表3－23）

被子植物 Angiospermae	属：种	被子植物 Angiospermae	属：种
荨麻科 Urticaceae	8：9	橄榄科 Burseraceae	1：2
防己科 Menispermaceae	7：9	茅膏菜科 Droseraceae	1：2
五加科 Araliaceae	5：9	仙茅科 Hypoxidaceae	1：2
杜鹃花科 Ericaceae	4：9	八角枫科 Alangiaceae	1：2
忍冬科 Caprifoliaceae	3：9	交让木科 Daphniphyllaceae	1：2
金缕梅科 Hamamelidaceae	7：8	越橘科 Vacciniaceae	1：1
百合科 Liliaceae	7：8	檀香科 Santalaceae	1：1
梧桐科 Sterculiaceae	7：8	猕猴桃科 Actinidiaceae	1：1
鸭跖草科 Commelinaceae	4：8	延龄草科 Trilliaceae	1：1
鼠李科 Rhamnaceae	4：8	石蒜科 Amaryllidaceae	1：1
姜科 Zingiberaceae	2：8	花柱草科 Stylidiaceae	1：1
萝藦科 Asclepiadaceae	7：7	大血藤科 Sargentodoxaceae	1：1
葡萄科 Vitaceae	5：7	仙人掌科 Cactaceae	1：1
木犀科 Oleaceae	5：7	黄杨科 Buxaceae	1：1
卫矛科 Celastraceae	3：7	木棉科 Bombacaceae	1：1
胡椒科 Piperaceae	2：7	水东哥科 Saurauiaceae	1：1
清风藤科 Sabiaceae	2：7	蛇菰科 Balanophoraceae	1：1
桑寄生科 Loranthaceae	6：6	凤仙花科 Balsaminaceae	1：1
苦苣苔科 Gesneriaceae	5：6	百部科 Stemonaceae	1：1
石竹科 Caryophyllaceae	5：6	翅子藤科 Hippocrateaceae	1：1
远志科 Polygalaceae	4：6	芭蕉科 Musaceae	1：1
榆科 Ulmaceae	3：6	竹芋科 Marantaceae	1：1
安息香科 Styracaceae	3：6	杨梅科 Myricaceae	1：1
毛茛科 Ranunculaceae	3：6	金虎尾科 Malpighiaceae	1：1
杜英科 Elaeocarpaceae	2：6	紫茉莉科 Nyctaginaceae	1：1
菝葜科 Smilacaceae	2：6	铁青树科 Olacaceae	1：1
薯蓣科 Dioscoreaceae	1：6	山柑科 Opiliaceae	1：1
楝科 Meliaceae	5：5	列当科 Orobanchaceae	1：1
葫芦科 Cucurbitaceae	4：5	浮萍科 Lemnaceae	1：1
瑞香科 Thymelaeaceae	3：5	胡桃科 Juglandaceae	1：1
柳叶菜科 Onagraceae	2：5	粘木科 Ixonanthaceae	1：1
柿科 Ebenaceae	1：5	青藤科 Illigeraceae	1：1
马兜铃科 Aristolochiaceae	1：5	五桠果科 Dilleniaceae	1：1
椴树科 Tiliaceae	4：4	茶茱萸科 Icacinaceae	1：1
伞形花科 Umbelliferae	4：4	使君子科 Combretaceae	1：1
漆树科 Anacardiaceae	4：4	西番莲科 Passifloraceae	1：1

（续表 3－23）

被子植物 Angiospermae	属：种	被子植物 Angiospermae	属：种
无患子科 Sapindaceae	4：4	五列木科 Pentaphylacaceae	1：1
十字花科 Cruciferae	3：4	龙胆科 Gentianaceae	1：1
马钱科 Loganiaceae	4：5	田葱科 Philydraceae	1：1
木兰科 Magnoliaceae	3：4	鼠刺科 Escalloniaceeae	1：1
棕榈科 Palmae	3：4	商陆科 Phytolaccaceae	1：1
藜科 Chenopodiaceae	2：4	海桐花科 Pittosporaceae	1：1
大风子科 Flacourtiaceae	2：4	粟米草科 Molluginaceae	1：1
省沽油科 Staphyleaceae	2：4	车前科 Plantaginaceae	1：1
槭树科 Aceraceae	1：4	雨久花科 Pontederiaceae	1：1
堇菜科 Violaceae	1：4	八角科 Illiciaceae	1：1

按照科的组成大小可以将大鹏半岛的植物分为五级（表 3－24），其中单种科占 27.5%，寡种科（2～5 种）占 35.6%，但是单种科和寡种科的种数只占 17.8%，而科内属种繁多的科（6 种以上）只占总科数的 36.9%，却占总属和总种数的 76.4% 和 82.2%。上述数据说明大鹏半岛地区的优势科现象非常明显。

表 3－24　大鹏半岛种子植物区系种的分级统计

类别	单种科 （0～1）	寡种科 （2～5）	中等科 （6～10）	较大科 （11～30）	大科 （≥30）
裸子植物 Gymnosperm	3（3：3）	1（1：2）			
被子植物 Angiosperm	41（41：41）	56（110：172）	30（130：225）	21（142：335）	8（230：449）
合计 Total	44（44：44）	57（111：174）	30（130：225）	21（142：335）	8（230：449）

从数据中可以看出，处于北回归线以南的大鹏半岛地区，其大部分植物种类分布在少数科内，优势种类趋于集中和明显。如表 3－23 所示，种数排在前位的科有禾本科 Gramineae（96 种）、蝶形花科 Papilionaceae（70 种），这两科主要是草本。大戟科 Euphorbiaceae（54 种）、樟科 Lauraceae（34 种）、桑科 Moraceae（27 种）、山茶科 Theaceae（23 种）、蔷薇科 Rosaceae（24 种）、壳斗科 Fagaceae（23 种）为乔木优势科。这些优势科构成了大鹏半岛植被的主体。它们往往是森林植被中的建群种和优势种，如山茶科米碎花 *Eurya chinensis*、大头茶 *Gordonia axillaris*，大戟科的山乌桕 *Sapium discolor*、银柴 *Aporosa dioica*、香港算盘子 *Glochidion zeylanicum*，樟科豺皮樟 *Litsea rotundifolia*、浙江润楠 *Machilus chekiangensis*、潺槁 *Litsea glutinosa*，茜草科 Rubiaceae 的栀子 *Gardenia jas-*

minoides、广东大沙叶 *Pavetta hongkongensis*、九节 *Psychotria rubra*，冬青科的梅叶冬青 *Ilex asprella*、毛冬青 *Ilex pubescens* 等；或是灌木林的主要组成部分，如桃金娘科的桃金娘 *Rhodomyrtus tomentosa*，野牡丹科 Melastomataceae 的野牡丹 *Melastoma candidum* 等。而热带性的种类如山龙眼科 Proteaceae 的小果山龙眼 *Helicia cochinchinensis*、瑞香科 Thymelaeaceae 的土沉香 *Aquilaria sinensis*、五桠果科 Dilleniaceae 的锡叶藤 *Tetracera asiatica* 及桑科的榕属植物 *Ficus* spp. 在大鹏半岛也有出现，反映了本区的植物区系由南亚热带向热带过渡的性质。

此外，在低地和低山常绿阔叶林中，还具有丰富的层间藤本，如秤钩风 *Diploclisia affinis*、粉防己 *Stephania tetrandra*、多花勾儿茶 *Berchemia floribunda*、菝葜、白背酸藤子、小叶红叶藤 *Rourea microphylla*、牛栓藤 *Rourea roxburghiana*、酸藤子 *Embelia laeta*、山鸡血藤、光鸡血藤、亮叶猴耳环、山银花、白花油麻藤等。此外，附生植物也较丰富，如石柑子 *Pothos chinensis*、阴石蕨 *Humata repens*、巢蕨 *Neottopteris nidus*、山蒟 *Piper hancei* 等。这些具热带沟谷雨林表征性大藤本及附生植物的大量出现，也反映了大鹏半岛植物区系由南亚热带向热带过渡的趋势。

（2）区系的表征科

将种类在 10 种以上的优势科按照其在世界植物区系中所占的百分比进行列表比较（表 3－25），排名在前的科在一定程度上能反映该植物区系的地方特征，可视为该植物区系的表征科。

表 3－25　大鹏半岛种子植物区系 10 种以上科在世界植物区系中的比例统计

科 Family	排牙山种数/世界种数 Sp. No. of Paiyashan / World	占世界区系比例 Ratio in the world
山矾科 Symplocaceae	15/250	6. 00%
山茶科 Theaceae	23/610	3. 77%
壳斗科 Fagaceae	23/700	3. 29%
冬青科 Aquifoliaceae	13/420	3. 10%
桑科 Moraceae	27/1100	2. 45%
马鞭草科 Verbenaceae	20/950	2. 11%
苋科 Amaranthaceae	11/750	1. 47%
旋花科 Convolvulaceae	20/1600	1. 25%
紫金牛科 Myrsinaceae	15/1225	1. 22%
樟科 Lauraceae	34/2850	1. 19%
蓼科 Polygonaceae	13/1100	1. 18%
莎草科 Cyperaceae	48/4350	1. 10%
禾本科 Gramineae	96/9500	1. 01%
蔷薇科 Rosaceae	24/2825	0. 85%

（续表3-25）

科 Family	排牙山种数/世界种数 Sp. No. of Paiyashan / World	占世界区系比例 Ratio in the world
芸香科 Rutaceae	13/1800	0.72%
锦葵科 Malvaceae	13/1800	0.72%
大戟科 Euphorbiaceae	54/8100	0.67%
夹竹桃科 Apocynaceae	12/1850	0.65%
蝶形花科 Papilionaceae	70/12150	0.58%
茜草科 Rubiaceae	51/10200	0.50%
天南星科 Araceae	12/2550	0.47%
番荔枝科 Annonaceae	10/2150	0.47%
苏木科 Caesalpiniaceae	10/2175	0.46%
爵床科 Acanthaceae	14/3450	0.41%
含羞草科 Mimosaceae	11/2950	0.37%
茄科 Solanaceae	10/2950	0.34%
桃金娘科 Myrtaceae	15/4620	0.32%
玄参科 Scrophulariaceae	15/5100	0.29%
菊科 Compositae	61/22750	0.27%
唇形科 Labiatae	15/6700	0.22%
野牡丹科 Melastomataceae	11/4950	0.22%
兰科 Orchidaceae	35/18500	0.19%

统计结果显示，山矾科 Symplocaceae、山茶科、壳斗科、冬青科 Aquifoliaceae、桑科、马鞭草科 Verbenaceae、苋科 Amaranthaceae、旋花科 Convolvulaceae、紫金牛科 Myrsinaceae、樟科等在世界植物区系里占有较大的比重，可以看作是大鹏半岛植物区系的表征科。除苋科外，均为热带-亚热带分布的科，它们不但是构成大鹏半岛南亚热带常绿阔叶林的重要成分，而且反映了该地植物区系的性质。山矾科、山茶科、壳斗科、冬青科及樟科等均为华夏植物区系的表征科，它们在大鹏半岛区系中占有重要的地位说明，大鹏半岛植物区系是华夏植物区系的重要组成部分。这些科中的榕属 *Ficus*（20种）、山矾属 *Symplocos*（15种）、冬青属 *Ilex*（13种）、木姜子属 *Litsea*（9种）、山茶属 *Camellia*（9种）、润楠属 *Machilus*（9种）、柯属 *Lithocarpus*（8种）、栲属 *Castanopsis*（8种）、柃属 *Eurya*（7种）、青冈属 *Cyclobalanopsis*（7种）、紫珠属 *Callicarpa*（6种）及紫金牛属 *Ardisia*（6种）等为大鹏半岛植被中的优势属。

3.2.1.3　种子植物区系的特点

（1）种子植物的组成

大鹏半岛自然保护区的野生裸子植物种类较少，只有4科4属5种，如买麻藤科Gnetaceae的罗浮买麻藤 *Gnetum lofuense*、小叶买麻藤 *Gnetum parvifolium* 为南亚热带常绿阔叶林孑遗的特征种。而松科Pinaceae的马尾松 *Pinus massoniana* 喜光、喜温，多分布于山地及丘陵坡地的下部、坡麓及沟谷，对土壤要求不严，能耐干燥瘠薄的土壤，喜酸性至微酸性土壤，而在土层深厚、肥沃、湿润的丘陵山地生长迅速，适应性强，造林容易，是重要的先锋造林树种和主要用材林树种。红豆杉科Taxaceae的穗花杉 *Amentotaxus argotaenia* 为我国特有树种，分布在排牙山海拔300m以上地带的荫湿溪谷两旁或林内，群落中个体稀少，属偶见种。它树形秀丽，种子成熟时假种皮呈红色，很美观，是优美的庭园观赏树种，木材材质细密，可供雕刻、器具及细木加工。罗汉松科Podocarpaceae的百日青 *Podocarpus neriifolius* 为罗汉松科稀有植物，在排牙山海拔400 m以上的山地与阔叶树混生成林，只是林木稀少。木材可供家具、乐器、文具及雕刻，也可做庭园观赏树种。

另外，大鹏半岛自然保护区的野生被子植物丰富，有156科656属1243种，其中，禾本科、蝶形花科、菊科、大戟科、茜草科、莎草科、兰科、樟科、桑科、蔷薇科、山茶科、壳斗科等科种类丰富，占的比例较大。

（2）种子植物属的区系地理分析

表3-26　深圳市大鹏半岛自然保护区种子植物属的分布区类型*

分布区类型 Areal-types	属数 No. of genera	占属总数% Percent
1 世界分布	42	扣除
2 泛热带分布	169	28.69
2-1 热带亚洲—大洋洲和热带美洲（南美洲或/和墨西哥）	6	1.02
2-2 热带亚洲—热带非洲—热带美洲（南美洲）	7	1.19
3 热带亚洲及热带美洲间断分布	15	2.55
4 旧世界热带分布	63	10.70
4-1 热带亚洲、非洲和大洋洲间断或星散分布	7	1.19
5 热带亚洲至热带大洋洲分布	58	9.85
6 热带亚洲至热带非洲分布	33	5.60
6-2 热带亚洲和东非或马达加斯加间断分布	1	0.17
7 热带亚洲分布	103	17.49
7-1 爪哇（或苏门答腊），喜马拉雅间断或星散分布到华南、西南	6	1.02
7-2 热带印度至华南（尤其云南南部）	3	0.51

（续表3-26）

分布区类型 Areal-types	属数 No. of genera	占属总数% Percent
7-4 越南（或中南半岛）至华南或西南分布	6	1.02
8 北温带分布	26	4.41
8-4 北温带和南温带间断分布	8	1.36
9 东亚及北美间断分布	23	3.90
10 旧世界温带分布	10	1.70
10-1 地中海区，至西亚（或中亚）和东亚间断分布	2	0.34
11 温带亚洲分布	1	0.17
12-3 地中海区至温带—热带亚洲，大洋洲和/或北美南部至南美洲间断	1	0.17
14 东亚分布	28	4.75
14SH 中国—喜马拉雅	3	0.51
14SD 中国—日本	5	0.85
15 中国特有分布	5	0.85
总计	64 1	100

* 本表仅包括大鹏半岛地区原生（Native）种子植物总属数，不包含归化种和逸生种。虽然一些物种已经逸生于大鹏半岛地区，但是它们的属在中国没有野生分布，如 *Mirabilis* 属分布于温带美洲，*Eichornia* 属、*Hyptis* 属为热带美洲分布，*Lantana* 属为热带美洲和热带非洲间断分布。这些属在数据统计分析中没有包含。

如表3-26所示，大鹏半岛植物区系的组成以热带、亚热带分布的属为主，具有较强的热带性，同时也具有热带和亚热带过渡性。温带科属在区系中也占有一定的比例，可见排牙山植物区系也受到温带成分的影响。大鹏半岛地区位于南亚热带，水、热条件比较优越，加上沟谷较多，形成多种小生境，有利于多种植物成分的交汇与渗透。

世界广布的属有42属，分别隶属于25个科。主要为苔草属 *Carex*、莎草属 *Cyperus*、蓼属 *Polygonum*、悬钩子属 *Rubus*，其中苔草属主产区为我国，蓼属主要分布于北温带。

泛热带的属数量最多，涉及的种类繁多，表明大鹏半岛地区受热带区系的强烈影响。其中榕属、冬青属、山矾属的数量最多，其他泛热带分布的属还有紫金牛属 *Ardisia*、马兜铃属 *Aristolochia*、紫珠属 *Callicarpa*、大青属 *Clerodendrum* 等。

东亚（热带、亚热带）及热带南美间断属有15属，占世界总属的2.55%，在大鹏半岛地区主要分布的为木姜子属 *Litsea* 和柃属 *Eurya*，他们种类较多，其他还有金叶树属 *Chrysophyllum*、山芝麻属 *Helicteres*、赛葵属 *Malvastrum*、泡花树属 *Meliosma*、猴欢喜属 *Sloanea*、山香圆属 *Turpinia* 等。

旧世界热带分布的属较多，有63属，占世界总属的10.70%，主要包括山姜属 *Alpinia*、五月茶属 *Antidesma*、酸藤子属 *Embelia*、血桐属 *Macaranga*、野桐属 *Mallotus*、鸡血藤属 *Millettia*、露兜树属 *Pandanus*、蒲桃属 *Syzygium* 等。其中，尤以山姜属、鸡血藤属和蒲桃属的种类最为丰富，山姜属在大鹏半岛地区为林下常见种类，也是构成草本层的主要成分之一。

热带亚洲至热带大洋洲有 58 属，占总属的 9.85%，主要有樟属 *Cinnamomum*、野牡丹属 *Melastoma*、银背藤属 *Argyreia*、黑面神属 *Breynia*、野扁豆属 *Dunbaria* 等。

热带亚洲至热带非洲有 33 属，占总属的 5.6%。热带亚洲（即热带东南亚至印度—马来，及热带南和西太平洋诸岛）有 103 属，占总属的 17.49%。

中国特有是指分布区主要限于中国境内的类型，以西南、华南至华中为中心，向东北、向东或向西北方向辐射并逐渐减少，而主要分布于秦岭—山东以南的亚热带和热带地区，个别可突破国境分布到邻近的缅甸、中南半岛等地。在大鹏半岛地区分布有 5 个属，分别为石笔木属 *Tutcheria*、箬竹属 *Indocalamus*、大血藤属 *Sargentodoxa*、棱果木属 *Barthea* 和马铃苣苔属 *Oreocharis*。

东亚和北美间断分布指间断分布于东亚和北美温带及亚热带地区的属，目前为植物分类学研究热点，对被子植物起源及演化的研究有着重要的意义。大鹏半岛地区东亚北美间断分布属有 23 属，主要有鼠刺属 *Itea*、八角属 *Illicium*、菖蒲属 *Acorus*、长柄山蚂蟥属 *Hylodesmum*、葱木属 *Aralia*、大头茶属 *Gordonia*、枫香树属 *Liquidambar*、勾儿茶属 *Berchemia*；胡蔓藤属 *Gelsemium*、胡枝子属 *Lespedeza*、栲属 *Castanopsis*、络石属 *Trachelospermum*、木兰属 *Magnolia*、木犀属 *Osmanthus*、漆树属 *Toxicodencron*、山胡椒属 *Lindera*、山绿豆属 *Desmodium*、珊瑚菜属 *Glehnia*、蛇葡萄属 *Ampelopsis*、石楠属 *Photinia*、万寿竹属 *Disporum*、皂荚属 *Gleditsia* 等。

以上数据可以看出，大鹏半岛地区种子植物区系的组成以热带、亚热带分布的科属为主，涉及热带成分的属占非世界分布属的 80.98%，具有较强的热带性，同时温带科属在区系中也占由一定的比例，可见大鹏半岛地区的植物区系也受到了温带成分的渗透。

此外，大鹏半岛植物区系保存了一定数量的古老或在系统进化上具有重要地位的科属，如木兰科。木兰科是亚热带常绿阔叶林的特征科和代表科，在大鹏半岛地区木兰科植物只有 3 属 4 种，其中木莲属木莲 *Manglietia fordiana* 为第三纪残遗种。金缕梅科也是较古老的科，我国总共有金缕梅科 17 属 76 种，而在大鹏半岛地区就有金缕梅科有 7 属 8 种，其中红花荷属 *Rhodoleia* 为该科的原始属。同时，大鹏半岛地区还具有 5 个中国特有属，相对其表现面积（146.22 km^2）而言较为丰富。这些古老的科和较多中国特有属的存在显示了大鹏半岛植物区系具有的原始性和特有性。

3.2.2　与邻近地区比较

为了更好地理解大鹏半岛植物区系的特点，将本区系与邻近几个有代表性的地区的植物区系进行了比较，见表 3 - 27。

表3-27　大鹏半岛与邻近地区种子植物区系共通种的比较

地区/植物区系 Flora	与大鹏半岛共有的种数 Shared with Dapeng	种的相似系数* Similarity coefficient of species
七娘山	1010	74.76%
内伶仃岛	387	28.65%
马峦山	612	45.30%
黑石顶	605	44.78%
南岭	536	39.67%

*种的相似性系数=100%×（两地共有种数/排牙山区系种的总数）（不包括栽培种）。

① 七娘山位于深圳市东部南澳镇新大村，海拔869m，是深圳市第二高峰。大鹏半岛保护区与七娘山地质公园邻近，同处于大鹏半岛，地理条件相似，这使得两者的植物区系成分高度相似，并表现出很高的亲密程度。七娘山共有野生维管植物194科640属1105种，而大鹏半岛物种数量更为丰富，达200科729属1352种。例如大鹏半岛有8科不见于七娘山，他们是木兰科、马兜铃科 Aristolochiaceae、粟米草科 Molluginaceae、商陆科 Phytolaccaceae、木棉科 Bombacaceae、粘木科 Ixonanthaceae、竹芋科 Marantaceae 和延龄草科 Trilliaceae。这可能是由于大鹏半岛地区的部分地区保护的相对较好，物种多样性相对较高。

② 内伶仃岛位于珠江口伶仃洋东侧，面积约5 km^2，地处深圳、珠海、香港、澳门四城市的中间，属东亚季风区、南亚热带海洋性季风气候区，是国家级自然保护区。内伶仃岛自然保护区有维管植物138科405属619种。内伶仃岛地理面积较小，植被物种较少，与大鹏半岛地区种的相似数较低。内伶仃岛的乔木优势种主要有白桂木、短序润楠、银柴、布渣叶、假苹婆、鸭脚木、潺槁等均见于大鹏半岛地区，内伶仃岛的藤本植物极为丰富和发达，虽然藤本植物也见于大鹏半岛，但只集中在一些保存较好的沟谷，且数量较少。内伶仃岛没有温带亚洲分布的属，而大鹏半岛却有1属，为菊科马兰属。同时，内伶仃岛中国特有分布的属仅为2属，零星分布，不如大鹏半岛分布种类多。此外，内伶仃岛为低山丘陵地貌，海拔最高处仅为340.9 m，因此，与排牙山相比，缺乏很多亚热带的山地成分，如：香花枇杷、岭南槭、少叶黄杞、青皮木等。总之，大鹏半岛地区与内伶仃岛相比，大鹏半岛热带成分所占比例没有内伶仃岛的高，但温带成分所占比例较内伶仃岛明显，两地区表现出海岛植被与大陆沿海植被间的差异。

③ 马峦山位于深圳市东郊，南临大鹏湾，属南亚热带季风气候，日照充足，热量丰富。高温多雨，其气候条件十分适合热带、亚热带植物生长。马峦山郊野公园共有维管植物153科517属967种，由于总体以低山为主，沟谷众多，保存有典型南亚热带沟谷常绿阔叶林，是南亚热带常绿阔叶林向热带雨林或热带常绿阔叶林过渡的代表类群，其林下藤本比大鹏半岛地区茂密繁盛。其主要特点是：环境阴暗潮湿，群落覆盖度较大，乔木一般较粗大，植株分布密集，在某些比较郁闭的类型里，附生植物较丰富，且个体数量较多。

马峦山的乔木层优势树种主要有五加科的鸭脚木 *Schefflera octophylla*、芸香科的山油柑 *Acronychia pedunculata*、山茶科的大头茶 *Gordonia axillaris* 和石笔木 *Tutcheria championii*、樟科的浙江润楠 *Machilus chekiangensis* 和短序润楠 *Machilus breviflora*、壳斗科的罴蒴 *Castanopsis fissa* 和米锥 *Castanopsis carlesii*、桑科的白桂木 *Artocarpus hypargyreus*、藤黄科的多花山竹子 *Garcinia multiflora* 等，灌木层的优势种主要有樟科的豺皮樟 *Litsea rotundifolia* var. *oblongifolia*、紫金牛科的罗伞树 *Ardisia quinquegona*、冬青科的梅叶冬青 *Ilex asprella*、桃金娘科的桃金娘 *Rhodomyrtus tomentosa* 等，这些南亚热带地区的典型植被也是大鹏半岛地区常绿阔叶林的主要优势种。大鹏半岛地区分布有苦苣苔科石上莲（马铃苣苔）*Oreocharis benthamii* var. *reticulata*，五加科虎刺楤木 *Aralia armata*，壳斗科甜锥 *Castanopsis eyrei* 等，这些物种在马峦山地区没有分布，但是由于两地地理位置相似，都表现出明显的热带性质。

从整体上来看，马峦山的沟谷较多，沟谷常绿阔叶林发育的更为完善，优势种多样，有石笔木群落、亮叶槭群落等多种类型；而大鹏半岛的山地成分则发育的更为典型，如有大面积的蚊母树群落、香花枇杷群落等。

④ 黑石顶自然保护区位于广东省封开县境内，地处热带与亚热带交界地带，北回归线从保护区贯穿而过，属南亚热带湿润季风气候。保护区植物种类繁多，维管植物有190 科 654 属 1605 种。由于黑石顶保护区地理位置的特殊性，其区系特征明显呈现热带向亚热带过渡。有较多热带植物成分以保护区为最北界分布，同时也是一些典型的亚洲亚热带分布种的南限，如伯乐树科 Bretschneideraceae 的伯乐树 *Bretschneidera sinensis* 在黑石顶有分布，且是其分布的南缘，分界现象较明显，使黑石顶保护区成为热带和亚热带植物区系过渡的典型代表地。大鹏半岛地区与黑石顶自然保护区相比较，其亚热带山区和北温带分布类型所占比重不如黑石顶保护区，如大鹏半岛没有细辛属 *Asarum*、苹果属 *Malus*、桦木属 *Betula* 等温带的代表性属。从以上可以看出，大鹏半岛区系的热带性质更为强烈，而黑石顶区系的亚热带性质则较强。

⑤ 南岭国家级自然保护区位于广东北部，属典型的亚热带温湿气候，兼具有亚热带季风气候特征，地势较高，具有山地气候特点。保护区有维管植物 175 科 822 属 2292 种，热带—亚热带成分占绝对优势，其中壳斗科、樟科、山茶科、杜英科、金缕梅科为优势科和表征科。除金缕梅科和杜英科之外其余也都是大鹏半岛地区的优势科和表征科。南岭温带成分占有一定比例，多为草本，木本则几乎都是落叶树或针叶树，如南岭分布有铁杉属 *Tsuga*、三尖杉属 *Cephalotaxus*、杜鹃花属 *Rhododendron*、桦木属、鹅耳栎属 *Carpinus* 和水青冈属 *Fagus*，这些属在大鹏半岛地区没有分布。虽然南岭自然保护区面积更大，植物种类也更丰富，但是与与大鹏半岛地区共有种的相似性系数还是相对较低，这可能与两地区的地理位置、地形和气候类型上的差异有关。这些差异导致南岭地区热带—亚热带的高山成分较大鹏半岛地区更为明显。

3.2.3 结语

大鹏半岛地区处于北回归线以南、亚洲热带北缘与南亚热带的过渡地带，属于南亚热带海洋性季风气候，反映在植被的性质上，以山矾科、山茶科、壳斗科、冬青科、桑科、马鞭草科等热带分布的科为优势科和表征科，涉及热带成分的属占非世界分布属的80.98%。无论是组成成分、分布，还是群落的各种特征，都表现出较强的热带性，属于华夏植物区系的组成部分。又由于大鹏半岛地处热带—亚热带的过渡地区，也具有一定的温带成分。表现在植被上，其代表植被类型——南亚热带常绿阔叶林的组成种类、群落外貌和结构特点等特征均表现出从热带到亚热带过渡的特点。大鹏半岛保护区植物区系与七娘山地质公园区系的相似性最高，这与两地同处大鹏半岛，地理位置接近，且植物的生境也较相似有关；而与南岭植物区系的相似性最低，则说明了大鹏半岛植物区系具有更为强烈的热带性质。

3.3 珍稀濒危植物

深圳市大鹏半岛自然保护区共有各类保护植物及珍稀濒危植物49种，隶属于26科44属。其中，国家Ⅱ级重点保护植物8种、省级保护植物1种。根据IUCN濒危等级标准（3.1版）进行评估和统计，大鹏半岛地区有极危种1种，濒危种13种，易危种35种。这些珍稀濒危植物具有起源古老、特有现象较为突出等特点。本文还分析了这些植物濒危的原因，并提出了相应的保育对策。

生物多样性是人类赖以生存和发展的物质基础，但由于人口的剧增以及工农业的迅猛发展，人类对自然资源无节制的滥用，造成了全球生态环境的急剧变化，使生物多样性面临着自身进化和人类严重干扰的双重威胁，生物多样性的损失比以往任何时候都要快，部分物种种群很少或生存区域有限，甚至已趋于灭绝的状况。因此，开展珍稀濒危植物的保护、生态保育研究具有重要意义。

3.3.1 珍稀濒危植物统计的主要标准

①根据《国家重点保护野生植物名录（第一批）》（1999），确定大鹏半岛地区野生种（native species）中的国家重点保护野生植物。

②参考《广东珍稀濒危植物图谱》（1988）和《广东珍稀濒危植物》（2003）专著中收录的大鹏半岛地区珍稀濒危植物野生种。

③参考《中国植物红皮书——稀有濒危植物》（第一册）专著中收录的排牙山珍稀濒危植物野生种。

④参考《香港稀有及珍贵植物》中收录的香港珍稀濒危植物。

⑤根据IUCN濒危等级标准（3.1版）评估为受威胁的珍稀濒危植物物种。主要参考《中国物种红色名录》（第一卷）（2004）进行评估，依据极危（CR）、濒危（EN）及易危（VU）的标准，收集、评估大鹏半岛地区的野生种。在本体系中，对绝灭、野外绝灭、地区绝灭以及数据缺乏、不宜评估、未予评估均未作评价。仅对“极危、濒危、易危”进行评价。无危的，亦无须评价。

3.3.2 珍稀濒危植物的种类

从2006年1月至5月，我们对大鹏半岛自然保护区的国家重点保护野生植物和珍稀濒危植物进行了全面考察，调查显示，大鹏半岛共有各类保护植物及珍稀濒危植物52种，隶属于28科46属（见表1）。具体统计如下。

3.3.2.1 国家重点保护野生植物及省级保护植物

大鹏半岛自然保护区有国家重点保护野生植物8种，均为Ⅱ级重点保护，分别为：蚌壳蕨科的金毛狗 *Gbotium barometz*、乌毛蕨科的苏铁蕨 *Brainea insiginis*、水蕨科的水蕨 *Ceratopteris thalictroides*、桫椤科的桫椤 *Alsophila spinulosa* 和黑桫椤 *Gymnosphaera podophylla*、樟科的樟树 *Cinnamomum camphora*、瑞香科的土沉香 *Aquilaria sinensis* 及伞形科的珊瑚菜 *Glehnia littoralis*。

有省级保护植物1种，即茜草科的乌檀 *Nauclea officinalis*。

3.3.2.2 濒危等级的统计

根据IUCN濒危等级标准（3.1版）（SSC/IUCN，2001；汪松等，2004）对大鹏半岛地区的野生植物进行了评估，将极危种（CR）、濒危种（EN）及易危种（VU）3个等级共52种作为珍稀濒危植物处理。其中极危1种，濒危13种，易危38种（表3－28）。

其中，极危（Critically Endangered，CR）植物有1种，为马兜铃科的香港马兜铃 *Aristolochia westlandii*。

濒危（Endangered，EN）植物有13种，分别为石杉科的蛇足石杉 *Huperzia serrate*，瘤足蕨科的华南瘤足蕨 *Plagiogyria tenuifolia*，壳斗科的栎叶柯 *Lithocarpus quercifolius*，马兜铃科的长叶马兜铃 *Aristolochia championii*，木兰科的香港木兰 *Magnolia championi*，豆科的香港油麻藤 *Mucuna championii*、韧荚红豆 *Ormosia indurata* 及华南马鞍树 *Maackia australis*，冬青科的纤花冬青 *Ilex graciliflora*，槭树科的海滨槭 *Acer sino－oblongum*，山茶科的大苞白山茶 *Camellia granthamiana*，茜草科的钟萼粗叶木 *Lasianthus trichophlebus*，兰科的美花石斛 *Dendrobium loddigesii* 及紫纹兜兰 *Paphiopedilum purpuratum*。

易危（Vulnerable，VU）植物有38种，它们是金毛狗、桫椤、黑桫椤、水蕨、苏铁蕨、穗花杉 *Amentotaxus argotaenia*、罗浮买麻藤 *Gnetum lofuense*、吊皮锥 *Castanopsis kawakamii*、白桂木 *Artocarpus hypargyraea*、嘉陵花 *Popowia pisocarpa*、樟树、粘木 *Ixonanthes chinensis*、香港樫木 *Dysoxylum hongkongense*、米仔兰 *Aglaia odorata*、亮叶槭 *Acer lucidum*、十蕊槭 *Acer laurinum*、龙眼 *Dimocarpus longan*、野茶树 *Camellia sinensis* var. *assamica*、土沉香 *Aquilaria sinensis*、两广树参 *Dendropanax parviforoides*、珊瑚菜 *Glehnia littoralis*、广东木瓜红 *Rehderodendron kwangtungense*、巴戟天 Morinda officinalis、乌檀、毛茶 *Antirhea chinensis*、钝叶水丝梨 *Distyliopsis tutcheri* 、春兰 *Cymbidium goeringii*、直唇卷瓣兰 *Bulbophyllum delitescens* 、芳香石豆兰 *Bulbophyllum ambrosium*、见血青 *Liparis nervosa*、云叶兰 *Nephelaphyllum tenuiflorum*、鹤顶兰 *Phaius tankervilliae*、苞舌兰 *Spathoglottis pubescens*、建兰 *Cymbidium ensifolium*、墨兰 *Cymbidium sinense*、广东隔距兰 *Cleisostoma simondii* var. *guangdongense*、白绵毛兰 *Eria lasiopetala* 及香港带唇兰 *Tainia hongkongensis*。

表3-28 深圳市大鹏半岛自然保护区的珍稀濒危植物

科名	种名	保护级别	濒危程度
石杉科 Huperziaceae	蛇足石杉 *Huperzia serrate*（Thunb. *ex* Murray）Trev.	Ⅱ	EN
瘤足蕨科 Plagiogyriaceae	华南瘤足蕨 *Plagiogyria tenuifolia* Cop.		EN
蚌壳蕨科 Dicksoniaceae	金毛狗 *Cibotium barometz*（linn.）J. Sm.	Ⅱ	VU
桫椤科 Cyatheaceae	桫椤 *Alsophila spinulosa*（Wall. *ex* Hook.）Tryon	Ⅱ	VU
桫椤科 Cyatheaceae	黑桫椤 *Gymnosphaera podophylla*（Hook.）Copel.	Ⅱ	VU
水蕨科 Parkeriaceae	水蕨 *Ceratopteris thalictroides* Brongn.	Ⅱ	VU
乌毛蕨科 Blechnaceae	苏铁蕨 *Brainea insiginis*（Hook.）J. Sm.	Ⅱ	VU
红豆杉科 Taxaceae	穗花杉 *Amentotaxus argotaenia*（Hance）Pilger		VU
买麻藤科 Gnetaceae	罗浮买麻藤 *Gnetum lofuense* C. Y. Cheng		VU
木兰科 Magnoliaceae	香港木兰 *Magnolia championii* Benth.		EN
番荔枝科 Annonaceae	嘉陵花 *Popowia pisocarpa*（Bl.）Endl.		VU
樟科 Lauraceae	樟 *Cinnamomum camphora*（L.）Presl.	Ⅱ	VU
马兜铃科 Aristolochiaceae	长叶马兜铃 *Aristolochia championii* Merr. et Chun		EN
马兜铃科 Aristolochiaceae	香港马兜铃 *Aristolochia westlandii* Hemsl.		CR
亚麻科 Linaceae	粘木 *Ixonanthes chinensis* Champ.		VU
瑞香科 Thymelaeaceae	土沉香 *Aquilaria sinensis*（Lour.）Gilg.	Ⅱ	VU
山茶科 Theaceae	野茶树 *Camellia sinensis* var. *assamica*（Mast.）Kitam.		VU
山茶科 Theaceae	大苞白山茶 *Camellia granthamiana* Sealy		EN
豆科 Leguminosae	华南马鞍树 *Maackia australis*（Dunn）Takeda		EN
豆科 Leguminosae	韧荚红豆 *Ormosia indurate* L. Chen		EN
豆科 Leguminosae	香港油麻藤 *Mucuna championii* Benth.		EN
金缕梅科 Hamamelidaceae	钝叶水丝梨 *Distyliopsis tutcheri*（Hemsley）P. K. Endress		VU
壳斗科 Fagaceae	吊皮锥 *Castanopsis kawakamii* Hayata		VU
壳斗科 Fagaceae	栎叶柯 *Lithocarpus quercifolius* Huang et Y. T. Chang		EN
桑科 Moraceae	白桂木 *Artocarpus hypargyraea* Hance		VU
冬青科 Aquifoliaceae	纤花冬青 *Ilex graciliflora* Champ.		EN
楝科 Meliaceae	米仔兰 *Aglaia odorata* Lour.		VU
楝科 Meliaceae	香港樫木 *Dysoxylum hongkongense*（Tutch.）Merr.		VU
无患子科 Sapindaceae	龙眼 *Dimocarpus longan* Lour.		VU
槭树科 Aceraceae	亮叶槭 *Acer lucidum* Metc.		VU
槭树科 Aceraceae	十蕊槭 *Acer laurinum* Hasskarl		VU

（续表3－28）

科名	种名	保护级别	濒危程度
五加科 Araliaceae	两广树参 *Dendropanax parviforoides* C. N. Ho		VU
伞形科 Umbelliferae	珊瑚菜 *Glehnia littoralis* F. Schmidt *ex* Miq.	Ⅱ	VU
安息香科 Styracaceae	广东木瓜红 *Rehderodendron kwangtungense* Chun		VU
茜草科 Rubiaceae	巴戟天 *Morinda officinalis* How		VU
茜草科 Rubiaceae	乌檀 *Nauclea officinalis*（Pierre *ex* Pitard）Merr. et Chun	省级	VU
茜草科 Rubiaceae	钟萼粗叶木 *Lasianthus trichophlebus* Hemsl.		EN
茜草科 Rubiaceae	毛茶 *Antirhea chinensis*（Champ. *ex* Benth.）		VU
兰科 Orchidaceae	春兰 *Cymbidium goeringii*（Rchb. f.）Rchb. f.	Ⅰ	VU
兰科 Orchidaceae	直唇卷瓣兰 *Bulbophyllum delitescens* Hance	Ⅱ	VU
兰科 Orchidaceae	鹤顶兰 *Phaius tankervilleae*（Bankd *ex* L'Herit）Bl.		VU
兰科 Orchidaceae	香港带唇兰 *Tainia hongkongensis* Rolfe		VU
兰科 Orchidaceae	白绵毛兰 *Eria lasiopetala*（Willd.）Ormerod		VU
兰科 Orchidaceae	美花石斛 *Dendrobium loddigesii* Rolfe		EN
兰科 Orchidaceae	墨兰 *Cymbidium sinense*（Andr.）Willd.		VU
兰科 Orchidaceae	建兰 *Cymbidium ensifolium*（L.）Sw.		VU
兰科 Orchidaceae	苞舌兰 *Spathoglottis pubescens* Lindl.		VU
兰科 Orchidaceae	紫纹兜兰 *Paphiopedilum purpuratum*（Lindl.）Stein		EN
兰科 Orchidaceae	云叶兰 *Nephelaphyllum tenuiflorum* Bl.		VU
兰科 Orchidaceae	见血青 *Liparis nervosa*（Thunb. *ex* Murray）Lindl.		VU
兰科 Orchidaceae	芳香石豆兰 *Bulbophyllum ambrosia*（Hance）Schltr.		VU
兰科 Orchidaceae	广东隔距兰 *Cleisostoma simondii* var. *guangdongense* Z. H. Tsi		VU

注：Ⅰ表示国家级Ⅰ重点保护野生植物；Ⅱ表示国家Ⅱ级重点保护野生植物；CR表示极危；EN表示濒危；VU表示易危。

3.3.3　珍稀濒危植物的生物地理学特点

3.3.3.1　起源古老

大鹏半岛自然保护区的珍稀濒危植物起源古老，孑遗种类较多。如蚌壳蕨科起源于古生代石炭纪，桫椤科植物在中生代初期就已经出现，起源于4亿年前的志留纪，幸存至今，是世界上最古老的活化石。裸子植物中的红豆杉科在侏罗纪就已经存在，第三纪得到延续和繁衍，穗花杉就是典型的第三纪残遗种。多心皮的木兰科植物通常被认为是被子植物中较原始古老的植物类群，排牙山有濒危植物香港木兰 *Magnolia championi* 的分布。此外桑科的白桂木也是古老的残遗种。

3.3.3.2 特有现象较为突出

大鹏半岛地区52种珍稀濒危植物中，有25种为中国特有种，占所有种数的一半以上，如华南瘤足蕨、穗花杉、罗浮买麻藤、栎叶柯、白桂木、长叶马兜铃、香港马兜铃、香港木兰、香港油麻藤、韧荚红豆及广东木瓜红等。其中，还有2种为广东地区的特有种，分布区相当狭窄，即华南马鞍树和海滨槭。

3.3.4 保护价值

大鹏半岛地区的52种珍稀濒危植物大致具有如下四点意义。

①有不少是孑遗种和古老种，如桫椤科植物和红豆杉科植物，它们对于系统进化和区系学的研究具有重要的意义，木兰科的香港木兰、兰科的原始种类紫纹兜兰等也在系统学研究上具有重要意义。

②具有重要经济价值的种类，如穗花杉、吊皮锥、白桂木、粘木等为优良的木材，珊瑚菜、巴戟天等为重要的药材，兰科植物很多种类为著名的观赏植物。

③重要作物的野生种群或有遗传价值的近缘种，如龙眼和野茶树。

④虽没有经济价值，但分布区极为狭小，从保护生物多样性的意义上应加以保护的种类，如海滨槭和华南马鞍树。

3.3.5 重要珍稀濒危植物各论

（1）苏铁蕨 *Brainea insiginis*（Hook.）J. Sm.

苏铁蕨为乌毛蕨科植物，因形似苏铁而得名，该种是古生代泥盆纪时代的孑遗植物，具有极为重要的科研价值。苏铁蕨高可达2m以上，有直立主干，茎粗壮，表面有排排叶痕并密生红棕色长形鳞片。在多年生老干及干基部，常长出不定芽，因而呈现出高低不同的丛生状。须根系，叶多数，簇生于干的顶部。孢子囊沿网眼生长。嫩叶为绯红色，非常美丽，后渐变绿。苏铁蕨树形美观，观赏价值极高，把它作为园林观赏植物应用，效果极佳。苏铁蕨还有着重要的药用价值，民间常用它的茎入药，有清凉解毒、止血散瘀、抗菌收敛的作用，还可治烫伤、感冒和止血。

苏铁蕨分布于我国广东、广西、台湾、贵州、福建、云南，及印度至印度尼西亚等地。目前，广东省已在饶平县设立三门山苏铁蕨自然保护区，主要保护该地的苏铁蕨群落。在大鹏半岛地区，苏铁蕨主要分布于西北部的罗屋田水库附近的火烧天山地的针、阔叶混交林中和径心水库附件山地沟谷中。针阔混交林群落中的优势乔木树种主要有马尾松、鼠刺、漆树及豺皮樟等，草本层以苏铁蕨及芒萁 *Dicranopteris pedata* 占优势，前者盖度可达25%，常见的伴生草本植物还有铺地蜈蚣 *Palhinhaea cernua*、扇叶铁线蕨 *Adiantum flabelluatum*、山菅兰 *Dianella ensifolia*、蔓九节 *Psychotria serpens* 及蜈蚣草 *Pteris vittata* 等。沟谷中的苏铁蕨群落整体较为低矮，郁闭度较高。乔木层主要组成物种有鸭脚木、苏铁蕨、九节、鼠刺及银柴，分层不明显。灌木层主要由苏铁蕨、豺皮樟、大头茶等组成，数量较少。林下草本稀少，主要有莎草、淡竹叶、山菅兰、扇叶铁线蕨、团叶鳞始蕨等，数量也十分稀少。林间藤本主要有罗浮买麻藤、锡叶藤等，在样地局部地方数量及覆盖度较高。在径心水库南边沟谷设立的样方中，苏铁蕨数量丰富，有80株，据不完全统计，整个群落的苏铁蕨数量约有300株，且绝大部分植株根茎粗壮，生长良好。

（2）黑桫椤 *Gymnosphaera podophylla* Hook.

黑桫椤是白垩纪时期遗留下来的树形蕨类植物，出现距今约3亿年前，号称为活化石，具有极高的科研价值。植株高1～3m，有短主干，顶部生出几片大叶。叶柄棕色，叶片大，长2～3m，一回、二回深裂。孢子囊群圆形，着生于叶片背面小脉近基部处，无囊群盖。分布于我国广东、广西、海南、云南、浙江、福建、台湾及中南半岛地区。

在大鹏半岛地区，黑桫椤主要分布在求水岭、排牙山主峰及岭澳水库附近的沟谷林中，数量非常稀少，需加以重点保护。

（3）金毛狗 *Gbotium barometz*（Linn.）J. Sm.

金毛狗为蚌壳蕨科金毛狗属的大型陆生蕨类，根状茎粗状肥大，直立或横卧在土表生长，其上及叶柄基部都密被金黄色长茸毛，看上去就像一只玩具金毛狗，惹人喜爱。它的叶丛生，在比较适合其生长的自然环境中，叶长可达2m，阔卵状三角形，三回羽状分裂，叶近革质，上端绿色而富光泽，下端灰白色，袍子囊群盖两瓣，形如蚌壳。此植物分布于热带及亚热带地区，我国华东、华南及西南地区皆有分布。生于山沟及溪边林下酸性土中，喜温暖和空气湿度较高的环境，畏严寒，忌烈日，对土壤要求不严，在肥沃排水良好的酸性土壤中生长良好。其根茎可入药，有补肝肾、利尿等功效。植株上金黄色的茸毛，是良好的止血药，中药名为狗脊。伤口流血处，粘上茸毛，立刻就能止血。根状茎还可做工艺品，是著名的室内观赏蕨。因大量挖掘其根状茎入药或作工艺品，遭受严重破坏，现已被列入国家Ⅱ级重点保护野生植物。

金毛狗在大鹏半岛地区相当常见，尤以在排牙山北坡海拔400～580 m的山地常绿阔叶林中分布最为密集，在草本层的盖度达95%以上，群落中的主要优势乔木为香花枇杷 *Eriobotrya fragrans*、浙江润楠、鸭公树及绒楠等，伴生草本主要有华山姜、山蒟、石韦 *Pyrrosia lingua* 及阴石蕨等。

（4）土沉香 *Aquilaria sinensis*（Lour.）Spreng.

我国特有而珍贵的药用植物，为国家Ⅱ级重点保护野生植物。常绿乔木。分布于广东、海南、广西等地区海拔400m以下雨林或半常绿季雨林。为弱阳性树种，幼时尚耐阴，生长较慢，10年后加快。3—5月开花，果熟9—10月。枝叶青翠，花芳香，树姿优美，为极佳的观赏植物，可作行道树及庭院栽植。土沉香具有药用价值，也可以做香料的原料。然而，作为原料的普通土沉香木片售价并不高，盗伐获利甚少。但是一些发生特殊化学变化的土沉香形成的香脂，在市场上售价高昂，因此土沉香成为被大量采伐的对象。

在大鹏半岛地区的低地和低山常绿阔叶林中，土沉香的分布较为普遍，但同样面临着被盗伐赢利的威胁。同时，当地山民为扩大荔枝种植的面积，不断地砍伐山腰之下的原生植被，也严重威胁到土沉香及其他珍稀物种的生存。

(5) 珊瑚菜 *Glehnia littoralis* Fr. Schmidt ex miq.

珊瑚菜为多年生草本，全株被白色柔毛。根细长，圆柱形或纺锤形，长20～70cm，表面黄白色。叶多数基生，厚质，有长柄。分布于我国海南、广东至辽宁各省沿海岸地区，朝鲜，日本及俄罗斯等地。生长于海边沙滩或栽培于肥沃疏松的沙质土壤。根加工后可药用，有清肺、养阴止咳，用于阳虚肺热干咳、虚痨久咳，热病伤津、咽干口渴等。由于生境的脆弱和过量采收，目前，数量已呈锐减的趋势，现已列入国家Ⅱ级重点保护野生植物。

该种在大鹏半岛地区的南部及北部海岸带有零星分布，极易受到人类活动的干扰和威胁。

(6) 香港马兜铃 *Aristolochia westlandii* Hemsl.

香港马兜铃为马兜铃科的木质藤本，花大而艳丽，呈紫红色，极具观赏价值。为我国狭域分布的特有种，仅分布于广东沿海地区和云南，属于极危种。块根药用，为苦、性寒，有清热解毒功效，用于治疗喉痛、痢疾、肠胃炎等。

在大鹏半岛地区，仅在求水岭海拔100 m左右的沟谷林中发现了该种的分布，且数量相当稀少，调查时仅发现2株，是一个需要加以重点关注和保护的种类。

(7) 粘木 *Ixonanthes chinensis* Jack

粘木为粘木科常绿乔木，主要分布于我国海南、广东、广西以及越南。近20多年，随着天然林面积的锐减，分布范围随之缩小，株数日益减少，已被列为渐危种。该种树皮灰褐色；叶互生，纸质至薄革质，椭圆形或椭圆状长圆形；花白色；蒴果卵状椭圆形，成熟时褐黑色，果皮硬革质，5瓣裂开；种子长圆形。

在排牙山的分布较为普遍，面临的主要威胁是因种植荔枝而对山林的滥砍滥伐。

(8) 白桂木 *Artocarpus hypargyraea* Hance

白桂木为桑科常绿乔木，树形美丽，枝叶浓密，是良好的园林绿化树种。渐危种，为我国特有种，分布于广东、海南、福建、江西、湖南、广西、云南等地。该种喜光、喜湿，多生于土层深厚肥沃的村边疏林、中低海拔丘陵或山谷的疏林中。果味酸甜，可食用；木材坚硬，纹理通直，可供建筑、家具及器具等用；根可入药，活血通络。

在大鹏半岛，该种主要分布于海拔300 m以下的低海拔地区，易受人类活动的干扰。

(9) 广东木瓜红 *Rehderodendron kwangtungense* Chun

广东木瓜红为安息香科落叶乔木，高7～10m。本种为中国特有种，局限分布于广东、广西、湖南南部及云南东南部。木材致密，可作家具用材；果红色，花白色，美丽芳香，可作绿化观赏树种。

在大鹏半岛地区，该种比较少见，零散分布于岭澳水库附近的山地杂木林中，常与浙江润楠、黄桐、软荚红豆及山乌桕等伴生。

(10) 紫纹兜兰 *Paphiopedilum purpuratum* (Lindl.) Stein

紫纹兜兰地生或半附生植物。分布于我国广东、广西、云南以及越南。由于受兰花贸易的影响，紫纹兜兰由于叶形优美，花色淡雅，也遭到了人们的大肆采挖。紫纹兜兰生于低海拔地区的林下腐殖质丰富之地或溪谷旁苔藓砾石丛生地或岩石上，生境也易受到人为干扰。目前，该种已被列入《濒危野生动植物种国际贸易公约》（CITES 公约）的附录Ⅰ。

紫纹兜兰在大鹏半岛较为少见，零散分布于植被较好的沟谷之中。

3.3.6　珍稀濒危植物受威胁的原因

普遍认为，导致物种致濒的主要原因有：①自然的原因；②生物的原因；③自身的原因；④人为的原因。其中，人为的因素又包括：① 社会发展，城乡化，导致生境丧失，或生境被割裂，片断化；② 动植物资源的广泛开发利用，使物种多样性遭受破坏，物种减少；③ 土壤、水资源、大气污染等导致生态系统受损；④ 外来种的入侵，会加剧环境压力；⑤ 现代意义的林业、农业作业方式，单一树种的森林与作物培育，导致病虫害；⑥ 大区域的全球变化，温室效应，气温上升，也会导致环境退化。

大鹏半岛地区受到人类活动的干扰较大，尤其是种植荔枝时对山林的滥砍滥伐，严重破坏了当地珍稀濒危植物的生境，使其生境呈现破碎化的趋势，威胁到它们的生存。这是排牙山珍稀濒危植物的生存受到威胁的主要原因。还有一些珍稀濒危植物具有药用、观赏、用材等价值，如土沉香、金毛狗及珊瑚菜等，所以多被过分砍伐或采挖，也是导致其濒危的原因之一。

此外，有些物种的分布区较为狭窄、分散、自身繁殖更新困难等也是导致该物种濒危的原因之一。如香港马兜铃的个体在排牙山相当稀少，难以形成一个稳定的种群。

再次，自然灾害和地质变迁往往给物种带来毁灭性打击，即使幸存的稀有物种也只能呈孤立残遗分布，如古生代孑遗的桫椤科植物和第三纪孑遗植物穗花杉。

3.3.7　保育对策

①根据珍稀濒危植物资源的生存状况、分布特点，开展有效的的“就地保护、迁地保育、离体保护”研究，建立实际可行的管理措施，抢救性地保护各种有保护价值的原生特有种及其原生地，建立种质资源基因库。

②在现有的基础上，继续加强对珍稀濒危植物的种群状况调查，可选取一些关键地区作生物多样性的全面准确考察，以期对濒危种建立预警机制。

③开展珍稀濒危植物的结构生物学、进化生物学研究，从生理生态、群体遗传、发育演化、生殖等方面深入探讨濒危物种的致濒机制。

④加强宣传，加强立法，提高人民群众对珍稀濒危物种的保护意识。

⑤封山育林，保护自然植被，促进自然生态系统的恢复，强化就地保护，对一些自然繁殖力很弱的种类，可进行迁地保护。由于排牙山面积较小，加之周边村庄较多，人为干扰现象严重。如人们为了获得经济利益而大肆采伐某种植物资源，或者因栽种果树等经济活动导致森林的砍伐。邻近村庄的山体在山腰以下，除一些风水林和水库保护区保存有较原始林外，大都曾经或已经被人为砍伐种果树或经济林。由于受到人为活动影响，导致一些种类的数量急剧减少，使这些植物赖以生存的天然生境遭受破坏，并收缩变窄。而一些植物与森林植被又有明显的依存关系，这样形成效应循环，加剧珍稀濒危植物的减少。故对这些植物的保护，根本在于禁止森林的砍伐，停止毁林种果的行为，

有关园林部门也应该采取相应措施，防止自然生境的破坏。

3.4 资源植物及其可持续利用

大鹏半岛地处南亚热带，属于海洋性季风气候，冬暖夏凉，热量充足，降水丰沛，并且因面临海洋，湿度较大，气候湿润，为野生植物的生长提供了良好的条件，因此蕴藏了比较丰富的植物资源。关于大鹏半岛的自然资源及生态情况，尚未有人进行过系统的调查，而我们对该地区进行全面的考察、研究后，获得了比较详细的研究资料。结果表明材用、食用、药用、淀粉、油脂、芳香、鞣料、纤维、观赏、染料、饲料、珍稀濒危植物等以及各类资源植物均十分丰富，蕴藏着巨大的潜在价值。按其经济用途和价值简要介绍如下。

3.4.1 用材树种

大鹏半岛地区的用材树种比较丰富。在植被中占优势的以松科 Pinaceae（马尾松 *Pinus massoniana*）、樟科 Lauraceae（樟树 *Cinnamomum camphora*、黄果厚壳桂 *Cryptocarya concinna*、潺槁 *Litsea glutinosa*、华润楠 *Machilus chinensis*、短序润楠 *Machilus breviflora*、红楠 *Machilus thunbergii*、绒楠 *Machilus velutina*）、五列木科 Pentaphylacace（五列木 *Pentaphylax euryoides*）、桃金娘科 Myrtaceae（红鳞蒲桃 *Syzygium hancei*）、梧桐科 Sterculiaceae（假苹婆 *Sterculia lanceolata*）、大戟科 Euphorbiaceae（土蜜树 *Bridelia tomentosa*、银柴 *Aporosa dioica*、山乌桕 *Sapium discolor*）、鼠刺科 Escalloniaceeae（鼠刺 *Itea chinensis*）、桑科 Moraceae（白桂木 *Artocarpus hypargyreus*、笔管榕 *Ficus subpisocarpa*）、五加科 Araliaceae（鸭脚木 *Schefflera octophylla*）、山茶科 Theaceae（大头茶 *Gordonia axillaris*）、壳斗科 Fagaceae（罗浮栲 *castanopsis fabri*）、杜英科 Elaeocarpaceae（山杜英 *Elaeocarpus sylvestris* 、显脉杜英 *Elaeocarpus dubius*、中华杜英 *Elaeocarpus chinensis*）、榆科（朴树 *Celtis sinensis*）、冬青科（铁冬青 *Ilex rotunda*）等植物为主。

除以上种类外，其他可供材用的树种如：木兰科 Magnoliaceae（深山含笑 *Michelia maudiae*）、樟科（阴香 *Cinnamomum burmannii*、黄樟 *Cinnamomum parthenoxylon*、红楠 *Machilus thunbergii*）、天料木科 Samydaceae（天料木 *Homalium Cochinchinense*）、椴树科 Tiliaceae（破布叶 *Microcos paniculata*）、山茶科（黑柃 *Eurya macartneyi*）、金丝桃科 Hypericaceae（黄牛木 *Cratoxylum cochinchinense*）、藤黄科 Guttiferae（多花山竹子 *Garcinia multiflora*、岭南山竹子 *Garcinia oblongifolia*、横经席 *Garcinia oblongifolia*）、含羞草科 Mimosaceae（亮叶猴耳环 *Archidendron lucidum*、猴耳环 *Archidendron clypearia*）、壳斗科 Fagaceae（福建青冈 *Cyclobalanopsis chungii*）、山矾科 Symplocaceae（光叶山矾 *Symplocos lancifolia*、山矾 *Symplocos sumuntia* 、腺叶山矾 *Symplocos adenophylla*、密花山矾 *Symplocos congesta*、薄叶山矾 *Symplocos anomala* ）、金缕梅科 Hamamelidaceae（阿丁枫），此外还有人工栽培树种台湾相思 *Acacia confusa*、马占相思 *Acacia mangium*、杧果 *Mangifera indica* 等。还有国家保护植物如红豆杉科 Taxaceae 的穗花杉 *Amentotaxus argotaenia* 等。

3.4.2　药用植物

大鹏半岛的野生植物资源以药用植物资源最为丰富，较为著名的药用植物有草珊瑚 *Sarcandra glabra*、栀子 *Gardenia jasminoides*、两面针 *Zanthoxylum nitidum*、金毛狗 *Cibotium barometz*、木防己 *Cocculus orbiculatus*、厚皮香 *Ternstroemia gymnanthera*、土沉香 *Aquilaria sinensis*、三桠苦 *Melicope pteleifolia* 等。

3.4.2.1　抗病毒微生物中草药

抗病毒微生物中草药主要用于各种细菌性或病毒性疾病、炎症等。如蕨类植物的石松科 Lycopodiaceae［灯笼石松（铺地蜈蚣）*Palhinhaea cernua*］、卷柏科 Selaginellaceae（兖州卷柏 *Selaginella involvens*、翠云草 *Selaginella uncinata*）、里白科 Gleicheniaceae（铁芒萁 *Dicranopteris linearis*）、海金沙科 Lygodiaceae（海金沙 *Lygodium japonicum*、小叶海金沙 *Lygodium scandens*）、蚌壳蕨科 Dicksoniaceae（金毛狗 *Cibotium barometz*）、鳞始蕨科 Lindsaeaceae（团叶鳞始蕨 *Lindsaea orbiculata*）、铁线蕨科 Adiantaceae（扇叶铁线蕨 *Adiantum flabelluatum*）、凤尾蕨科 Pteridaceae（蜈蚣草 *Pteris vittata*）、金星蕨科 Thelypteridaceae（毛蕨 *Cyclosorus interruptus*）、乌毛蕨科 Blechnaceae（乌毛蕨 *Blechnum orientale*、狗脊蕨 *Woodwardia japonica*）、鳞毛蕨科 Dryopteridaceae（镰羽贯众 *Cyrtomium balansae*）、水龙骨科 Polypodiaceae（伏石蕨 *Lemmaphyllum microphyllum*、骨牌蕨 *Lepidogrammitis rostrata*）等。

属于该类型药用植物的种子植物有：番荔枝科 Annonaceae（瓜馥木 *Fissistigma oldhamii*）、樟科（无根藤 *Cassytha filiformis*、山胡椒 *Lindera glauca*）、大血藤科 Sargentodoxace（大血藤 *Sargentodoxa cuneata*）、防己科 Menispermaceae（秤钩风 *Diploclisia affinis*、青牛胆 *Tinospora sagittata*）、胡椒科 Piperaceae（山蒟 *Piper hancei*）、金粟兰科 Chloranthaceae（草珊瑚）、景天科 Crassulaceae（落地生根 *Bryophyllum pinnatum*）、石竹科 Caryophyllaceae（繁缕 *Stellaria media*）、马齿苋科 Portulacaceae（马齿苋 *Portulaca oleracea*）、蓼科 Polygonaceae（毛蓼 *Polygonum barbatum*、火炭母 *Polygonum chinense*、辣蓼 *Polygonum hydropiper*）、苋科 Amaranthaceae（土牛膝 *Achyranthes aspera*、虾钳菜 *Alternanthera sessilis*、刺苋 *Amaranthus spinosus*）、瑞香科 Thymelaeaceae（了哥王 *Wikstroemia indica*）、海桐花科 Pittosporaceae（光叶海桐 *Pittosporum glabratum*）、猕猴桃科 Actinidiaceae（阔叶猕猴桃 *Actinidia latifolia*）、野牡丹科 Melastomataceae（野牡丹 *Melastoma candidum*、展毛野牡丹 *Melastoma normale*）、金丝桃科（黄牛木）、梧桐科（山芝麻 *Helicteres angustifolia*、翻白叶树 *Pterospermum heterophyllum*）、锦葵科 Malvaceae（肖梵天花 *Urena lobata*）、大戟科（五月茶 *Antidesma bunius*、黑面神 *Breynia fruticosa*、土蜜树、白桐树 *Claoxylon indicum*、黄桐 *Endospermum chinense*、飞扬草 *Euphorbia hirta*、越南叶下珠 *Phyllanthus cochinchinensis*、余甘子 *Phyllanthus emblica*、山乌桕）、蔷薇科（闽粤石楠 *Photinia benthamiana*、白花悬钩子 *Rubus leucanthus*）、榆科 Ulmaceae（朴树）、桑科 Moraceae（构树 *Broussonetia papyrifera*）、冬青科（梅叶冬青 *Ilex asprella*）、桑寄生科 Loranthaceae（广寄生 *Taxillus chinensis*）、芸香科 Rutaceae（簕欓花椒 *Zanthoxylum avicennae*）、苦木

科 Simaroubaceae（鸦胆子 *Brucea javanica*）、橄榄科 Burseraceae（橄榄 *Canarium album*）、漆树科 Anacardiaceae（盐肤木 *Rhus chinensis*）、五加科 Araliaceae（白簕花 *Acanthopanax trifoliatus*、幌伞枫 *Heteropanax fragrans*）、柿科 Ebenaceae（罗浮柿 *Diospyros morrisiana*）、紫金牛科 Myrsinaceae（朱砂根 *Ardisia crenata*、白花酸藤子 *Embelia ribes*、鲫鱼胆 *Maesa perlarius*）、马钱科 Loganiaceae（三脉马钱 *Strychnos cathayensis*）、夹竹桃科 Apocynaceae（山橙 *Melodinus suaveolens*、络石 *Trachelospermum jasminoides*）、萝摩科 Asclepiadaceae（球兰 *Hoya carnosa*）、茜草科 Rubiaceae（水团花 *Adina pilulifera*、流苏子 *Coptosapelta diffusa*、栀子 *Gardenia jasminoides*、玉叶金花 *Mussaenda pubescens*）、菊科 Compositae（鬼针草 *Bidens bipinnata*、石胡荽 *Centipeda minima*、一点红 *Emilia sonchifolia*、革命菜 *Gynura crepidioides*、金扭扣 *Spilanthes paniculata*、咸虾花 *Vernonia patula*、蟛蜞菊 *Wedelia chinensis*、千里光 *Senecio scandens*、夜香牛 *Vernonia cinerea*）、半边莲科 Lobeliaceae（半边莲 *Lobelia chinensis*）、玄参科 Scrophulariace（母草 *Lindernia crustacea*）、爵床科 Acanthaceae（老鼠簕 *Acanthus ilicifolius*、小驳骨 *Gendarussa vulgaris*、枪刀药 *Hypoestes purpurea*）、马鞭草科 Verbenaceae（大青 *Clerodendrum cyrtophyllum*、假茉莉 *Clerodendrum inerme*、马缨丹 *Lantana camara*）、露兜树科 Pandanaceae（露兜树 *Pandanus tectorius*、露兜簕 *Pandanus kaida*）、仙茅科 Hypoxidaceae（大叶仙茅 *Curculigo capitulata*）、兰科 Orchidaceae（花叶开唇兰 *Anoectochilus roxburghii*、石仙桃 *Pholidota chinensis*）、禾亚科 Agrostidoideae（淡竹叶 *Lophatherum gracile*）等。

3.4.2.2 抗寄生虫病中草药

抗寄生虫病中草药包括驱肠虫、抗阿米巴、抗疟疾、抗滴虫等中草药，如乌毛蕨、扇叶铁线蕨、毛蕨、樟树、山苍子 *Litsea cubeba*、假柿树 *Litsea monopetala*、土荆芥 *Chenopodium ambrosioides*、细齿叶柃 *Eurya nitida*、乌桕 *Sapium sebiferum*、葫芦茶 *Tadehagi triquetrum*、笔管榕、黄药 *Rhamnus crenata*、簕欓花椒、鸦胆子、马鞭草 *Verbena officinalis*、黄荆 *Vitex negundo*、广防风等。

3.4.2.3 抗癌中草药

从中草药挖掘抗癌植物是目前国际国内研究的热点，大鹏半岛该类植物有铁芒萁、伏石蕨、黄桐、白花蛇舌草 *Hedyotis diffusa*、纤花耳草 *Hedyotis tenelliflora*、革命菜、少花龙葵 *Solanum americanum* 等。

3.4.2.4 治疗神经系统疾病的中草药

治疗神经系统疾病的中草药包括具有麻醉作用、镇痛作用、镇静催眠作用、抗惊厥作用以及松肌作用的各类植物，如：灯笼石松（铺地蜈蚣）、翠云草、华南紫萁 *Osmunda vachellii*、蜈蚣草、扇叶铁线蕨、乌毛蕨、狗脊蕨、骨牌蕨、马尾松、番荔枝 *Annona squamosa*、假鹰爪 *Desmos chinensis*、紫玉盘 *Lithocarpus uvariifolius*、无根藤、阴香、樟树、香叶树 *Lindera communis*、山苍子、潺槁、豺皮樟、红楠、新木姜子、木防己、秤钩风、山蒟、毛蒟 *Piper hongkongense*、假蒟 *Piper sarmentosum*、草珊瑚、落地生根、马齿苋、毛蓼、火炭母、辣蓼、土牛膝、虾钳菜、华凤仙 *Impatiens chinensis*、土沉香、了哥王、细轴荛花 *Wikstroemia nutans*、刺柊、仙人掌 *Opuntia dillenii*、岗松 *Baeckea frutescens*、水翁 *Cleistocalyx operculatus*、桃金娘 *Rhodomyrtus tomentosa*、野牡丹 *Melastoma candidum*、展毛野牡丹、毛稔 *Melastoma sanguineum*、横经席、多花山竹子、破布叶、刺果藤 *Byttneria aspera*、山芝麻、翻白叶树、磨盘草 *Abutilon indicum*、肖梵天花、五月茶、土蜜树、黄桐、毛果算盘子 *Glochidion eriocarpum*、香港算盘子 *Glochidion hongkongense*、越南叶下珠、余甘子、山乌桕、牛耳枫 *Daphniphyllum calycinum*、金樱子 *Rosa laevigata*、含羞草 *Mimosa pudica*、亮叶猴耳环、龙须藤 *Bauhinia championii*、华南云实 *Caesalpinia crista*、藤黄檀 *Dalbergia hancei*、山鸡血藤 *Millettia dielsiana*、葫芦茶、枫香 *Liquidambar formosana*、杨梅 *Myrica rubra*、朴树、山黄麻 *Trema orientalis*、榕树 *Ficus microcarpa*、苎麻 *Boehmeria nivea*、梅叶冬青、铁冬青、疏花卫矛 *Euonymus laxiflorus*、寄生藤 *Dendrotrophe frutescens*、多花勾儿茶 *Berchemia floribunda*、黄皮 *Clausena lansium*、楝叶吴茱萸 *Tetradium glabrifolium*、两面针、花椒簕 *Zanthoxylum scandens*、八角枫 *Alangium chinense*、黄毛楤木 *Aralia decaisneana*、变叶树参 *Dendropanax proteus*、幌伞枫、鸭脚木、天胡荽、朱砂根、罗伞树 *Ardisia quinquegona*、酸藤子 *Embelia laeta*、栓叶安息香 *Styrax suberifolius*、三脉马钱、弓果藤 *Toxocarpus wightianus*、玉叶金花、九节 *Psychotria rubra*、蔓九节 *Psychotria serpens*、珊瑚树 *Viburnum odoratissimum*、天胡荽、豨莶 *Siegesbeckia orientalis*、金扭扣、夜香牛、咸虾花、金腰箭 *Synedrella nodiflora*、少花龙葵、丁公藤 *Erycibe obtusifolia*、大青、假茉莉、黄荆、广防风、华山姜 *Alpinia oblongifolia*、菝葜 *Smilax china*、海芋 *Alocasia macrorrhiza*、大叶仙茅、香附子 *Cyperus rotundus*、竹节草 *Chrysopogon aciculatus*、芒 *Miscanthus sinensis* 等。

3.4.2.5 治疗心血管疾病的中草药

治疗心血管疾病的中草药具有改善心脏功能、环节冠脉痉挛、增加冠脉流量、抗心率失常、扩张血管、抑制血小板凝聚、预防血栓形成、以及降低血脂、强心、降压等功能。该类植物有：铺地蜈蚣、翠云草、芒萁、团叶鳞始蕨、乌毛蕨、伏石蕨、马尾松、杉木 *Cunninghamia lanceolata*、阴香、樟树、黄樟、秤钩风、虾钳草、刺苋、紫茉莉、刺柊、桃金娘、野牡丹、展毛野牡丹、黄花稔 *Sida acuta*、肖梵天花、毛果巴豆 *Croton lachnocarpus*、白背叶 *Mallotus apelta*、牛耳枫、金樱子、空心泡 *Rubus rosaefolius*、白桂木、葨芝 *Cudrania cochinchinensis*、粗叶榕、薜荔、毛冬青 *Ilex pubescens*、寄生藤、山油柑、花椒簕、变叶树参、朱砂根、虎舌红 *Ardisia mamillata*、罗伞树、尖山橙 *Melodinus fusiformis*、羊角拗 *Strophanthus divaricatus*、鬼针草、白牛胆、蟛蜞菊、白花丹 *Plumbago zeylanica*、益母草 *Leonurus artemisis*、狗牙根 *Cynodon dactylon* 等。

3.4.2.6 治疗呼吸系统疾病的中草药

治疗呼吸系统疾病的中草药具有良好的止咳、怯痰及平喘等作用，主要用于治疗慢性支气管炎、肺热咳嗽、久咳咯血等症状。该类植物有：狭叶紫萁 *Osmunda angustifolia*、铁芒萁、单叶新月蕨 *Pronephrium simplex*、乌毛蕨、伏石蕨、骨牌蕨、瓦韦 *Lepisorus thunbergianus*、假鹰爪、山蒟、假蒟、蔓茎堇菜 *Viola diffusa*、金不换 *Polygala glomerata*、锦地罗 *Drosera burmannii*、破布叶、黑面神、飞扬草、香港算盘子、越南叶下珠、余甘子、山乌桕、鼠刺、金樱子、牛大力藤 *Millettia speciosa* 、猫尾草 *Uraria crinita*、对叶榕、葨芝、桑 *Morus alba*、梅叶冬青、多花勾儿茶、山油柑、柑桔 *Citrus reticulata*、三桠苦、山桔 *Fortunella hindsii*、天胡荽、吊钟花 *Enkianthus quinqueflorus*、华丽杜鹃 *Rhododendron farrerae*、朱砂根、鲫鱼胆、络石、球兰、牛白藤 *Hedyotis hedyotidea*、鸡屎藤 *Paederia scandens*、石胡荽、地胆草 *Elephantopus scaber*、白花地胆草 *Elephantopus tomentosus*、一点红、鹅不食草 *Epaltes australis*、白牛胆、豨莶、夜香牛、毛麝香 *Adenosma glutinosum*、野甘草 *Scoparia dulcis*、厚藤 *Ipomoea pes-caprae*、老鼠簕、狗肝菜 *Dicliptera chinensis*、水蓑衣 *Hygrophila salicifolia*、枪刀药、鬼灯笼 *Clerodendrum fortunatum*、马缨丹、广防风、海芋、花叶开唇兰、竹叶兰 *Arundina graminifolia*、石仙桃等。

3.4.2.7 治疗消化系统疾病的中草药

治疗消化系统疾病的中草药主要用于治疗胃肠道及肝胆疾患。如灯笼草石松（铺地蜈蚣）、兖州卷柏 *Selaginella involvens*、铁芒萁、渐尖毛蕨 *Cyclosorus acuminatus*、毛蕨、肾蕨 *Nephrolepis auriculata*、瓦韦、番荔枝、假鹰爪、阴香、山胡椒 *Lindera glauca*、潺槁、豺皮樟、毛柱铁线莲 *Clematis meyeniana*、假蒟、毛蒟、锦地罗、辣蓼、虾钳菜、刺苋、土沉香、锡叶藤 *Tetracera asiatica*、细齿叶柃、大头茶、阔叶猕猴桃、番石榴 *Psidium guajava*、桃金娘、野牡丹、展毛野牡丹、毛稔、田基黄 *Hypericum japonicum*、破布叶、黑面神、飞扬草、毛果算盘子、香港算盘子、余甘子、刺果苏木 *Caesalpinia bonduc*、白花悬钩子、三点金草 *Desmodium triflorum*、葫芦茶、猫尾草、白桂木、水同木 *Ficus fistulosa*、粤蛇葡萄 *Ampelopsis cantoniensis*、楝叶吴茱萸、鸦胆子、荔枝 *Litchi chinensis*、罗浮柿、朱砂根、虎舌红、酸藤子、山橙、弓果藤、鬼针草、石胡荽、地胆草、白花地胆草、一点红、鹅不食草、马兰、阔苞菊 *Pluchea indica*、夜香牛、咸虾花、千里光、白鹤藤 *Argyreia acuta*、母草、旱田草 *Lindernia ruellioides*、野甘草、老鼠簕、水蓑衣、大青、鬼灯笼、假茉莉、广防风、华山姜、草豆蔻 *Alpinia hainanensis*、艳山姜 *Alpinia zerumbet*、菝葜、海芋、黑莎草 *Gahnia tristis* 等。

3.4.2.8 具有强壮作用的中草药

具有强壮作用的中草药具有增强和调整身体各系统的功能，增强机体免疫、调节物质代谢，进而达到增强体质、预防疾病以及延缓衰老的作用。该类植物有：石松科（藤石松 *Lycopodiastrum casuarinoides*）、乌毛蕨科（狗脊蕨）、樟科（樟树、黄樟）、藜科 Chenopodiaceae（土荆芥）、苋科（土牛膝）、桃金娘科（桃金娘）、梧桐科（刺果藤）、鼠刺科（鼠刺）、含羞草科（决明 *cassia tora*）、蝶形花科 Papilionaceae（猪屎豆 *Crotalaria pallida*、藤黄檀、牛大力藤）、桑科（构树、薜荔、桑、葨芝）、卫矛科 Celastraceae（疏花卫矛）、越橘科 Vacciniaceae（乌饭树 *Vaccinium bracteatum*）、紫金牛科（酸藤子）、菊科（白牛胆）、唇形科 Labiatae（韩信草 *Scutellaria indica*）、菝葜科 Smilacaceae（土茯苓 *Smilax glabra*）等。

3.4.3　食用资源

3.4.3.1　果类资源

大鹏半岛地区各类果类植物比较丰富。野生果品营养价值比较高，又无农药和工业污染，开发前景广阔。较著名的野果类有：桃金娘科（桃金娘、蒲桃），藤黄科（多花山竹子、岭南山竹子），大戟科（五月茶、余甘子），桑科（白桂木）、芸香科（山油柑、山桔），紫金牛科（酸藤子）、买麻藤科 Gnetaceae（小叶买麻藤 *Gnetum parvifolium*）、野牡丹科（展毛野牡丹），山榄科（铁榄 *Sinosideroxylon pedunculatum*）等。比较著名的如阔叶猕猴桃（富含维生素 C）、桃金娘（富含氨基酸、黄酮、还原型 Vc）、杨梅（生津止渴）、余甘子（含人体六种氨基酸以及超氧化物歧化酶）等。

3.4.3.2　野菜资源

可作野菜食用的植物种类很多，主要是某些蕨类和一些草本植物，野菜含有丰富的微量元素、维生素或氨基酸等营养物质，具有较大的开发价值。属于该类型的植物有：扇叶铁线蕨、鱼腥草 *Houttuynia cordata*、繁缕、马齿苋、绿苋 *Amaranthus viridis*、假黄麻 *Corchorus aestuans*、革命菜、黄鹌菜 *Youngia japonica* 等；根可食用的有粗叶榕（五指毛桃）等。

3.4.3.3　其他

包括种子供食用，或用作制造饮料、酿酒等的植物，如罗浮买麻藤 *Gnetum lofuense* 的种子可供酿酒；马尾松、罗浮买麻藤、小叶买麻藤、大叶山龙眼 *Helicia kwangtungensis*、假苹婆的种子和仙人掌的果均可食用。

3.4.4　淀粉植物资源

淀粉的用途很广，是人类生活、食品工业或其他工业的重要原料，如制糖浆、淀粉糖、葡萄糖、糊精、粘贴胶等。淀粉植物优势科为壳斗科、菝葜科、薯蓣科 Dioscoreaceae 等。主要种类有藤石松、蕨 *Pteridium aquilinum*、狗脊蕨、木防己、牛大力藤、米锥 *Castanopsis carlesii*、甜锥 *Castanopsis eyrei*、小叶青冈 *Cyclobalanopsis myrsinaefolia*、小果山龙眼 *Helicia cochinchinensis*、大叶山龙眼、网脉山龙眼 *Helicia reticulata*、菝葜、狗脊、天门冬 *Asparagus cochinchinensis*、土茯苓、海芋等。

3.4.5　油脂植物资源

油脂植物包括食用油脂和工业用油脂（非食用油脂）两类。其中食用油脂植物有：荨麻科 Urticaceae（苎麻）、山茶科（油茶 *Camellia oleifera*）、紫金牛科（朱砂根）等；工业用油脂植物有：松科（马尾松）、杉科 Taxodiaceae（杉木 *Cunninghamia lanceolata*）、买麻藤科（罗浮买麻藤）、桑科（构树）、樟科（阴香、樟树、香叶树、山胡椒、山苍子、潺槁、假柿树、豺皮樟）、瑞香科（土沉香、了哥王）、山龙眼科 Proteaceae

(小果山龙眼)、山茶科(厚皮香)、藤黄科(多花山竹子、岭南山竹子)、椴树科(破布叶)、交让木科 Daphniphyllaceae(牛耳枫、虎皮楠 *Daphniphyllum oldhami*)、苏木科 Caesalpiniaceae(刺果苏木)、榆科(山黄麻)、芸香科(柑桔、两面针)、橄榄科(橄榄)、漆树科(盐肤木)、山矾科(山矾)、大戟科(白背叶、余甘子、蓖麻 *Ricinus communis*、山乌桕、乌桕)等。

3.4.6 芳香植物资源

可以用于提取香料的植物比较著名的有：瑞香科(土沉香)、芸香科(两面针、山油柑、三桠苦、山桔)、松科(马尾松)、樟科(樟树、黄樟、香叶树、山胡椒、山苍子、豺皮樟)、金粟兰科(草珊瑚)、姜科 Zingiberaceae(华山姜)等。其他还有：杨梅科 Myricaceae(杨梅)、芸香科(柑桔、酒饼簕 *Severinia buxifolia*、山桔)、茜草科(栀子)、樟科(假柿树、阴香)、五加科(鸭脚木)、桃金娘科(岗松、番石榴)、金丝桃科(黄牛木)、含羞草科(台湾相思)、马鞭草科(枇杷叶紫珠 *Callicarpa kochiana*、黄荆)、露兜树科(露兜树 *Pandanus tectorius*)等。

3.4.7 鞣料植物资源

鞣料植物中含单宁(又称鞣质)，其提取物商业上称为栲胶，用途广泛。排牙山的鞣料植物主要有：松科(马尾松)、杉科(杉木)、山茶科(油茶、厚皮香)、桃金娘科(岗松、番石榴、红鳞蒲桃、桃金娘)、红树科 Rhizophoraceae(秋茄树 *Kandelia candel*)、野牡丹科(毛稔)、藤黄科(多花山竹子、岭南山竹子)、杜英科(山杜英、中华杜英)、壳斗科(福建青冈)、榆科(山黄麻)、桑科(构树、榕树)、樟科(樟树)、苏木科(龙须藤、华南云实)、蝶形花科(藤黄檀)、漆树科(盐肤木)、冬青科(铁冬青)、越橘科(乌饭树)、菝葜科(菝葜)、含羞草科(台湾相思、猴耳环)、大戟科(黑面神、土蜜树、毛果算盘子、白背算盘子)、芸香科(山油柑)等。

3.4.8 纤维植物资源

植物纤维存在于植物体的各部分，其中以茎部的纤维最为丰富。纤维植物可分为以下几类：

用作纺织纤维、高级文化用纸的纤维原料多取之于韧皮纤维。如：杉科(杉木)、荨麻科(糯米团 *Gonostegia hirta*)、锦葵科(磨盘草、黄花稔、白背黄花稔、肖梵天花)、椴树科(破布叶)、梧桐科(山芝麻、刺果藤)、蝶形花科(两粤黄檀 *Dalbergia benthamii*)、榆科(山黄麻)、桑科(构树、葨芝、斜叶榕 *Ficus gibbosa*、粗叶榕、对叶榕、青果榕 *Ficus variegata*、榕树、变叶榕、桑)、八角枫科 Alangiaceae(八角枫)、夹竹桃科(山橙、络石)、瑞香科(了哥王、土沉香、细轴荛花)、茜草科(鸡屎藤)等。

制造绳索的纤维植物原料多用叶纤维、麻类、茎皮纤维、棕榈叶鞘纤维等。排牙山富含叶鞘纤维的植物有：芭蕉科 Musaceae(野蕉 *Musa balbisiana*)、姜科(华山姜)；麻类植物有：买麻藤科(小叶买麻藤)、大戟科(蓖麻)等；茎皮纤维类的植物有：椴树科（假黄麻、刺蒴麻 *Triumfetta rhomboidea*）、梧桐科（两广梭罗 *Reevesia thyrsoidea*、假苹婆、黄槿 *Hibiscus tiliaceus*）、苏木科（龙须藤）等。

供造纸的纤维植物有：番荔枝科（番荔枝）、杜英科（山杜英）、榆科（山黄麻、朴树）、梧桐科（两广梭罗、假苹婆）、桑科（构树、蒀芝、斜叶榕、对叶榕）、蝶形花科（猪屎豆、藤黄檀、亮叶鸡血藤 *Millettia nitida*）、大戟科（蓖麻）、禾亚科（白茅 *Imperata cylindrica*、五节芒 *Miscanthus floridulus*、芒、类芦 *Neyraudia reynaudiana*、棕叶芦 *Thysanolaena maxima*）等。

编织草席、草帽、篮子等各种生活用品和工艺制品的纤维，其皮下层纤维禾维管束鞘纤维都比较丰富，既有韧性又有弹性。如买麻藤科（罗浮买麻藤）、蝶形花科（野葛）、椴树科（破布叶）、锦葵科（黄花稔、白背黄花稔）、茜草科（鸡屎藤、水团花、玉叶金花）、禾亚科（芦竹 *Arundo donax*、白茅）等。

3.4.9　观赏植物资源

大鹏半岛地区主要观赏植物资源可分为以下几类。

3.4.9.1　乔木类型

红豆杉科（穗花杉）、樟科（阴香、香叶树）、桑科（斜叶榕）、冬青科（铁冬青）、芸香科（簕欓花椒）、五加科（鸭脚木、幌伞枫）、樟科（短序润楠 *Machilus breviflora*）、桃金娘科（番石榴、红鳞蒲桃）、金丝桃科（黄牛木）、椴树科（破布叶）、梧桐科（假苹婆）、交让木科（牛耳枫）、蔷薇科（闽粤石楠）、含羞草科（亮叶猴耳环）、苏木科（粉叶羊蹄甲 *Bauhinia glauca*）、榆科（山黄麻）、鼠李科 Rhamnaceae（雀梅藤 *Sageretia thea*）、忍冬科 Caprifoliaceae（珊瑚树）等。可作行道树的种类有：阴香、樟树、黄樟、假柿树、山杜英、两广梭罗、假苹婆、猴耳环、粉叶羊蹄甲、枫香 *Liquidambar formosana*、朴树、水同木、榕树、青果榕、笔管榕、铁冬青 *Ilex rotunda*、橄榄 *Canarium album*、杧果、八角枫、铁榄、赤杨叶 *Alniphyllum fortunei*、光叶山矾 *Symplocos lancifolia*、黄牛奶树 *Symplocos cochinchinensis*、山牡荆 *Vitex quinata* 等。

3.4.9.2　灌木类型

番荔枝科（山椒子 *Uvaria grandiflora*）、瑞香科（土沉香、了哥王）、野牡丹科（野牡丹、展毛野牡丹）、锦葵科（黄花稔、白背黄花稔、狗脚迹 *Urena procumbens*）、大戟科（厚叶算盘子 *Glochidion hirsutum*、毛果算盘子 *Glochidion eriocarpum*、白背算盘子 *Glochidion wrightii*、香港算盘子、白背叶）、杜鹃花科 Ericaceae（吊钟花 *Enkianthus quinqueflorus*、映山红 *Rhododendron simsii*）、茜草科（水团花、九节、栀子）、棕榈科 Palmae（刺葵），其他有豺皮樟、油茶、桃金娘、牛耳枫、假鹰爪、黄牛木、罗伞树、杜茎山 *Maesa japonica*、鲫鱼胆、密花树、毛茶 *Antirhea chinensis*、鬼灯笼、假茉莉、赪桐 *Clerodendrum japonicum*、马缨丹等。

3.4.9.3 草本或藤本类型

石松科（藤石松）、海金沙科（曲轴海金沙 *Lygodium flexuosum*）、卷柏科（翠云草）、紫萁科 Osmundaceae（华南紫萁）、金星蕨科（华南毛蕨 *Cyclosorus parasiticus*、新月蕨、单叶新月蕨）、乌毛蕨科（乌毛蕨、狗脊蕨）、水龙骨科（骨牌蕨）、买麻藤科（罗浮买麻藤）、胡椒科（草胡椒）、凤仙花科 Balsaminaceae（华凤仙）、猕猴桃科（阔叶猕猴桃）、蔷薇科（金樱子、空心泡）、萝藦科（球兰）、茜草科（玉叶金花）、菊科（千里光、豨莶）、半边莲科（铜锤玉带草 *Pratia nummularia*）、姜科（华山姜、草豆寇、艳山姜）、百合科 Liliaceae（山麦冬 *Liriope spicata*、天门冬、蜘蛛抱蛋 *Aspidistra elatior*、山菅兰 *Dianella ensifolia*）、禾亚科（狗牙根、红毛草 *Rhynchelytrum repens*）、仙茅科（大叶仙茅）等。

大鹏半岛部分的沟谷保存较好，有适合兰科生长的环境，所以兰科植物相当丰富，而大多数兰科植物均为美丽的观赏植物，如：花叶开唇兰、竹叶兰、芳香石豆兰 *Bulbophyllum ambrosium*、广东隔距兰 *Cleisostoma simondii*、高斑叶兰 *Goodyera procera*、鹤顶兰 *Phaius tankervilliae*、石仙桃等。

3.4.10 资源植物的可持续利用

大鹏半岛地处深圳市区周边，交通便利，植被丰富，景色优美，吸引了很多野外活动爱好者。同时，为发展经济改善当地人民生活水平，排牙山周边被大面积开发为荔枝、龙眼等经济林。然而，这些人为因素对大鹏半岛地区野生植被的影响也日益显著。保护和发展野生资源植物，对于保护物种，维护生物多样性，维持生态平衡，促进经济和社会可持续发展都具有十分重要的意义。

野生资源植物的保护途径要根据物种特性和生态特点确定科学经济的保护途径，最大限度地保护野生资源植物。根据排牙山地处位置及自身的特点提出其开发的几点建议：

首先，以就地保护为主，坚持野生植物生态环境的保护。

建立自然保护区是生境保护的最有效的手段。可根据大鹏半岛地区植被状况，进行分区保护，将整个地区分为原始植被区和生态恢复区。原始植被区以保证物种生态环境的稳定为前提，可以适当扩大，向外延伸，确保原始植被不受人为干扰。生态恢复区，可与科研机构合作，进行生态恢复试验，改善区域植被组成和外貌，增加景观观赏性。

第二，加强管理力度和宣传力度。对排牙山周边地区居民和外来游客进行生态保护教育和宣传，严禁对低山植被的生态破坏。

大鹏半岛的低山群落由于早期居民栽种果树的影响，受到较大的人为干扰，阔叶林被遭受破坏，例如某些村庄一带，除了一定面积的“风水林”得以保存以外，低海拔的山坡在砍伐后成为灌丛、稀树灌草丛等类型，植被单一，生态景观的观赏性降低。因此，需要加强生态意识宣传，杜绝因栽种果树而对植被的大面积破坏。

第三，加强野生资源植物的试验研究工作。

大鹏半岛自然保护区野生资源植物丰富，有许多资源的种类、特性、分布、蕴藏量、可采量等尚未查清楚。而野生资源植物的保护，必须了解野生资源植物的生物学特性、群落特点和发展规律，以及开发价值和可持续发展的可行性等方面。因此，对各种野生资源植物做进一步调查研究，并且制定相应的保护措施，以避免发展的盲目性。

第四，因地制宜，有侧重地开发野生资源植物，坚持走可持续性发展的道路。随着社会、经济的发展，在资源的利用和保护方面会存在着一定的矛盾。而保护资源植物的目的是为了实现野生资源植物的可持续利用。所以，在严格坚持依法保护下，应该对排牙山丰富的野生资源植物进行合理的开发研究。坚持“保护、发展、利用”三方面并重的原则，努力把大鹏半岛地区建设成为环境与人的和谐发展的典范。如加强对药用、野果、野菜类植物的研究。根据实际需要，开辟引种或栽培区，进行植物定向培育、保护药用价值的研究，将其变成可持续发展和利用的栽培资源。

第五，森林树种的栽培引进和景观设计。大鹏半岛地区由于岩石常年累月受海风侵蚀，造就了排牙山如牙如齿般的险要悬崖地貌，如遇雾天或小雨天穿越，可与名山大川相比美，雾里看花，有身处天庭之梦幻感觉。然而，排牙山部分地区植被单一，景观单调，可适当引种耐热阔叶树种，如桑科（榕树）、杜英科（猴欢喜 *Sloanea sinensis*）等，以及一些热带、亚热带性质的如山茶科、木兰科、金缕梅科的植物，以促进森林结构演替。同时应该限制各种桉树、杉木、台湾相思、马占相思等速生种的引种。

总之，对各种资源植物的发展进行统一规划，在发展药用、食用、观赏植物的同时，应兼顾生态环境的保护，使大鹏半岛地区的植被保持良性演替发展。

第四章　大鹏半岛自然保护区动物区系与动物资源

摘要：据本次初步调查和统计，大鹏半岛自然保护区分布的陆生野生脊椎动物有188种，隶属68科，27目。其中，哺乳动物28种，隶属7目15科；鸟类有102种，隶属15目，34科；爬行动物40种，隶属3目，13科；两栖动物18种，隶属2目，6科。包含国家重点保护野生动物41种，“三有名录”的保护动物有115种，其中两栖动物16种；爬行动物27种；鸟类61种；哺乳动物11种。

4.1　动物区系

深圳市大鹏半岛自然保护区分布的陆生野生脊椎动物资源，据本次初步调查和统计，有188种，隶属68科，27目（表4－1）。

表4－1　深圳市大鹏半岛自然保护区野生动物类群的物种组成

动物类群	目数	科数	种数	三有名录
哺乳类	7	15	28	11
鸟　类	15	34	102	61
爬行类	3	13	40	27
两栖类	2	6	18	16
合　计	27	68	188	115

注：“三有名录”：2000年8月国家林业局发布“国家保护的有益的或者有重要经济、科学研究价值的陆生野生动物名录”，简称“三有名录”。

4.2　动物物种及其分布

4.2.1　哺乳类

根据哺乳动物的特殊情况（大部分为夜行性动物），本次对野生哺乳动物的调查主要采取实地考察，实地考察野生哺乳动物痕迹为主，即足迹、粪便、洞穴等，适当布设一定数量的捕鼠夹；走访自然保护区的周边村民群众，核对前人的考察报告，广泛收集有关资料。

4.2.1.1　物种多样性

根据本次调查统计，深圳市大鹏半岛自然保护区的哺乳动物相对较少，尤其是较大型的哺乳动物，这是与该地区的地理环境有关。深圳市大鹏半岛自然保护区成片的天然阔叶林较少，山体较为平缓，缺乏大型兽类良好的隐藏条件，而且各个主要山体基本上是独立存在的孤山，排牙山山体周边没有其他山脉相连，造成了深圳市大鹏半岛自然保护区野生哺乳动物相对较少的主要因素。本次调查哺乳动物资源28种（见附录2），隶属7目15科。其种类分布如下：

食虫目的鼩鼱科1种。

翼手目的菊头蝠科1种；蝙蝠科2种；狐蝠科1种；蹄蝠科1种。

鳞甲目的穿山甲科1种。

食肉目的鼬科4种；灵猫科4种；猫科1种。

啮齿目的松鼠科1种；鼠科7种；竹鼠科1种；豪猪科1种。

兔形目的兔科1种。

偶蹄目的猪科1种。

估计还有一些种类这次没有调查到，有待于今后继续调查补充。

4.2.1.2　资源概况

深圳市大鹏半岛自然保护区保存有大面积的、较完好的次生森林资源较少，以灌木林为主等。有保存较好的次生常绿阔叶林、山顶矮林、草坡、人工林等，郁闭度达到85%。该自然保护区哺乳动物有豹猫 *Felis bengalensis*、黄腹鼬 *Mustela kathiah*、红颊獴 *Herpestes javanicus*、华南兔 *Lepus sinensis*、隐纹花松鼠 *Tamiops swinhoei*、野猪 *Sus scrofa* 等种类。库区周边生态环境是该保护区的特点，有少量的水獭 *Lutra lutra* 和红颊獴 *Herpestes javanicus* 分布。

4.2.2　鸟类

4.2.2.1　鸟类区系组成和特征

深圳市大鹏半岛自然保护区水平地带植被属南亚热带常绿阔叶林为主，群落外貌常绿，季节变化不明显，外貌常绿，多数植物群落趋向于集群分布。山体植被受人为的干扰程度较低，连片形成次生性常绿天然阔叶林，植物种类相对较为繁多，终年花果不断，为野生鸟类的生存提供了良好的隐蔽条件和食物来源。以果、虫和花蜜为食的鸟类种类和数量较大，如大拟啄木鸟 *Megalaima virens*、珠颈斑鸠 *Streptopelia chinensis*、四声杜鹃、小白腰雨燕 *Apus affinis*、家燕 *Hirundo rustica*、鹎科鸟类、松鸦 *Garrulus glandarius*、喜鹊 *Pica pica*、鹊鸲 *Copsychus saularis*、鹪莺类、乌鸫 *Turdus merula*、叉尾太阳鸟 *Aethopyga christinae*、暗绿锈眼鸟 *Zosterops japonica*、文鸟类和大山雀 *Parus major* 等为优势种或常见种。该自然保护区境区有多处水库和溪流湿地，也为依赖于水域的鸟类提供了良好的栖息环境，本次调查观察到的鸟类主要有少数的鸻鹬类、小鸊鷉 *Tachybaptus ruficollis*、鸬鹚、夜鹭、池鹭 *Ardeola bacchus*、白鹭 *Egretta garzetta*、黄斑苇鳽 *Ixobrychus sinensis*、白胸苦恶鸟 *Amaurornis phoenicurus*、斑鱼狗 *Ceryle rudis*、普通翠鸟 *Alcedo atthis*、白胸翡翠 *Halcyon smyrnensis*、白鹡鸰 *Motacilla alba*、灰鹡鸰 *Motacilla cinerca* 等种类。

本次对深圳市大鹏半岛自然保护区鸟类进行了调查，直接观测到的种类和听到其叫声的鸟类有102种（见附录2），隶属15目，34科。其中非雀形目鸟类14目，18科，46种，占全部鸟类总种数的45.1%。雀形目鸟类有16科，56种，占鸟类总种数的54.9%。

深圳市大鹏半岛自然保护区分布的鸟类具体科、种及各目种数占总鸟类总种数比例见表4-2。

表4-2 深圳市大鹏半岛自然保护区鸟类目、科和种的组成

目	科	种	占总种数/%
鸊鷉目 PODICIPEDIFORMES	1	1	0.98
鹱形目 PROCELLARIIFORES	1	1	0.98
鹳形目 CICONIIFORMES	1	7	6.86
隼形目 FALCONIFORMES	2	9	8.82
鸡形目 GALLIFORMES	1	1	0.98
鹤形目 GRUIFORMES	1	1	0.98
鸻形目 CHARADRIIFORMES	2	3	2.94
鸽形目 COLUMBIFORMES	1	2	1.96
鹃形目 CUCULIFORMES	1	5	4.90
鸮形目 STRIGIFORMES	2	7	6.86
雨燕目 APPODIFORMES	1	1	0.98
佛法僧目 CORACIIFORMES	1	3	2.94
鴷形目 PICIFORMES	2	3	2.94
雁形目 ANSERIFORMES	1	2	1.96
雀形目 PASSERIFORMES	16	56	54.90
合计	34	102	100

4.2.2.2 主要游览线路鸟类的物种多样性调查

鸟类的物种多样性的调查方法主要采用《全国陆生野生动物资源调查与监测技术规程》所确定的样带调查法。

(1) 罗屋田水库—大林坑—山顶路线

该游览观鸟线路经纬度约为北纬22°39′41″，东经114°27′24″，全长4～5 km。

该线路森林景观以亚热带季风常绿阔叶林和沟谷雨林为主，因其优美的水库风光、神秘的沟谷雨林，是自然保护区重点开发的区域之一。

在罗屋田水库库尾营造人工湿地景观，恢复和种植湿生植物，改善水库的水环境和水质，招引鸟类繁衍和生息。罗屋田水库—大林坑—山顶是大鹏半岛自然保护区野生鸟

类较多的路线之一。可观测到的常见或优势鸟类（划分标准：占本次线路总观测数的2.5%）有珠颈斑鸠 *Streptopelia chinensis*、白鹡鸰 *Motacilla alba*、家燕 *Hirundo rustica*、树鹨 *Anthus hodgsoni*、红耳鹎 *Pycnontus jocosus*、白头鹎 *Pycnontus sinensis*、丝光椋鸟 *Sturnus sericeus*、灰眶雀鹛 *Alcippe nipalensis*、长尾缝叶莺 *Orthotomus sutorius*、黄腹鹪莺 *Prinia flaviventris*、暗绿绣眼鸟 *Zosterops japonica*、[树] 麻雀 *Passer montanus*（Linnaeus）、斑文鸟 *Lonchura punctulata* 等。本次在该路线调查中，共发现有45种鸟类（见表4-3），以上常见鸟类或优势鸟类13种，仅占观测到的鸟类总种数的28.9%，而观测到的13种鸟类数量有257只，占观测到的鸟类群落总数量（359只）的71.6%。

表4-3　深圳市大鹏半岛自然保护区主要观鸟线路观测记录

（单位：只）

物　种	罗尾田大林坑山顶	岭澳线路	大坑水库山顶海边	求水岭至山顶	水磨坑水库至山顶
小䴙䴘 *Tachybaptus ruficollis*（Pallas）	2	6	5	—	—
鸬鹚 *Tachybaptus carbo sinensis*	—	—	2	—	—
绿鹭 *Butorides striatus*（Linnaeus）	—	5	—	—	—
池鹭 *Ardeola bacchus*（Bonaparte）	3	—	2	—	—
白鹭 *Egretta garzetta*（Linnaeus）	2	—	5	—	—
黄斑苇鳽 *Ixobrychus sinensis*（Gmelin）	2	1	—	—	—
鸢 *Milvus korschun*（Gmelin）	2	—	3	2	1
松雀鹰 *Accipiter virgatus*（Temminck）	—	—	—	1	—
红隼 *Falco tinnunculus* Linnaeus	2	1	2	—	—
白胸苦恶鸟 *Amaurornis phoenicurus*	1	3	—	—	1
金眶鸻 *Charadrius dubius*（Legge）	5	7	—	—	—
白腰草鹬 *Tringa ochropus* Linnaeus	4	—	—	—	—
大沙锥 *Capella megale*（Swinhoe）	3	—	—	—	—
珠颈斑鸠 *Streptopelia chinensis*	25	10	5	10	5
山斑鸠 *Streptopelia orientalis*（Latham）	—	5	3	3	—
四声杜鹃 *Cuculus micropterus* Gould	1	3	2	2	—
褐翅鸦鹃 *Centropus sinensis*（Stephens）	7	2	2	5	5
斑头鸺鹠 *Glaucidium cuculoides*	1	—	2	—	—
小白腰雨燕 *Apus affinis*（Gray）	—	—	10	17	15
斑鱼狗 *Ceryle rudis*（Linnaeus）	2	—	—	—	2
普通翠鸟 *Alcedo atthis*（Linnaeus）	2	2	1	—	—
白胸翡翠 *Halcyon smyrnensis*	—	—	2	—	—

（续表4-3） （单位：只）

物　种	罗尾田大林坑山顶	岭澳线路	大坑水库山顶海边	求水岭至山顶	水磨坑水库至山顶
大拟啄木鸟 *Megalaima virens*	3	1	2	4	3
家燕 *Hirundo rustica* Linnaeus	10	15	12	15	15
灰鹡鸰 *Motacilla cinerca* Tunstall	5	3	—	—	—
白鹡鸰 *Motacilla alba* Linnaeus	12	10	18	8	5
树鹨 *Anthus hodgsoni* Richmond	45	15	12	—	—
红耳鹎 *Pycnontus jocosus*（Linnaeus）	16	35	50	80	20
白头鹎 *Pycnontus sinensis*（Gemlin）	22	15	60	30	15
白喉红臀鹎 *Pycnontus aurigaster*	—	5	—	30	—
棕背伯劳 *Lanius schach* Linnaeus	6	3	3	4	3
黑领椋鸟 *Sturnus nigricollis*（Paykull）	—	—	5	—	8
丝光椋鸟 *Sturnus sericeus*（Gmelin）	10	—	8	—	—
八哥 *Acridotheres cristatellus*（Linnaeus）	—	—	2	4	2
松鸦 *Garrulus glandarius*（Linnaeus）	3	—	—	—	—
喜鹊 *Pica pica*（Linnaeus）	—	2	—	—	—
白颈鸦 *Corvus torquatus* Lesson	1	2	2	—	2
鹊鸲 *Copsychus saularis*（Linnaeus）	5	10	5	5	5
北红尾鸲 *Phoenicurus aurorens*（Pallas）	3	5	—	—	—
黑喉石䳭 *Saxicola torquata*（Linnaeus）	5	6	—	—	—
紫啸鸫 *Myiophoneus caeruleus*（Scopoli）	1	—	—	20	—
乌鸫 *Turdus merula* Linnae	—	3	—	—	—
红头穗鹛 *Stachyris ambigua*（Harington）	5	5	3	5	5
灰眶雀鹛 *Alcippe nipalensis*（Swinhoe）	10	15	6	—	—
红嘴相思鸟 *Leiothrix lutea*（Scopoli）	4	—	—	—	—
黑脸噪鹛 *Garrulax perspicillatus*	5	5	12	15	10
画眉 *Garrulax canorus*（Linnaeus）	1	10	8	7	5
栗耳凤鹛 *Yuhina castaniceps*	—	15	—	—	—
黄腰柳莺 *Phylloscopus proregulus*	3	—	3	—	—
长尾缝叶莺 *Orthotomus sutorius*	12	8	10	5	5
黄腹鹪莺 *Prinia flaviventris*（Delessert）	15	12	15	5	10
大山雀 *Parus major* Linnaeus	3	5	5	6	5
叉尾太阳鸟 *Aethopyga christinae*	—	5	8	7	5
暗绿绣眼鸟 *Zosterops japonica*	45	40	55	15	10
［树］麻雀 *Passer montanus*（Linnaeus）	10	—	5	—	—

（续表4-3）　　　　　　　　　　　　　　　　　　　　　　　　　（单位：只）

物　种	罗尾田大林坑山顶	岭澳线路	大坑水库山顶海边	求水岭至山顶	水磨坑水库至山顶
白腰文鸟 *Lonchura striata*（Linnaeus）	5	—	—	—	5
斑文鸟 *Lonchura punctulata*（Linnaeus）	25	20	12	10	5
金翅雀 *Carduelis sinica*（Linnaeus）	—	4	2	—	—
灰头鹀 *Emberiza spodocephala* Pallas	5	3	4	—	—
合计	359	322	373	311	172

（2）岭澳调查线路

该游览线路经纬度约为北纬22°37′05″—22°37′29″，东经114°33′13″—114°33′40″。该线路经过多年的保护，植物茂密，植被类型多样，鸟类的种类与数量也较为丰富的。可以观测到的常见或优势鸟类（划分标准：占本次线路总观测数的2.5%）主要有珠颈斑鸠 *Streptopelia chinensis*、家燕 *Hirundo rustica*、白鹡鸰 *Motacilla alba* 、树鹨 *Anthus hodgsoni* 、红耳鹎 *Pycnontus jocosus*、白头鹎 *Pycnontus sinensis*、鹊鸲 *Copsychus saularis*、灰眶雀鹛 *Alcippe nipalensis*、画眉 *Garrulax canorus*、暗绿绣眼鸟 *Zosterops japonica*、斑文鸟 *Lonchura punctulata* 等。本次在该路线调查中，共发现有39种鸟类，以上常见或优势鸟类11种，观测到的鸟类数量有222只，占观测到的鸟类总数量（322只）的68.9%。

（3）大坑水库—山顶—海边线路

大坑水库—山顶—海边线路地理位置约为北纬22°38′49″—22°36′23″，东经114°32′08″—114°32′39″。该线路植被保护较好，主要植物有大头茶、灌木丛、马占相思、松树、芒萁等，生态多样性丰富，鸟类种类和数量相对较丰富，是鸟类栖息的良好场所，该线路可观测到的常见或优势鸟类（划分标准：占本次线路总观测数的2.5%）主要有小白腰雨燕 *Apus affinis*、家燕 *Hirundo rustica*、白鹡鸰 *Motacilla alba*、树鹨 *Anthus hodgsoni*、红耳鹎 *Pycnontus jocosus*、白头鹎 *Pycnontus sinensis*、黑脸噪鹛 *Garrulax perspicillatus*、长尾缝叶莺 *Orthotomus sutorius*、黄腹鹪莺 *Prinia flaviventris*、暗绿绣眼鸟 *Zosterops japonica*、斑文鸟 *Lonchura punctulata* 等。本次在该路线调查中，共发现有40种鸟类，以上常见或优势鸟类11种，占观测到的鸟类占总种数的27.5%，而以上常见或优势鸟类观测到的数量有266只，占观测到的鸟类总数量（373只）的71.3%。

（4）求水岭—山顶线路

求水岭—山顶线路起点位置为大鹏新区森林防火瞭望哨，地理位置大约为北纬22°36′15″，东经114°27′27″。终点为山顶最高海拔约为560 m，地理位置大约在北纬22°36′42″，东经114°26′51″。该线路植被保护较好，但生态景观多样性没有以上线路多样，尤其是缺少较大面积的水域面积，因此该线路基本上没有水鸟的栖息和活动。该线路可观测到的常见或优势鸟类（划分标准：占本次线路总观测数的2.5%）主要有珠颈斑鸠 *Streptopelia chinensis*、小白腰雨燕 *Apus affinis*、家燕 *Hirundo rustica*、白鹡鸰 *Motacilla alba*、红耳鹎 *Pycnontus jocosus*、白头鹎 *Pycnontus sinensis*、白喉红臀鹎 *Pycnontus auri-*

gaster、紫啸鸫 *Myiophoneus caeruleus*、黑脸噪鹛 *Garrulax perspicillatus*、暗绿绣眼鸟 *Zosterops japonica*、斑文鸟 *Lonchura punctulata* 等。本次在该路线调查中，共发现有 25 种鸟类，以上常见或优势鸟类 11 种，占观测到的鸟类占总种数的 44.0%，而以上常见或优势鸟类观测到的数量有 250 只，占观测到的鸟类总数量（311 只）的 80.4%。优势种类十分明显。

（5）水磨坑水库—山顶线路

水磨坑水库—山顶线路起点位置为水库大坝，地理位置大约为北纬 22°36′14″，东经 114°31′03″。终点约为山顶，地理位置大约为北纬 22°36′56″，东经 114°31′14″。该线路植被保护较好，线路经过水库，但水库水位较低，能提供给水鸟的生态环境较差，因此水鸟种类和数量均较少。该线路可观测到的常见或优势鸟类（划分标准：占本次线路总观测数的 5%）主要有小白腰雨燕 *Apus affinis*、家燕 *Hirundo rustica*、红耳鹎 *Pycnontus jocosus*、白头鹎 *Pycnontus sinensis*、黑领椋鸟 *Sturnus nigricollis*、黑脸噪鹛 *Garrulax perspicillatus*、黄腹鹪莺 *Prinia flaviventris*、暗绿绣眼鸟 *Zosterops japonica* 等。本次在该路线调查中，共发现有 26 种鸟类，以上常见或优势鸟类 8 种，占观测到的鸟类总种数的 30.7%，而以上 8 种常见或优势鸟类观测到的数量有 103 只，占观测到的鸟类总数量（373 只）的 59.9%。

深圳市大鹏半岛自然保护区鸟类调查的物种多样性采用 Shannon-Weiner 指数计算物种多样性（计算结果见表 4－4），其计算公式为：

$$H = -\sum Pi\ln Pi$$

式中，H 为物种多样性指数；

Pi 为第 i 物种在全部样带中的比例；

S 为样带中的物种数。

并采用以下公式计算均匀度：

$$\text{Pielou 指数公式 } J = H'/H'\max = H'/\ln S$$

式中，J 为物种均匀度；H 为物种多样性指数；H 为物种多样性指数。

表 4－4　深圳市大鹏半岛自然保护区主要观鸟线路鸟物种多样性及均匀度

类别	罗屋田大林坑山顶	岭澳线路	大坑水库山顶海边	求水岭至山顶	水磨坑水库至山顶
均匀度（J）	0.8574	0.8825	0.8257	0.8421	0.9253
物种多样性指数（H）	3.2637	3.2331	3.046	2.7107	3.0147

表 4－4 对深圳市大鹏半岛自然保护区主要观鸟路线鸟类物种多样性指数的计算，说明了罗尾田水库—大林坑—山顶路线鸟类物种多样性指数（3.2637）最高，该区域生态环境多样，有水域鸟类、森林鸟类和灌丛鸟类等，是深圳市大鹏半岛自然保护区观鸟的最佳路线。其次是岭澳登山线路（物种多样性指数为 3.2331），也是深圳市大鹏半

岛自然保护区较好的观鸟路线。

4.2.2.3　主要鸟类简介（图版Ⅴ-1至图版Ⅴ-6）

（1）小䴙䴘 *Podiceps ruficollis*（Pallas）

英文名：Little Grebe

分类地位：䴙䴘目、䴙䴘科

中文俗名：水葫芦、王八鸭子

物种描述：小型游禽，体长25～32cm，体重不足0.3kg。身体短胖，嘴裂和眼乳黄色，极为醒目。夏羽头和上体黑褐色；颊、颈侧和前颈红栗色；尾短小，极不明显，呈绒毛状，看似无尾羽；臀部呈灰白色；上胸灰褐色，其余下体白色；两胁灰褐色，后侧沾有红棕色。冬羽上体灰褐色，下体白色，颊、耳羽和颈侧淡棕褐色，前颈淡黄色，前胸和两胁淡黄褐色。

习性：栖息于水库、芦苇沼泽中。多单独或成对活动，有时也集成三五只或十余只的小群。善游泳和潜水，性活跃，活动时频频潜水取食。主要以各种小型鱼类为食，也吃虾、甲壳类、软体动物和蛙等小型水生无脊椎动物和脊椎动物，偶尔也吃水草等少量水生植物。

数量与分布：该自然保护区见于水库，如罗尾田水库、岭澳水库、大坑水库，留鸟。

保护等级：现列为国家“三有”保护鸟类。

（2）鸬鹚 *Phalacrocorax carbo sinensis*（Blumenbach）

英文名：Common Cormorant

分类地位：隼形目、鹰科

物种描述：大型水鸟，体长72～87 cm，体重大于2kg。通体黑色，头颈具紫绿色光泽，两肩和翅具青铜色光彩，嘴角和喉囊黄绿色，眼后下方白色。

习性：栖息于河流、湖泊、池塘、水库、河口及其沼泽地带。以各种鱼类为食。

数量与分布：该自然保护区见于大坑水库，数量不多，冬候鸟。

保护等级：现列为国家“三有”保护鸟类。

（3）绿鹭 *Butorides striatus*（Linnaeus）

英文名：Little Green Heron

分类地位：隼形目、鹰科

中文俗名：中型涉禽，体长38～48 cm。嘴长尖，颈短，体较粗胖，尾短而圆。头顶和长的冠羽黑色而具绿色金属光泽，颈和上体绿色，背、肩部披长而窄的青铜色矛状羽。

习性：栖息于有树木和灌丛的河流、水库岸边。性孤独，主要以鱼类为食。

数量与分布：该自然保护区见于大坑水库、岭澳水库。数量较少，留鸟。

保护等级：现列为国家“三有”保护鸟类，也是广东省省级保护鸟类。

（4）池鹭 *Ardeola bacchus*（Bonaparte）

英文名：Chinese Pond Heron

分类地位：鹳形目、鹭科

中文俗名：红毛鹭

物种描述：中型涉禽，体长 37 ～ 54 cm。嘴粗直而尖，黄色，尖端黑色，脚橙黄色。夏羽头、后颈、颈侧和胸红栗色，头顶有长的栗红色冠羽，羽长达背部，肩背部有长的蓝黑色蓑羽向后伸到尾羽末端；两翅、尾、颏、喉、前颈和腹白色。冬羽头、颈到胸白色，具暗黄褐色纵纹，背暗褐色，翅白色。

习性：栖息于水库、河涌、滩涂和沼泽湿地等水域，有时也见于水域附近的竹林和树上。主要为小鱼、蟹、虾、蛙、昆虫及其幼虫，偶尔也吃少量植物性食物。

数量与分布：水库及周边地带为常见鸟类，留鸟。

保护等级：现列为国家“三有”保护鸟类，也是广东省省级保护鸟类。

（5）白鹭 *Egretta garzetta*（Linnaeus）

英文名：Little Egret

分类地位：鹳形目、鹭科

中文俗名：小白鹭、白鹤

物种描述：中型涉禽，体长 52 ～ 68 cm。嘴、脚较长，黑色，趾黄绿色，颈甚长，全身白色。繁殖期枕部着生两根狭长而软的矛状饰羽。背和前颈亦着生长的蓑羽。

习性：栖息于水库、水田、河涌、滩涂与沼泽地带。活动于水边浅水处。以各种小鱼、、蛙、虾、水生昆虫等动物性食物为食，也吃少量谷物等植物性食物。

数量与分布：该自然保护区水库及周边地带为常见鸟类，留鸟。

保护等级：现列为国家“三有”保护鸟类，也是广东省省级保护鸟类。

（6）黄斑苇鳽 *Ixobrychus sinensis*（Gmelin）

英文名：Yellow Bittern

分类地位：鹳形目、鹭科

中文俗名：小黄鹭

物种描述：小型鹭类，体长 29 ～ 38cm。颈较长，脚较短，胫下部和眼先裸出。雄鸟头顶铅黑色，后颈和背黄褐色，腹和翅覆羽土黄色，飞羽和尾羽黑色。

习性：栖息于水边植物的开阔水域，尤喜有大片芦苇等梃水植物的鱼塘和沼泽中，常单独或成对在清晨和傍晚活动。主要以小鱼、虾、蛙、水生昆虫等动物性食物为食。

数量与分布：该自然保护区水库及周边芦苇中偶见鸟类，留鸟。

保护等级：现列为国家“三有”保护鸟类，也是广东省省级保护鸟类。

（7）鸢 *Milvus korschun*（Gmelin）

英文名：Black Kite

分类地位：隼形目、鹰科

中文俗名：老鹰

物种描述：中型猛禽，体长 54 ～ 69 cm。上体暗褐色，下体棕褐色，均具黑褐色羽干纹，尾较长，呈叉状，具宽度相等的黑色和褐色相间排列的横斑；飞翔时翼下左右各有一块大的白斑。

习性：栖息于开阔地、河口、水库、滩涂上空活动，白天活动，常单独在高空飞翔。主要以小鸟、鼠类、蛇、蛙、鱼和昆虫等动物性食物为食。

数量与分布：该自然保护区各地均有分布，尤其是在空中常见，留鸟。

保护等级：国家二级重点保护鸟类。

（8）松雀鹰 *Accipiter virgatus*（Temminck）

英文名：Besra Sparrow Hawk

分类地位：隼形目、鹰科

物种描述：小型猛禽，体长28～38 cm。雄鸟上体黑灰色，喉白色，喉中央有一条宽阔而粗著的黑色中央纹，其余下体白色或灰白色，具褐色或棕红色斑，尾具4道暗色横斑。

习性：主要栖息于茂密的针叶林和常绿阔叶林以及开阔的林缘疏林地带，也出现于低山丘陵、草地和果园。主要以各种小鸟为食，也吃昆虫和小鼠类型。

数量与分布：该自然保护区山地有分布，但数量不多，留鸟。

保护等级：现列为国家“三有”保护鸟类。

（9）红隼 *Falco tinnunculus* Linnaeus

英文名：Eurasian Kestrel

分类地位：隼形目、隼科

中文俗名：黄鹰、茶鹰、红鹞子

物种描述：小型猛禽，体长31～38 cm。头蓝灰色，背和翅上覆羽砖红色，具三角形黑斑。尾具宽阔的黑色次端斑和白色端斑，眼下有一条垂直向下的黑色口角髭纹。

习性：栖息于低山丘陵、草原、旷野、森林平原、农田耕地和村屯附近等各类生境中。主要以昆虫为食，也吃鼠类、小型鸟类、蛙等小型脊椎动物。

数量与分布：该自然保护区林间空地、疏林和有稀疏树木生长的水库和农田偶见，冬候鸟。

保护等级：国家二级重点保护鸟类。

（10）鹌鹑 *Coturnix coturnix*（Linnaeus）

英文名：Common Quail

分类地位：鸡形目、雉科

物种描述：小型鸡类，体长16～22 cm。上体通常呈沙褐色，具明显的皮黄白色和黑色条纹；头顶黑褐色，具宽阔的黄褐色羽缘。

习性：栖息于草地、低山丘陵、山脚平原、溪流岸边和疏林空地。主要以植物嫩枝、嫩叶、嫩芽、浆果、种子、草子等植物性食物为食，也吃谷粒、昆虫等小型无脊椎动物。

数量与分布：该自然保护区山脚草地、疏林空地有分布，但不常见，冬候鸟。

保护等级：现列为国家“三有”保护鸟类。

（11）白胸苦恶鸟 *Amaurornis phoenicurus*（Pennant）

英文名：White-breasted Water-hen

分类地位：鹤形目、秧鸡科

中文俗名：白面鸡、白面秧鸡

物种描述：中型涉禽，体长 26 ～ 35 cm。上体石板灰色，脸和喉、胸等下体白色，腹和尾下覆羽栗红色，嘴黄绿色，上嘴基部有红斑；脚黄绿色。

习性：栖息于沼泽、河涌、水库、鱼塘、水稻田和沼泽地带，也出现于水域附近的灌丛、竹丛、疏林和有植物隐蔽的水体中。主要以水生动物为食，也吃植物花、芽、草子等。

数量与分布：该自然保护区具有芦苇、水草等水生植物的湿地有分布，但不很常见，留鸟。

保护等级：现列为国家“三有”保护鸟类。

(12) 金眶鸻 *Charadrius dubius* Scopoli

英文名：Little Ringed Plover

分类地位：鸻形目、鸻科

物种描述：小型涉禽，体长 15 ～ 18 cm。眼周金黄色，嘴黑色，额具一宽阔的黑色横带。眼先至耳覆羽有一宽的黑色贯眼纹。后颈具一白色领环，往前与颏、喉白色相连。

习性：栖息于开阔的河溪以及沼泽。主要吃昆虫、蠕虫、甲壳类、软体动物等水生动物。

数量与分布：海岸、河涌及其滩涂常见的鸟类，种群数量大，冬候鸟。

保护等级：现列为国家“三有”保护鸟类。

(13) 白腰草鹬 *Tringa ochropus* Linnaeus

英文名：Green Sandpiper

分类地位：鸻形目、鹬科

物种描述：小型涉禽，体长 20 ～ 24 cm，是一种黑白两色的内陆水边鸟类。上体黑褐色具白色斑点。腰和尾白色，尾具黑色横斑。下体白色，胸具黑褐色纵纹。

习性：主要栖息于河溪和水库湿地。主要以虾、蟹、小鱼、螺、水生昆虫为食。

数量与分布：该自然保护区水库湿地常见鸟类，冬候鸟。

保护等级：现列为国家“三有”保护鸟类。

(14) 大沙锥 *Callinago megale* (Swinhoe)

英文名：Swinhoe's Snipe

分类地位：鸻形目、鹬科

物种描述：小型涉禽，体长 26 ～ 29 cm。嘴长，上体绒黑色，杂有棕白色和红棕色斑纹；下体白色，两侧具黑褐色横斑。

习性：栖息于河溪、水库、芦苇沼泽和水稻田地带。常单独、成对或成小群活动。主要以昆虫、环节动物、蚯蚓、甲壳类等小型动物为食。

数量与分布：该自然保护区河溪、水库周边地带有分布，种群数量不大，冬候鸟。

保护等级：现列为国家“三有”保护鸟类。

(15) 珠颈斑鸠 *Streptopelia chinensis* (Scopoli)

英文名：Spot-necked Dove

分类地位：鸽形目、鸠鸽科

中文俗名：斑鸠

物种描述：中型鸟类，体长 27～34 cm。头为鸽灰色，上体大都褐色，下体粉红色，后颈有宽阔的黑色，其上满布以白色细小斑点形成的领斑。

习性：栖息于有稀疏树木生长的平原、草地、低山丘陵和农田地带，也常出现于村庄附近的杂木林、竹林及地边树上。主要以植物种子为食，也吃蝇蛆、蜗牛、昆虫等动物性食物。

数量与分布：该自然保护区稀疏树木生长的平原、草地、丘陵和农田地带常见，留鸟。

保护等级：现列为国家“三有”保护鸟类。

（16）山斑鸠 *Streptopelia orientalis*（Latham）

英文名：Oriental Turtle Dove

分类地位：鸽形目、鸠鸽科

中文俗名：斑鸠

物种描述：中型鸟类，体长 28～36 cm。上体大都褐色，颈基两侧具有黑色和蓝灰色颈斑，肩具显著的红褐色羽缘，尾黑色具灰白色端斑。下体主要葡萄酒红褐色。嘴铅蓝色，脚红色。

习性：栖息于有稀疏树木生长的平原、草地、低山丘陵和农田地带。主要以植物种子为食，有时也吃蝇蛆、蜗牛、昆虫等动物性食物。

数量与分布：该自然保护区稀疏树木生长的平原、草地和农田地带有分布，但不常见，留鸟。

保护等级：现列为国家“三有”保护鸟类。

（17）四声杜鹃 *Cuculus micropterus* Gould

英文名：Indian Cuckoo

分类地位：鹃形目、杜鹃科

物种描述：中型鸟类，体长 31～34 cm。头、颈烟灰色，上体浓褐色，翅形尖长，翅缘白色。尾较长，尾羽具白色斑点和宽阔的近端黑斑。下体具粗著的横斑。

习性：栖息于混交林、阔叶林和林缘疏林地带活动较多，有时亦出现于农田地边树上。主要以昆虫为食，也吃植物种子等少量植物性食物。

数量与分布：该自然保护区林地内有少量分布，夏候鸟。

保护等级：现列为国家“三有”保护鸟类。

（18）噪鹃 *Eudynamys scolopacea*（Linnaeus）

英文名：Koel

分类地位：鸡形目、雉科

物种描述：中型鸟类，体长 37～43 cm。嘴、脚均较杜鹃粗壮，跗蹠裸出无羽。雄鸟通体黑色，雌鸟上体大致褐色而布满白色斑点，下体白色而杂以褐色横斑。

习性：栖息于山地、丘陵和山脚平原地带林木茂盛的地方。主要以榕树、芭蕉和无花果等植物果实、种子为食，也吃昆虫和昆虫幼虫。

数量与分布：该自然保护区山地林区有分布，但不常见，留鸟。

保护等级：现列为国家“三有”保护鸟类。

（19）褐翅鸦鹃 *Centropus sinensis*（Stephens）

英文名：Crow Pheasant

分类地位：鹃形目、杜鹃科

中文俗名：大毛鸡

物种描述：中型鸟类，体长40～52 cm。嘴粗厚、黑色。尾长而宽，凸尾。通体除两翅、肩和肩内侧为栗色外全为黑色。

习性：主要栖息于林缘灌丛、稀树草坡、河谷灌丛、草丛和芦苇丛中，也出现于村边灌丛和竹丛。主要以昆虫为食，也吃其他无脊椎动物和小型脊椎动物。

数量与分布：该自然保护区林缘灌丛、稀树草坡、河溪灌丛、草丛中常见，留鸟。

保护等级：国家二级重点保护鸟类。

（20）领角鸮 *Otus bakkamoena* Pennant

英文名：Collared Scops Owl

分类地位：鸮形目、鸱鸮科

物种描述：体长20～27cm。后颈基部有一显著的翎领。上体通常为灰褐色或沙褐色，并杂有暗色虫蠹状斑和黑色羽干纹；下体白色或皮黄色，缀有淡褐色波状横斑和黑色羽干纹，前额和眉纹皮黄白色或灰白色。

习性：主要栖息于山地阔叶林和混交林中，也出现于山麓林缘和村寨附近树林内。主要以鼠类、昆虫为食。

数量与分布：该自然保护区山地阔叶林中有分布，但数量不多，留鸟。

保护等级：现列为国家“三有”保护鸟类。

（21）领鸺鹠 *Glaucidium brodiei*（Burton）

英文名：Collared Owlet

分类地位：鸮形目、鸱鸮科

物种描述：小型鸮类，体长14～16 cm。面盘不显著，无耳簇羽。上体灰褐色而具浅橙黄色横魔，后颈有显著的浅黄色领斑，两侧有一黑斑。

习性：栖息于山地森林和林缘灌丛地带。主要以昆虫和鼠类为食，也吃小鸟等。

数量与分布：该自然保护区山地森林和林缘灌丛地带有分布，但不常见，留鸟。

保护等级：现列为国家“三有”保护鸟类。

（22）斑头鸺鹠 *Glaucidium cuculoides*（Vigors）

英文名：Barred Owlet

分类地位：鸮形目、鸱鸮科

物种描述：小型鸮类，体长20～26 cm。面盘不明显，无耳羽簇。体羽褐色，头和上下体羽均具细的白色横斑；腹白色，下腹和肛周具宽阔的褐色纵纹，喉具一显著的白色斑。

习性：栖息于混交林、阔叶林和林缘疏林地带活动较多，有时亦出现于农田地边树上。主要以昆虫为食，也吃鼠类、小鸟、蛙等小型动物。

数量与分布：该自然保护区林缘疏林或村庄周边林地有少量分布，留鸟。

保护等级：国家二级重点保护鸟类。

(23) 鹰鸮 *Ninox scutulata* (Raffles)

英文名：Brown Hawk Owl

分类地位：鸮形目、鸱鸮科

物种描述：体长22～32 cm。外形似鹰，没有显著的面盘和翎领，亦无耳羽簇。上体暗棕褐色，前额白色，肩有白色斑，喉和前颈皮黄色而具褐色条纹，其余下体白色。

习性：主要栖息于针阔叶混交林和阔叶林，尤以林中河谷地带较喜欢，也出现于低山丘陵和山脚地带的树林、林缘灌丛、果园和农田地区的高大树上。主要以鼠、小鸟和昆虫为食。

数量与分布：该自然保护区林地有分布，但数量不多，留鸟。

保护等级：现列为国家“三有”保护鸟类。

(24) 小白腰雨燕 *Apus affinis* (Gray)

英文名：House Swift

分类地位：雨燕目、雨燕科

物种描述：小型鸟类，体长11～14 cm。通体除颏、喉和腰为白色外，全为黑褐色，尾为平尾状，微向内凹。

习性：主要栖息于开阔的林区、村镇等各类生境中。成群栖息和活动，有时亦与家燕混群飞翔于空中，飞翔快速。主要以膜翅目等飞行性昆虫为食，多在飞行中捕食。

数量与分布：该自然保护区空中常见鸟类，夏候鸟。

保护等级：现列为国家“三有”保护鸟类。

(25) 斑鱼狗 *Ceryle rudis* (Linnaeus)

英文名：Lesser Pied Kingfisher

分类地位：佛法僧目、翠鸟科

中文俗名：花斑钓鱼郎

物种描述：中型鸟类，体长27～30 cm。通体呈黑白斑杂状，头顶冠羽较短。尾白色，具宽阔的黑色亚端斑，翅上有宽阔的白色翅带。

习性：主要栖息于河溪、水库等开阔水域岸边。主要以鱼、虾、水生昆虫等为食。

数量与分布：该自然保护区罗尾田水库有发现，但种群数量不大，留鸟。

保护等级：无列为保护物种。

(26) 普通翠鸟 *Alcedo atthis* (Linnaeus)

英文名：Common Kingfisher

分类地位：佛法僧目、翠鸟科

中文俗名：钓鱼郎

物种描述：小型鸟类，体长15～18 cm。体色较淡，耳覆羽棕色，翅和尾较蓝，下体较红褐，耳后有一白斑。

习性：主要栖息于河溪、水库、鱼塘、水田岸边。主要以小型鱼类、虾等水生动物为食。

数量与分布：该自然保护区各水域岸边常见鸟类，留鸟。

保护等级：现列为国家“三有”保护鸟类。

(27) 白胸翡翠 *Halcyon smyrnensis* (Linnaeus)

英文名：White-breasted Kingfisher

分类地位：佛法僧目、翠鸟科

中文俗名：白胸鱼狗

物种描述：中型鸟类，体长26～30 cm。嘴、脚红色，颏、喉和胸白色，与深栗色的腹和头以及蓝色的背、翅和尾等上体形成鲜明对比。

习性：栖息于林地和水库岸边，也出现于池塘、鱼塘、沼泽等水域岸边。多站在水边树木枯枝上或石头上，有时亦站在电线上。主要以鱼、蟹、软体动物和水生昆虫为食等。

数量与分布：该自然保护区林地和水域岸边有分布，但不常见，留鸟。

保护等级：无列为保护物种。

(28) 大拟啄木鸟 *Megalaima virens* Stuart Baker

英文名：Great Hill Barbet

分类地位：鴷形目、须鴷科

物种描述：中型鸟类，体长30～34 cm。嘴大而粗厚，象牙色或淡黄色；整个头、颈和喉暗蓝色或紫蓝色，上胸暗褐色，下胸和腹淡黄色，具宽阔的绿色或蓝绿色纵纹；尾下羽红色。

习性：栖息于常绿阔叶林内，也见于针阔叶混交林。主要为植物花、果实和种子，也吃各种昆虫。

数量与分布：该自然保护区林区有分布，但不常见，留鸟。

保护等级：现列为国家“三有”保护鸟类。

(29) 斑啄木鸟 *Picoides major* (Linnaeus)

英文名：Greater Pied Woodpecker

分类地位：鴷形目、啄木鸟科

物种描述：小型鸟类，体长20～25 cm。上体主要为黑色，额、颊和耳羽白色，肩和翅上各有一块大的白斑。尾黑色，外侧尾羽具黑白相间横斑，飞羽亦具黑白相间的横斑。

习性：栖息于山地和平原针叶林、针阔叶混交林和阔叶林中，尤以混交林和阔叶林较多。主要以各种昆虫、昆虫幼虫为食。

数量与分布：该自然保护区针阔混交林中有分布，但不常见，留鸟。

保护等级：现列为国家“三有”保护鸟类。

(30) 家燕 *Hirundo rustica* Linnaeus

英文名：Bran Swallow

分类地位：雀形目、燕科

中文俗名：燕子

物种描述：小型鸟类，体长15～19 cm。上体蓝黑色而富有光泽。颏、喉和上胸栗色，下胸和腹白色。尾长、呈深叉状。

习性：一种常见的夏候鸟，喜欢栖息在人类居住的环境。善飞行，整天大多数时间都成群地在空中不停地飞翔，飞行迅速敏捷，有时飞得很高。主要以昆虫为食。

数量与分布：该自然保护区村镇、空中常见鸟类，夏候鸟。

保护等级：现列为国家“三有”保护鸟类。

（31）金腰燕 *Hirundo daurica* Temminck

英文名：Golden-rumped Swallow

分类地位：雀形目、燕科

物种描述：体长 16～20 cm。上体蓝黑色而具金属光泽，腰有棕栗色横带。下体棕白色而具黑色纵纹。

习性：常见的一种夏候鸟，主要栖于低丘陵和平原地区的村庄、城镇等居民住宅区。主要以昆虫为食。

数量与分布：该自然保护区各地均有分布，夏候鸟。

保护等级：现列为国家“三有”保护鸟类。

（32）灰鹡鸰 *Motacilla cinerca* Tunstall

英文名：Grey Wagtail

分类地位：雀形目、鹡鸰科

物种描述：体长 16～19cm。上体暗灰色或暗灰褐色，眉纹白色，腰和尾上覆羽黄绿色，中央尾羽黑褐色，外侧一对尾羽白色，飞羽黑褐色具白色翅斑。

习性：主要栖息于河溪、水库、沼泽和滩涂等水域岸边或草地。主要以昆虫为食。

数量与分布：该自然保护区水库浅滩地有一定数量，冬候鸟。

保护等级：现列为国家“三有”保护鸟类。

（33）白鹡鸰 *Motacilla alba* Linnaeus

英文名：White Wagtail

分类地位：雀形目、鹡鸰科

中文俗名：白面鸟

物种描述：体长 16～20 cm。前额和脸颊白色，头顶和后颈黑色。背、肩黑色或灰色。尾长而窄、黑色，两对外侧尾羽白色。喉黑或白色，胸黑色，其余下体白色。

习性：主要栖息于河溪、水库、水塘等水域岸边，也栖息于农田等湿地。以昆虫为食。

数量与分布：该自然保护区各地均有分布，冬候鸟。

保护等级：现列为国家“三有”保护鸟类。

（34）树鹨 *Anthus hodgsoni* Richmond

英文名：Oriental Tree Pipit

分类地位：雀形目、鹡鸰科

物种描述：体长 15～16 cm。上体橄榄绿色具褐色纵纹，尤以头部较明显。眉纹乳白色或棕黄色，耳后有一白斑。下体灰白色，胸具黑褐色纵纹。

习性：栖息于平原草地。常活动在林缘、路边、河溪、林间空地、草地等各类生境。主要以昆虫为食。

数量与分布：该自然保护区草地、林缘等生境有分布，数量较大，冬候鸟。

保护等级：现列为国家“三有”保护鸟类。

(35) 红耳鹎 *Pycnontus jocosus* (Linnaeus)

英文名：Red-whiskered Bulbul

分类地位：雀形目、鹎科

中文俗名：高冠

物种描述：小型鸟类，体长 17 ～21 cm。额至头顶黑色，头顶有耸立的黑色羽冠，眼下后方有一鲜红色斑，其下又有一白斑，外周围以黑色。

习性：主要栖息于林缘、路旁和农田地边等开阔地带的灌丛与稀树草坡地带，有时到庭院和村镇附近的竹林、树上或灌丛中。杂食性，主要以植物性食物为主。也食多种昆虫。

数量与分布：该自然保护区稀树林等生境有分布，种群数量大，留鸟。

保护等级：现列为国家“三有”保护鸟类。

(36) 白头鹎 *Pycnontus sinensis* (Gemlin)

英文名：Chinese Bulbul

分类地位：雀形目、鹎科

中文俗名：白头翁

物种描述：小型鸟类，体长 17 ～22 cm。额至头顶黑色，两眼上方至后枕白色。上体灰褐或橄榄灰色具黄绿色羽缘。颏、喉白色，胸灰褐色，形成不明显的宽阔胸带。

习性：栖息于灌丛、草地、有零星树木的疏林荒坡、果园、农田地边灌丛、次生林和竹林，也见于林缘地带。杂食性，既食动物性食物，也吃植物性食物。

数量与分布：该自然保护区各类生境均有分布，种群数量庞大，留鸟。

保护等级：现列为国家“三有”保护鸟类。

(37) 白喉红臀鹎 *Pycnontus aurigaster* (Vieillot)

英文名：Golden-vented Bulbul

分类地位：雀形目、鹎科

中文俗名：红屁股

物种描述：体长 18 ～23 cm。额至头顶黑色而富有光泽，上体灰褐色或褐色、具灰色或灰白色羽缘。下体颏和上喉黑色，下喉等其余下体白色，尾下覆羽血红色。

习性：主要栖息于平原地带的次生阔叶林、竹林、灌丛以及村寨、地边和路旁树上或小块丛林中。杂食性，既食动物性食物，也吃植物性食物。

数量与分布：该自然保护区各类生境均有分布，种群数量较大，留鸟。

保护等级：现列为国家“三有”保护鸟类。

(38) 棕背伯劳 *Lanius schach* Linnaeus

英文名：Rufous-backed Shrike

分类地位：雀形目、伯劳科

物种描述：中型鸟类，体长 23 ～28 cm。背棕红色。尾长黑色，外侧尾羽皮黄褐色。两翅黑色具白色翼斑，额、头顶至后颈黑色或灰色，具黑色贯眼纹。

习性：栖息于林旁、农田、果园、路旁和林缘地带的乔木树上与灌丛中活动，也见在田间和路边的电线上。不仅善于捕食昆虫，也能捕杀小鸟、蛙和啮齿类。

数量与分布：该自然保护区林地、林缘等生境均有分布，为常见鸟类，留鸟。

保护等级：现列为国家“三有”保护鸟类。

（39）黑伯劳（棕背伯劳黑色型）*Lanius fuscatus* Lesson

英文名：Black Shrike

分类地位：雀形目、伯劳科

物种描述：体长 25 ～ 27 cm。额、眼先、眼、颊、耳羽、颏、喉黑色。嘴、脚黑色。

习性：栖息于林旁、农田、果园、路旁和林缘地带的乔木树上与灌丛中活动，也见在田间和路边的电线上。主要以昆虫等动物性食物为食。

数量与分布：该自然保护区林地、林缘等生境均有分布，但不常见，留鸟。

保护等级：无列为保护物种。

（40）黑卷尾 *Dicrurus macrocercus* Vieillot

英文名：Black Drongo

分类地位：雀形目、卷尾科

物种描述：中型鸟类，体长 24 ～ 30 cm。通体黑色而具蓝绿色金属光泽，尾长且呈叉状，最外侧一对尾羽最长，末端向外曲且微向上卷。

习性：栖息于小块丛林、竹林和稀树草坡等生境中活动，也出现于次生林、果园及其林缘灌丛与疏林中。多成对或成小群活动。主要以昆虫为食。

数量与分布：该自然保护区林地、林缘等生境有分布，但不常见，留鸟。

保护等级：现列为国家“三有”保护鸟类。

（41）发冠卷尾 *Dicrurus hottentottus*（Linnaeus）

英文名：Hair-crested Drongo

分类地位：雀形目、椋鸟科

物种描述：中型鸟类，体长 28 ～ 35 cm。通体绒黑色缀蓝绿色金属光泽，额部具发丝状羽冠，外侧尾羽末端向上卷曲。

习性：栖息于常绿阔叶林、次生林或人工松林中活动，有时也出现在林缘疏林、村落和农田附近的小块丛林与树上。主要以昆虫为食，偶尔也吃少量植物性食物。

数量与分布：该自然保护区常绿阔叶林有分布，种群数量少不常见，留鸟。

保护等级：现列为国家“三有”保护鸟类。

（42）黑领椋鸟 *Sturnus nigricollis*（Paykull）

英文名：Black-collared Starling

分类地位：雀形目、椋鸟科

物种描述：体长 27 ～ 29 cm。整个头和下体白色，上胸黑色并向两侧延伸至后颈，形成宽阔的黑色领环。眼周裸皮黄色，嘴黑色，脚黄色。

习性：主要栖息于平原、草地、农田、灌丛、荒地、草坡等开阔地带。主要以昆虫为食，也吃植物果实与种子等。

数量与分布：该自然保护区林地、林缘等生境有分布，但不常见，留鸟。

保护等级：现列为国家“三有”保护鸟类。

(43) 八哥 *Acridotheres cristatellus* (Linnaeus)

英文名：Crested Myna

分类地位：雀形目、椋鸟科

中文俗名：鹩哥

物种描述：体长23～28cm。通体黑色，前额有长而竖直的羽簇，有如冠状，翅具白色翅斑，飞翔时尤为明显。尾羽和尾下覆羽具白色端斑。嘴乳黄色，脚黄色。

习性：主要栖息于次生阔叶林、竹林和林缘疏林中，也栖息于农田、果园和村镇附近的大树上。主要以昆虫为食，也吃谷粒、植物果实和种子等植物性食物。

数量与分布：该自然保护区次生林、小块丛林和稀树草坡有分布，种群数量不大，留鸟。

保护等级：现列为国家“三有”保护鸟类。

(44) 丝光椋鸟 *Sturnus sericeus* (Gmelin)

英文名：Silky Starling

分类地位：雀形目、椋鸟科

物种描述：体长20～23 cm。嘴朱红色，脚橙黄色。雄鸟头、颈丝光白色或棕白色，背深灰色，胸灰色，往后均变淡，两翅和尾黑色。雌鸟头顶前部棕白色，后部暗灰色，上体灰褐色，下体浅灰褐色。

习性：栖息于次生林、小块丛林和稀树草坡等开阔地带，尤以农田、道旁、旷野和村镇附近的稀疏林间较常见。主要以昆虫为食，也吃少量植物果实和种子。

数量与分布：该自然保护区次生林、小块丛林和稀树草坡有分布，种群数量较大，留鸟。

保护等级：现列为国家“三有”保护鸟类。

(45) 松鸦 *Garrulus glandarius* (Linnaeus)

英文名：Jay

分类地位：雀形目、鸦科

物种描述：中型鸟类，体长28～35 cm。头顶有羽冠，上体葡萄棕色，尾上覆羽白色，尾和翅黑色，翅上有辉亮的黑、白、蓝三色相间的横斑。

习性：栖息在针叶林、针阔叶混交林、阔叶林等森林中，也到林缘疏林和天然次生林内。食性较杂，繁殖期主要以昆虫和昆虫幼虫为食。秋、冬季和早春，则主要以植物果实与种子为食，兼食部分昆虫。

数量与分布：该自然保护区林缘疏林有分布，但不常见，留鸟。

保护等级：现列为国家“三有”保护鸟类。

(46) 喜鹊 *Pica pica* (Linnaeus)

英文名：Magpie

分类地位：雀形目、鸦科

物种描述：体长38～48 cm。头、颈、胸和上体黑色，腹白色，翅上有一大型白斑。

习性：栖息于平原、丘陵和低山地区，尤其是山麓、林缘、农田、村庄、城市自然保护区等人类居住环境附近较常见。食性较杂，以昆虫、植物果实和种子为食。

数量与分布：该自然保护区林缘、农田有分布，但不常见，留鸟。

保护等级：现列为国家“三有”保护鸟类。

（47）大嘴乌鸦 *Corvus macrorhynchus* Wagler

英文名：Jungle Crow

分类地位：雀形目、鸦科

物种描述：体长45～54 cm。通体黑色具紫绿色金属光泽。嘴粗大，嘴基有长羽，伸至鼻孔处。尾长、呈楔状。后颈羽毛柔软松散如发状，羽干不明显。

习性：栖息于低山、平原和山地阔叶林、针阔叶混交林、针叶林、次生杂木林、人工林等各种森林类型中。主要以昆虫为食，也吃雏鸟、鸟卵、鼠类、腐肉、动物尸体以及植物叶、芽、果实、种子和农作物种子。

数量与分布：该自然保护区低山、平原和山地阔叶林有分布，但不常见，留鸟。

保护等级：现列为国家“三有”保护鸟类。

（48）白颈鸦 *Corvus torquatus* Lesson

英文名：Collared Crow

分类地位：雀形目、鸦科

物种描述：体长42～54 cm。全身除后颈、颈侧和胸部为白色，形成宽阔的白色领环外，其他全为黑色。

习性：栖息于低山、丘陵和平原地带，常在竹丛、灌木丛、林缘疏林、小块丛林和稀树草坡活动，尤其是村庄和城镇附近树林和自然保护区中较常见。主要以昆虫为食，也吃雏鸟、鸟卵、鼠类、腐肉、动物尸体以及植物叶、芽、果实、种子和农作物种子。

数量与分布：该自然保护区低山、平原和山地阔叶林有分布，但不常见，留鸟。

保护等级：现列为国家“三有”保护鸟类。

（49）红点颏 *Luscinia calliope*（Pallas）

英文名：Siberian Rubythroat

分类地位：雀形目、鸦科

中文俗名：红喉歌鸲

物种描述：体长14～17 cm。雄鸟上体橄榄褐色，眉纹和颧纹白色，颏、喉红色，外面围有一圈黑色。

习性：栖息于低山丘陵和山脚平原地带的次生阔叶林和混交林中，也栖于平原地带茂密的树丛和芦苇丛间，尤其喜欢靠近溪流等近水地方。主要以昆虫为食。

数量与分布：该自然保护区山脚平原地带的次生阔叶林和混交林中有分布，但不常见，冬候鸟。

保护等级：现列为国家“三有”保护鸟类。

（50）鹊鸲 *Copsychus saularis*（Linnaeus）

英文名：Magpie Robin

分类地位：雀形目、鹟科

中文俗名：屎坑雀

物种描述：小型鸟类，体长19～22cm。雄鸟上体大都黑色，翅具白斑，下体前黑后白。雌鸟上体灰褐色，翅具白斑，下体前部亦为灰褐色，后部白色。

习性：栖息于平原地带的次生林、竹林、村镇和居民点附近的小块丛林、灌丛、果园以及耕地、路边和房前屋后树林与竹林。以昆虫为食，也吃植物果实与种子。

数量与分布：该自然保护区灌丛、果园以房前屋后树林与竹林有分布，常见鸟类，留鸟。

保护等级：现列为国家“三有”保护鸟类。

(51) 北红尾鸲 *Phoenicurus aurorens* (Pallas)

英文名：Daurian Redstart

分类地位：雀形目、鹟科

物种描述：体长13～15 cm。雄鸟头顶至直背石板灰色，下背和两翅黑色具明显的白色翅斑，腰、尾上覆羽和尾橙棕色，中央一对尾羽和最外侧一对尾羽外侧黑色。前额基部、头侧、颈侧、颏喉和上胸概为黑色，其余下体橙棕色。

习性：主要栖息于林地、河溪、林缘和灌丛与低矮树丛中，多在路边林缘地带活动。主要以昆虫为食。

数量与分布：该自然保护区林缘、低矮树丛有分布，较为常见鸟类，冬候鸟。

保护等级：现列为国家“三有”保护鸟类。

(52) 紫啸鸫 *Myiophoneus caeruleus* (Scopoli)

英文名：Blue Whistling Thrush

分类地位：雀形目、鸦科

物种描述：体长28～35 cm。全身上下深紫蓝色并具闪亮的蓝色点斑，两翅黑褐色，表面缀紫蓝色。

习性：栖息于山地森林溪流沿岸，尤以阔叶林和混交林中多岩的山涧溪流沿岸较常见。主要以昆虫和昆虫幼虫为食。偶尔吃少量植物果实与种子。

数量与分布：该自然保护区山地森林溪流沿岸有分布，但不常见，留鸟。

保护等级：现列为国家“三有”保护鸟类。

(53) 黑喉石䳭 *Saxicola torquata* (Linnaeus)

英文名：Stonechat

分类地位：雀形目、鹟科

物种描述：体长12～15 cm。雄鸟上体黑褐色，腰白色，颈侧和肩有白斑，颏、喉黑色，胸锈红色，腹浅棕色或白色。雌鸟上体灰褐色，喉近白色。

习性：主要栖息于平原、草地、沼泽、田间灌丛、旷野，以及河溪沿岸附近灌丛草地。以昆虫为食，也吃少量植物果实和种子。

数量与分布：该自然保护区林缘、低矮树丛有分布，较为常见鸟类，冬候鸟。

保护等级：现列为国家“三有”保护鸟类。

（54）乌鸫 *Turdus merula* Linnae

英文名：Blackbird

分类地位：雀形目、鸫科

物种描述：中型鸟类，体长 26 ～28 cm。雄鸟通体黑色，嘴和眼周橙黄色，脚黑褐色。雌鸟通体黑褐色而沾锈色，下体尤著，有不明显的暗色纵纹。

习性：栖息次生林、阔叶林、针阔叶混交林等各种不同类型的森林中，尤其喜欢栖息林缘疏林、农田地旁树林、果园和村镇附近的小树丛中。以昆虫为食。也吃植物果实和种子。

数量与分布：该自然保护区林缘疏林、果园和村镇附近的小树丛中有分布，常见鸟类，留鸟。

保护等级：无列为保护物种。

（55）红头穗鹛 *Stachyris ambigua*（Harington）

英文名：Red-headed Tree Babbler

分类地位：雀形目、画眉科

物种描述：小型鸟类，体长 10 ～12 cm。头顶棕红色，上体淡橄榄褐色沾绿色。下体颏、喉、胸浅灰黄色，颏、喉具细的黑色羽干纹，体侧淡橄榄褐色。

习性：栖息于林地以及稀树草坡中。在林下或林缘灌林丛枝叶间飞来飞去或跳上跳下。鸣声单调。主要以昆虫为食，偶尔也吃少量植物果实与种子。

数量与分布：该自然保护区林地以及稀树草坡中有分布，较常见鸟类，留鸟。

保护等级：无列为保护物种。

（56）灰眶雀鹛 *Alcippe nipalensis*（Swinhoe）

英文名：Common Tit Babbler

分类地位：雀形目、鸦科

物种描述：体长 13 ～15 cm。头、颈褐灰色，头侧和颈侧深灰色头顶两侧有不明显的暗色侧冠纹，灰白色眼圈在暗灰色的头侧。

习性：栖息于山地次生林、落叶阔叶林、常绿阔叶林、针阔叶混交林和针叶林以及林缘灌丛、竹丛、稀树草坡等各类森林中均有分布。以昆虫和昆虫幼虫为食虫，也吃植物果实、种子、苔藓、植物叶、芽等植物性食物。

数量与分布：该自然保护区山地林中有分布，种群数量较大，为常见鸟类，留鸟。

保护等级：现列为国家“三有”保护鸟类。

（57）红嘴相思鸟 *Leiothrix lutea*（Scopoli）

英文名：Red-billed Leiothrix

分类地位：雀形目、鸦科

物种描述：体长 13 ～16 cm。嘴赤红色，上体暗灰绿色、眼先、眼周淡黄色，耳羽浅灰色或橄榄灰色。两翅具黄色和红色翅斑，尾叉状、黑色，颏、喉黄色，胸橙黄色。

习性：栖息于山地常绿阔叶林、常绿落叶混交林、竹林和林缘疏林灌丛地带。以昆虫为食，也吃植物果实、种子等植物性食物。

数量与分布：该自然保护区山地常绿阔叶林有分布，但不常见，留鸟。

保护等级：现列为国家“三有”保护鸟类。

（58）黑脸噪鹛 *Garrulax perspicillatus*（Gmelin）

英文名：Spectacled Laughing Thrush

分类地位：雀形目、画眉科

物种描述：体长27～32 cm。头顶至后颈褐灰色，额、眼先、眼周、颊、耳羽黑色，形成一条围绕额部至头侧的宽阔黑带，状如戴着一副黑色眼镜。

习性：栖息于灌丛与竹丛、农田地边和村寨附近的疏林和灌丛内。以昆主为主，也吃其他无脊椎动物、植物果实、种子和部分农作物。

数量与分布：该自然保护区灌丛与竹丛、农田地边和村附近的疏林有分布，常见鸟类，留鸟。

保护等级：现列为国家“三有”保护鸟类。

（59）画眉 *Garrulax canorus*（Linnaeus）

英文名：Hwamei

分类地位：雀形目、画眉科

物种描述：体长21～24 cm。上体橄榄褐色，头顶至上背棕褐色，眼圈白色，并沿上缘形成一窄纹向后延伸至枕侧，形成清晰的眉纹。下体棕黄色，喉至上胸杂有黑色纵纹。

习性：栖息于矮树丛和灌木丛中，也栖于林缘、农田、旷野、村落和城镇附近小树丛、竹林及庭园内。以昆虫为食，也吃野生植物果实和种子以及部分谷粒等农作物。

数量与分布：该自然保护区矮树丛和灌木丛中有分布，但不常见，留鸟。

保护等级：现列为国家“三有”保护鸟类。

（60）耳凤鹛 *Yuhina castaniceps*（Horsfield et Moore）

英文名：White-browed Yuhina

分类地位：雀形目、鸦科

物种描述：体长12～15 cm。头顶和短的羽冠灰色具白色羽干纹，耳羽、后颈和颈侧棕栗色形成一宽的半领环，各羽均具白色羽干纹。上体橄榄灰褐色具白色羽干纹，两翅和尾灰褐色，尾呈凸状，外侧尾羽具灰白色端斑。下体淡灰色。

习性：栖息于沟谷雨林、常绿阔叶林和混交林中。以昆虫为食，也吃植物果实与种子。

数量与分布：该自然保护区沟谷、常绿阔叶林中有分布，种群数量较大，常见鸟类，留鸟。

保护等级：现列为国家“三有”保护鸟类。

（61）黄腰柳莺 *Phylloscopus proregulus*（Pallas）

英文名：Yellow-rumped Willow Warbler

分类地位：雀形目、莺科

物种描述：体长8～11 cm。上体橄榄绿色，头顶中央有一淡黄绿色纵纹，眉纹黄绿色。腰黄色，两翅和尾黑褐色，外羽缘黄绿色，翅上有两道黄白色翼斑。

习性：栖息于林缘次生林、灌丛和道边疏林灌丛中。性活泼、行动敏捷、常在树顶枝叶间跳来跳去，或站在高大的针叶树顶枝间鸣叫。主要以昆虫、昆虫幼虫和虫卵为食。

数量与分布：该自然保护区林缘次生林、灌丛和道边疏林有分布，个体小，不易发现，冬候鸟。

保护等级：现列为国家“三有”保护鸟类。

（62）长尾缝叶莺 *Orthotomus sutorius*（Pennant）

英文名：Long-taied Tailor Bird

分类地位：雀形目、莺科

物种描述：体长 9～14 cm。前额和头顶棕色，到枕部逐渐变为棕褐色，上体橄榄绿色，外侧尾羽先端皮黄色，下体苍白而沾皮黄色。

习性：主要栖息于村旁、地边、果园、自然保护区、庭院等人类居住环境附近的小树丛、人工林和灌木丛。主要以昆虫和昆虫幼虫为食。

数量与分布：该自然保护区小树丛、人工林和灌丛中有分布，种群数量较多，常见鸟类，留鸟。

保护等级：无列为保护物种。

（63）黄腹鹪莺 *Prinia flaviventris*（Delessert）

英文名：Yellow-bellied Hill Prinia

分类地位：雀形目、莺科

物种描述：体长 10～13 cm。头顶和头侧暗石板灰色，上体橄榄褐色或橄榄褐沾绿色，尾较长，尾羽淡褐色具淡棕色羽缘和白色尖端。颏、喉白色略沾皮黄色，其余下体黄色。

习性：主要栖息于芦苇、沼泽、灌丛、草地，也栖息于河涌和农田地边的灌丛与草丛中。常单独或成对活动。以昆虫为食，也吃植物果实和种子。

数量与分布：该自然保护区芦苇、沼泽、灌丛、草地有分布，种群数量大，常见鸟类，留鸟。

保护等级：无列为保护物种。

（64）褐头鹪莺 *Prinia inornata*（Sykes）

英文名：Plain Prinia

分类地位：雀形目、鸦科

物种描述：体长 11～14 cm。上体灰褐色，头顶较深，额沾棕，具一短的棕白色眉纹，飞羽褐色，羽缘红棕色。下体淡皮黄白色。

习性：栖息于丘陵、山脚和平原地带的农田耕地、果园和村庄附近的草地和灌丛中，也栖息于溪流沿岸和沼泽边的灌丛和植物及水草丛中。以昆虫为食，也吃少量植物性食物。

数量与分布：该自然保护区山地灌丛有分布，但不常见，留鸟。

保护等级：现列为国家“三有”保护鸟类。

（65）大山雀 *Parus major* Linnaeus

英文名：Great Tit

分类地位：雀形目、山雀科

物种描述：体长 13～15 cm。整个头黑色，头两侧各具一大型白斑。上体蓝灰色，背沾绿色。下体白色，胸、腹有一条宽阔的中央纵纹与颏、喉黑色相连。

习性：栖息于次生阔叶林、人工林和林缘疏林灌丛，有时也进到果园、道旁和地边树丛、房前屋后和庭院中的树上。食性以昆虫为主。

数量与分布：该自然保护区林缘、灌丛、庭院中的树上有分布，为常见鸟类，留鸟。

保护等级：现列为国家“三有”保护鸟类。

(66) 叉尾太阳鸟 *Aethopyga christinae* Swinhoe

英文名：Fork-tailed Sunbird

分类地位：雀形目、太阳鸟科

物种描述：体长 8～11 cm。雄鸟头顶辉绿色，上体暗橄榄绿色，腰辉黄色，一对中央尾羽辉绿色。颏、喉和上胸赭红色或褐红色，下胸橄榄绿黄色，其余下体淡灰色或黄绿色。雌鸟上体橄榄黄绿色，尾羽橄榄黄色，中央尾羽羽轴不延长，翅暗褐色，羽缘橄榄黄色。

习性：栖息于平原地带的常绿阔叶林、次生林中，也见于果园和村寨的树丛中。在开花的树冠顶部花丛和枝叶丛中。主要以花蜜为食，也吃昆虫等动物性食物。

数量与分布：该自然保护区在开花的树冠顶部花丛和枝叶丛中可见，但数量不多，留鸟。

保护等级：现列为国家“三有”保护鸟类。

(67) 暗绿绣眼鸟 *Zosterops japonica* Temminck

英文名：Dark Green White-eye

分类地位：雀形目、绣眼鸟科

中文俗名：相思仔

物种描述：体长 9～11 cm。上体绿色，眼周有一白色眼圈极为醒目。下体白色，颏、喉和尾下覆羽淡黄色。

习性：栖息于阔叶林和以阔叶树为主的针阔叶混交林、竹林、次生林等各种类型森林中，也栖息于果园、林缘以及村寨和地边高大的树上。夏季要以昆虫为主，冬季则主要以植物性食物为主。

数量与分布：该自然保护区各种类型环境树木上均有分布，种群数量庞大，为常见鸟类，留鸟。

保护等级：现列为国家“三有”保护鸟类。

(68)［树］麻雀 *Passer montanus* (Linnaeus)

英文名：Tree Sparrow

分类地位：雀形目、文鸟科

物种描述：体长 13～15 cm。额、头顶至后颈栗褐色，头侧白色，耳部有一黑斑。背沙褐或棕褐色具黑色纵纹。颏、喉黑色，其余下体污灰白色微沾褐色。

习性：栖息在人类居住环境，尤其喜欢在房檐、屋顶，以及房前屋后的小树和灌丛上，也到邻近的农田地上活动和觅食。以谷粒、草子、种子、果实等食物为食，也吃大量昆虫。

数量与分布：该自然保护区村镇及周边生境有分布，为较为常见鸟类，留鸟。

保护等级：现列为国家“三有”保护鸟类。

（69）白腰文鸟 *Lonchura striata*（Linnaeus）

英文名：White-rumped Mannikin

分类地位：雀形目、文鸟科

中文俗名：禾谷、十姐妹、算命鸟

物种描述：体长 10 ～ 12 cm。上体红褐色或暗沙褐色、具白色羽干纹，腰白色，额、嘴基、眼先、颏、喉黑褐色，颈侧和上胸栗色具浅黄色羽干纹和羽缘，下胸和腹近白色。

习性：栖息于丘陵和山脚平原地带，尤以河溪、苇塘、农田耕地和村落附近较常见。以稻谷、谷粒、草子、种子、果实、叶、芽等植物性食物为食，也吃少量昆虫等动物性食物。

数量与分布：该自然保护区矮树丛、灌丛、竹丛和草丛中有分布，为常见鸟，留鸟。

保护等级：无列为保护物种。

（70）斑文鸟 *Lonchura punctulata*（Linnaeus）

英文名：Spotted Mannikin

分类地位：雀形目、文鸟科

物种描述：体长 10 ～12 cm。嘴粗厚黑褐色，上体褐色，下背和尾上覆羽羽缘白色形成白色鳞状斑，尾橄榄黄色。颏、喉暗栗褐色，下体灰白色具明显的暗红褐色鳞状斑。

习性：栖息于丘陵、山脚和平原地带的农田、村落、林缘疏林及河溪地带。以谷粒等农作物为食，也吃草子和其他野生植物果实与种子，繁殖期间也吃部分昆虫。

数量与分布：该自然保护区矮树丛、灌丛、竹丛和草丛中有分布，为常见鸟，留鸟。

保护等级：无列为保护物种。

（71）金翅雀 *Carduelis sinica*（Linnaeus）

英文名：Greefinch

分类地位：雀形目、雀科

物种描述：体长 12 ～ 14 cm。嘴细直而尖，基部粗厚，头顶暗灰色。背栗褐色具暗色羽干纹，腰金黄色，尾下覆羽和尾基金黄色，翅上翅下都有一块大的金黄色块斑。

习性：栖息于平原等开阔地带的疏林中，尤其喜欢林缘疏林和生长有零星大树的山脚平原。以植物果实、种子、草子和谷粒等农作物为食。

数量与分布：果园、农田地边和村镇附近的树丛中或树上有分布，但不常见，冬候鸟。

保护等级：现列为国家“三有”保护鸟类。

(72) 灰头鹀 *Emberiza spodocephala* Pallas

英文名：Grey-headed Black – faced Bunting

分类地位：雀形目、雀科

物种描述：体长14～15 cm。嘴基、眼先、颊黑色，头、颈、颏、喉和上胸灰色而沾黄绿色，有的颏、喉、胸为黄色和微具黑色斑点。上体橄榄褐色具黑褐色羽干纹，两翅和尾黑褐色，外侧两对尾羽具大型楔状白斑。胸黄色，腹至尾下覆羽黄白色，两胁具黑褐色纵纹。

习性：栖息于林缘、灌丛和稀树草坡，也出现在果园，农田、草地、地边和居民点附近的小树丛内。以昆虫为食，也吃草子、谷粒、果实、种子等植物性食物。

数量与分布：该自然保护区灌丛和稀树草坡有分布，但不常见，冬候鸟。

保护等级：现列为国家“三有”保护鸟类。

4.2.3 爬行类

本次调查主要采用访问和实地观察，并结合前人调查的结果。本次实地调查过程中，分别与有经验的村民、周边社区群众座谈，以“非诱导”的方式，而后凭野外经验、查阅资料和实地考察确定访问到的物种。一些物种，很难在一次调查中就能在自然保护区境内发现，如龟鳖类、一些毒蛇等，这些物种只能通过访问并结合与此自然条件相似的其他地区的物种来作判断。尽管这样，本次爬行动物的调查是一次初步的调查，仍然有较多的爬行动物可能没有被发现。本次爬行动物的调查结果报道如下。

4.2.3.1 爬行动物区系组成及其特征

经本次综合调查和统计，深圳市大鹏半岛自然保护区爬行动物40种，隶属3目，13科（见附录2），其中游蛇科为优势科，占总种数的37.5%。该自然保护区爬行动物属国家一级重点保护的爬行动物有1种，即蟒蛇。

深圳市大鹏半岛自然保护区爬行动物区系特征明显反映了受自然条件的影响，处于南亚热带区域，属南亚热带常绿阔叶林区，为华南亚区系的一部分，属古热带植物区，植物区系丰富，森林类型多样，山体平缓，动物的食物丰富。气候温暖，雨量充足，其特点是温热多雨，暴雨集中，秋季台风入侵频繁，冬季很少严寒，有利于爬行动物的生长和繁殖。

深圳市大鹏半岛自然保护区境内地形以低山为主，并夹有或大或小的谷地和低地，地势平缓，溪沟纵横交错，常年流水不断。但是区境内山地现有连片的常绿阔叶林较少，山地植被大部分都被人为所破坏，常绿天然阔叶林自然恢复较差。因此，爬行动物种类相对数量较少。

(1) 山顶地带（海拔400 m以上）

本区的山林带以低山丘陵为主，为常绿阔叶林、疏林和灌木状小乔木，以及人工改造林为主。地形陡峭，沟谷深切，山坡大部分为常绿阔叶林覆盖，山顶多为裸露，有的为茅草丛生地带。爬行动物的种类及数量较少，以各种蛇类为主，如国家一级重点保护动物，即蟒蛇，可分布于此带，但数量已极少。其他还有竹叶青属、锦蛇属等种类，以

及眼镜蛇 *Naja naja*、金环蛇 *Bungarus fasciatus* 等种类，适应山地于环境，在山地石堆或杂草及灌丛以小鸟类及小型兽类为食。

（2）水库、山溪带（海拔200 m以下）

本区的河溪、水库带（即低谷地河溪）包括山涧、溪流和区内大小水库或水塘，周边灌草丛林，以及附近农田、居民点和零星台地。植被为南亚热带常绿阔叶林，兼有雨林。此带爬行动物最为丰富，以龟鳖目为主，如鳖、水龟和乌龟等。还有各种蛇类等，如王锦蛇 *Elaphe carinata*、草游蛇 *Natrix stolata*、渔游蛇 *Natrix piscater*、翠青蛇 *Ophepdrys major*、滑鼠蛇 *Ptyas mucosus*、黑斑水蛇 *Enhydris bennetti*、金环蛇 *Bungarus fasciatus*、银环蛇 *Bungarus multicinctus*、白唇竹叶青 *Trimeresurus albolabris*。此地带爬行动物种类与数量较多，遇见率也大，但受人为干扰较大，因此该地带爬行动物的数量变化幅度较大。

（3）山坡地带（海拔200～400 m）

本区主要为丘陵、谷地的低山地带，多数为人工林、次生灌丛面积较大，密生矮灌和茅草、竹林及小灌木林等为主。爬行动物也较丰富，蛇类主要以草游蛇 *Natrix stolata*、渔游蛇 *Natrix piscater*、翠青蛇 *Ophepdrys major*、滑鼠蛇 *Ptyas mucosus*、银环蛇 *Bungarus multicinctus* 等。蜥蜴类较为常见，如变色树蜥 *Calotes versicolor*、截尾虎 *Gehyra mutilatus*、原尾蜥虎 *Hemidactylus bowringii*、石龙子 *Eumeces chinensis*、蓝尾石龙子 *Enmeces elegans*、光蜥 *Ateuchosaurus chinensis*、蝘蜓 *Lygosoma indicum*、南草蜥 *Takydromus sexlineatus* 等。

4.2.3.2　爬行动物的保护和资源

深圳市大鹏半岛自然保护区爬行动物的种类相对比较丰富，它们在生态系统中起重要的地位，与人类的关系较为密切，它们生活在林间、草丛、河溪边。从资源价值而论，深圳市大鹏半岛自然保护区爬行动物大致可以归为以下几类：

濒危种：其数量已极少，并且分布区较为狭窄或正在急剧减少，很可能在短时间内灭绝的种。如蟒蛇等，属于国家Ⅰ级重点保护动物。今后在保护管理中要特别注意对这类动物的保护，发展其种群数量。

珍稀种：有一定数量，虽然未直接面临濒危，但是数量很少，任何意外都可能迅速濒危或灭绝的物种。若不采取保护措施便会变成濒危物种，如乌龟、鳖、金环蛇、眼镜蛇等。

经济意义较大：该类动物是可供人类作为药用、食用、皮用、实验用、观赏用等经济价值较大的物种。如王锦蛇、滑鼠蛇、金环蛇、银环蛇、黑斑水蛇、银环蛇等，具有分布广，数量相对较多，体型大，有药用和食用或作为实验动物用等价值，经济意义大，直接与人民生活、医药卫生、教学、外贸等有关，这类动物现在也已列为国家“三有”保护动物中，今后要在保护和恢复种群数量的基础上，可以进行合理开发利用。

经济意义一般：这类动物经济用途不明或个体较小尚未被人们利用，如石龙子科和蜥蜴科等种类，以及草游蛇、渔游蛇、红脖游蛇、翠青蛇、白唇竹叶青等。这些动物几乎遍布各种生态环境，是害虫的主要天敌，在保护农、林业生产和维护生态平衡中起着重要作用。它们的经济用途未被人们了解和重视。

危害：爬行动物对人类也有一定的危害，如毒蛇咬人、畜，造成蛇伤甚至死亡，有些龟类和蛇类可以携带某些人类疾病的病原微生物，构成传染源等等。

因此，在深圳市大鹏半岛自然保护区的建设和规划，开发旅游景点的同时，要认识和了解爬行动物，掌握其活动规律，主观能动地改造它们，使它们有益于人类的方面得到充分利用，结合自然环境的保护，增加爬行动物的种类和数量。

4.2.3.3 保护建议

与鸟类、兽类相比，爬行类的迁移能力较弱，对环境的依赖性较强，生活范围较为狭窄。调查中发现，由于排牙山地处旅游区，旅游业的发展和当地农林生产活动中农药和除草剂的大量使用，以及填补坑洼、筑房建舍等对爬行动物的栖息地和生态环境造成了较大的影响，使其繁衍生息之地越来越狭窄，再加上人为的滥捕灭杀，致使其数量急剧下降，应从生态系统和生物多样性的原则出发，加强宣传、引导和保护。

随着旅游业的发展，对环境美化，设施修建，人文景点的建造，应考虑对景区内两栖爬行动物的保护，使不利因素对爬行动物的栖息环境的影响降到最低线。

对景区周边公路的扩建，应留有爬行动物从越冬、繁殖地之间来往迁移的通道（桥洞、涵洞），使物种之间遗传信息得到交换，以保持该区内两栖爬行类动物物种的多样性。

搞好污水排放的监督管理，防止水库及其流入水库内各条溪源受到污染。

加强对区内及周边野生动物的保护力度，禁止乱捕、滥杀两栖爬行类等野生动物。做好周边居民教育宣传工作，提高环保意识，达到自觉维护周边生态环境。

加强科普宣传，使游人享受到“科普、旅游、观赏”一条龙服务，在区内利用广告牌、图片宣传栏、标本展览、本地区生物资源介绍和环保等一系列宣传活动，使游人在轻松快乐的游玩中接受科普教育，通过不断普及、提高，使人们更加认识到保护野生动物、保护环境的重要意义。

4.2.4 两栖类

4.2.4.1 调查方法

深圳市大鹏半岛自然保护区两栖动物资源调查至今还没有正式报道过，本次调查主要采用样线法，样线主要沿水库、溪流边进行。此外，访问当地居民作好记录，了解因数量稀少而未能调查到的种类。并结合对深圳市梧桐山、梅林、仙湖植物园、马峦山、围岭、莲花山等地的两栖动物资源调查，以及香港地区两栖动物资源调查的资料进行整理。

4.2.4.2 区系组成和特征

经本次调查和统计，深圳市大鹏半岛自然保护区两栖动物 18 种，隶属 2 目，6 科

(见附录2)。

深圳市大鹏半岛自然保护区的两栖动物在区系分布特征上反映了自然条件的影响。本区地处热带的北缘和亚热带的南缘，气候温暖，雨充足，冬季很少严寒，有利于两栖动物的生长和繁殖，本区的山脉多呈南北走向，有利于两栖动物的纵向渗透。

综上所述，深圳市大鹏半岛自然保护区地处南亚热带季风区，气候温暖湿润，雨量充沛，境内多丘陵，最高峰排牙山海拔707 m，是两栖动物理想的栖息地；但由于大鹏半岛自然保护区特殊地理环境，适合两栖动物生存与繁殖的水域和农田环境，以及自然森林较少，这是使得大鹏半岛自然保护区的两栖动物的种类和数量较少的原因。

4.2.4.3　两栖动物资源评价与保护

生态系统具有自我调节能力，以保持自己的稳定性和相对平衡性。每一个生态系统自我调节能力的强弱有赖于内部物种成分的多样性及能量流动、物质循环途径的复杂性。一般在生物多样性指数较高、物质和能量流动途径较复杂的系统，较易维持自身的稳定和平衡，即使系统某部分因自然或人为因素干扰而影响其结构和功能时，可以被不同部分的调节所补偿，并通过内部调整逐步恢复稳定状态。而成分较单纯、结构较简单的生态系统，内部调节能力较弱，一旦某一部分受到外界因素的影响，很容易涉及整个生态系统。在自然保护区生态系统中，两栖动物作为生物网链的中间营养级，关系左右，承上启下，不仅丰富了系统中食物网链的成份，增加了系统物种多样性的丰度，而且也增添了系统中物质循环和能量流动途径的复杂性，从而增强了系统的自我调节能力和稳定性。因此，保护两栖动物，对于保护深圳市湾湿地生态系统和维护该自然保护区生态系统的生态功能十分重要。

深圳市大鹏半岛自然保护区环境复杂，两栖动物具有重要的保护价值。由于大鹏半岛自然保护区原生性植被大多分布在陡峭的坡地，而且土层浅薄，生境十分脆弱，很多低山和丘陵地带被利用，使林缘的森林由于人为干扰强度过大，适宜于两栖动物生存与繁殖的栖息地已不多了。种群和数量也有日渐减少的趋势。因此，保护两栖动物的原生生境十分重要，在自然保护区规划和建设过程中必须引起重视。

积极开展宣传教育工作，增强公众保护两栖爬行动物的意识。把宣传保护两栖动物与宣传保护生态环境放到同等重要的地位，通过拍摄图片、举办科技展览、科普讲座等多种形式，向公众宣传介绍两栖动物在保护环境、维持生态系统平衡方面的生态作用，提高广大群众保护两栖爬行动物和湿地生态系统生物多样性的认识水平。

制定法规，依法管理。制定禁止在深圳市区域内捕捉和捕杀各种两栖动物的规定和法规。在已经制定的有关保护环境的规定和法规中，加入保护两栖动物内容的条款。使深圳市区域内所有的两栖动物处于法律保护之下，使有关部门在处理在深圳市区域内捕捉、捕杀两栖动物、破坏两栖动物的栖息生境的事件中有章可循，有法可依。

加强大鹏半岛自然保护区两栖爬行动物生境建设和管理。在自然保护区建设和规划中，为两栖动物提供栖息和繁殖环境，建立适当面积的淡水池塘和高坡地，增加周边环境的多样性，利于提高两栖动物物种的多样性丰度。

建立两栖动物繁殖区和管护区。在大鹏半岛自然保护区适合两栖动物生活及繁殖季节个体数量较集中的特定地点，划出两栖动物的季节性保护地段，并对这些保护地点的主要环境指标进行监测，繁殖季节进行数量统计和监测，在两栖动物繁殖季节确定的保护地点，采取有效措施减少或控制游人活动。

4.3 珍稀濒危动物

深圳市大鹏半岛自然保护区的保护动物主要是指国家重点保护动物、国家有益的或者有重要经济价值的有科学研究价值的陆生野生动物（简称为“三有名录”）和广东省省级保护动物，以及国际公约列出的保护动物。

据本次初步调查，深圳市大鹏半岛自然保护区属国家重点保护动物、广东省保护动物、濒危野生动植物种国际贸易公约（简称：“贸易公约”）和中国濒危动物红皮书和中国物种红色名录的濒危动物。各类群保护动物的种数见表4-5。

表4-5 深圳市大鹏半岛自然保护区各类珍稀濒危动物物种数

类群名称	国家重点保护		贸易公约			中国濒危动物红皮书和中国物种红色名录			省级保护
	Ⅰ	Ⅱ	Ⅰ	Ⅱ	Ⅲ	极危	濒危	易危	动物
两栖类	—	1	—	—	—	—	1	2	1
爬行类	1	1	—	3	—	4	6	3	1
鸟类	—	18	—	6	1	—	—	5	10
哺乳类	—	5	2	—	1	1	1	5	2
合计（种数）	2	25	2	9	2	5	8	15	14

注：国家保护：“Ⅰ”表示国家一级重点保护动物；“Ⅱ”表示国家二级重点保护动物。贸易公约：濒危野生动植物种国际贸易公约“I”附I物种，“II”附录II物种，“III”附录III物种。中国红皮书：表示中国濒危动物红皮书（1998）和中国物种红色名录（1998）所确定的等级。省级动物：表示2001年5月31日广东省第九届人民代表大会常务委员会第二十六次会议通过的“广东省重点保护陆生野生动物名录”（第一批）。

4.3.1 国家重点保护动物、濒危动物、公约保护动物和省级保护动物

根据国务院1988年11月8日颁布的《中华人民共和国野生动物保护法》规定的国家重点保护野生动物名录所列的种类，本次调查深圳市大鹏半岛自然保护区有国家重点保护野生动物有41种，其中Ⅰ级重点保护1种，Ⅱ级重点保护25种，省级保护动物14种（表4-6）。

根据濒危野生动植物种国际贸易公约，附录Ⅰ物种有2种，附录Ⅱ物种有10种，附录Ⅲ物种有2种（表4-6）。

根据《中国濒危动物红皮书》（汪松，1998）和《中国物种红色名录》（汪松，解焱，2004），极危（CR）物种有5种，濒危（EN）物种有8种，易危（VU）物种有

15 种（表4－6）。

根据2002年5月31日广东省第九届人民代表大会常务委员会第二十六次会议通过的《广东省野生动物保护管理条例》确定的广东省重点保护的陆生野生动物名录（简称“省级保护动物”）。本次调查深圳市大鹏半岛自然保护区中省级保护动物有14种（表4－6）。

表4－6　深圳市大鹏半岛自然保护区的国家重点保护动物、濒危动物和公约保护动物

序号	物种名称	国家重点保护		贸易公约			中国濒危动物红皮书和中国物种红色名录			省级保护动物
		I	II	I	II	III	CR	EN	VU	
1	虎纹蛙 *Rana tigrina*		√						√	
2	香港湍蛙 *Amolops hongkongensis*（Pope *et* Romer）							√		
3	沼蛙 *Rana guenopleura*									√
4	棘胸蛙 *R. spinosa* David								√	
5	巨蜥 *Varanus salvator*（Laurenti）	√					√			
6	平胸龟（鹰嘴龟）*Platuysternon megacephalum*							√		√
7	三线闭壳龟（金钱龟）*Cyclemys trifasciata*		√				√			
8	鳖 *Pelochelys sinensis* Wiegmann								√	
9	蟒蛇 *Python molurus*	√			√		√			
10	滑鼠蛇 *Ptyas mucosus*				√			√		
11	灰鼠蛇 *Ptyas korros*（Schlegel）							√		
12	王锦蛇 *Elaphe carinata*（Guenther）								√	
13	百花锦蛇 *Elaphe moellendorffi*（Boettger）							√		
14	三索锦蛇 *Elaphe radiata*（Schlegel）							√		
15	金环蛇 *Bungarus fasciatus*（Schneider）							√		
16	银环蛇 *Bungarus multicinctus* Blyth								√	
17	眼镜蛇 *Naja naja*				√					
18	眼镜王蛇 *Ophiophagus Hannah*（Cantor）						√			
19	绿鹭 *Butorides striatus*									√
20	池鹭 *Ardeola bacchus*									√
21	中白鹭 *Egretta intermedia*（Wagler）									√
22	夜鹭 *Nycticorax nycticorax*（Linnaeus）									√
23	牛背鹭 *Bubulcus ibis*									√
24	白鹭 *Egretta garzetta*					√				√
25	黄斑苇鳽 *Ixobrychus sinensis*									√
26	鸢 *Milvus korschun*		√		√					

（续表 4 -6）

序号	物种名称	国家重点保护		贸易公约			中国濒危动物红皮书和中国物种红色名录			省级保护动物
		I	II	I	II	III	CR	EN	VU	
27	赤腹鹰 *Accipiter soloensis* (Horsfield)		√							
28	雀鹰 *Accipiter nisus* (Linnaeus)		√							
29	普通鹰 *Buteo buteo* (Linnaeus)		√							
30	松雀鹰 *Accipiter virgatus*		√		√					
31	游隼 *Falco peregrinus* Tunstall		√							
32	红隼 *Falco tinnunculus*		√		√					
33	白尾鹞 *Circus cyaneus*		√		√					
34	鹌鹑 *Coturnix coturnix* (Linnaeus)								√	
35	小鸦鹃 *Centropus toulou*		√						√	
36	褐翅鸦鹃 *Centropus sinensis*		√						√	
37	棕腹杜鹃 *Cuculus fugax* Horsfield									
38	领角鸮 *Otus bakkamoena*		√		√					
39	黄嘴角鸮 *Otus spilocephalus*		√							
40	草鸮 *Tyto capensis* (Smith)		√							
41	长耳鸮 *Asio otus* (Linnaeus)		√							
42	领鸺鹠 *Glaucidium brodiei*		√		√					
43	斑头鸺鹠 *Glaucidium cuculoides*		√		√					
44	鹰鸮 *Ninox scutulata*		√							
45	白额雁 *Anser albifrons* (Scopoli)		√							
46	小白额雁 *Anser erythropus*									√
47	喜鹊 *Pica pica* (Linnaeus)								√	
48	红嘴相思鸟 *Leiothrix lutea*								√	√
49	黄胸鹀 *Emberiza aureola* Pallas									√
50	黄喉貂 *Martes flavigula*		√							
51	黄腹鼬 *Mustela kathiah* Hodgson								√	
52	穿山甲 *Manis pentadactyla aurita*		√						√	
53	水獭 *Lutra lutra*		√	√				√		
54	小灵猫 *Arctogalidia trivirgata*		√				√			
55	红颊獴 *Herpestes javanicus*					√			√	√
56	斑灵狸 *Prionodon pardicolor* (Hodgson)		√						√	
57	豹猫 *Felis bengalensis*			√					√	√
	合计（种数）	2	26	2	10	2	5	8	15	14

4.3.2 资源动物（“三有名录”保护动物）

根据国务院野生动物行政主管部门制定并公布的规定，于2000年5月制定的《国家保护的有益的或者有重要经济、科学研究价值的陆生野生动物名录》（简称“三有名录”），于2000年8月1日以国家林业局令第7号发布实施。“三有名录”一般可以认为是资源动物。深圳市大鹏半岛自然保护区“三有名录”的保护动物有115种（表4-7），其中两栖动物16种；爬行动物27种；鸟类61种；哺乳动物11种。

表4-7 深圳市大鹏半岛自然保护区“三有名录”的保护动物

物种名称	物种名称
1. 香港瘰螈 *Paramesotriton hongkongensis*（Myers et Leviton）	2. 黑眶蟾蜍 *Bufo melanostictus* Schneider
3. 沼蛙 *Rana guenopleura* Boulenger	4. 泽蛙 *Rana limnocharis* Boie
5. 大绿蛙 *Rana livida*（Blyth）	6. 棘胸蛙 *Rana spinosa* David
7. 长趾蛙 *Rana macrodactyla*（Gunther）	8. 台北蛙 *Rana taipehensis* Van Denburgh
9. 尖舌浮蛙 *Oceidozyga lima*	*10.* 香港湍蛙 *Amolops hongkongensis*
11. 斑脚树蛙 *Rhacophorus leucomystax*	12. 饰纹姬蛙 *Microhyla ornata*
13. 花姬蛙 *Microhyla pulchra*（Hallowell）	14. 粗皮姬蛙 *M icrohyla butleri* Boulenger
15. 花狭口蛙 *Kalophrynus pulchra* Gray	16. 花细狭口蛙 *Kalophrynus pleurostigma*
17. 乌龟 *Chinemys bealei*（Gray）	18. 鳖 *Pelochelys sinensis* Wiegmann
19. 变色树蜥 *Calotes versicolor*（Daudin）	20. 壁虎 *Gekko chinensis* Gray
21. 截尾虎 *Gehyra mutilatus*（Wiegmann）	22. 原尾蜥虎 *Hemidactylus bowringii*
23. 石龙子 *Eumeces chinensis* Gray	24. 光蜥 *Ateuchosaurus chinensis* Gray
25. 蓝尾石龙子 *Enmeces elegans* Boulenger	26. 四线石龙子 *Enmeces quadrilineatus*（Blyth）
27. 南草蜥 *Takydromus sexlineatus* Cuvier	28. 钩盲蛇 *Ramohotyphlops braminus*
29. 横纹钝头蛇 *Pareas margaritophorus*（Jan）	30. 三索锦蛇 *Elaphe radiata*（Schlegel）
31. 王锦蛇 *Elaphe carinata*（Guenther）	32. 渔游蛇 *Natrix piscater*（Schneider）
33. 翠青蛇 *Ophepdrys major*（Guenther）	34. 滑鼠蛇 *Ptyas mucosus*（Linnaeus）
35. 灰鼠蛇 *Ptyas korros*（Schlegel）	36. 细白环蛇 *Lycodon sueinctus* Bioe
37. 香港后棱蛇 *Ophepdrys andersonii*	38. 黑斑水蛇 *Enhydris bennetti*（Gray）
39. 金环蛇 *Bungarus fasciatus*（Schneider）	40. 银环蛇 *Bungarus multicinctus* Blyth
41. 眼镜王蛇 *Ophiophagus hannah*（Cantor）	42. 竹叶青 *Trimeresurus* stejnegeri Schmidt
43. 白唇竹叶青 *Trimeresurus albolabris*	44. 小䴙䴘 *Tachybaptus ruficollis*（Pallas）
45. 鸬鹚 *Phalacrocorax carbo sinensis*	46. 绿鹭 *Butorides striatus*（Linnaeus）
47. 池鹭 *Ardeola bacchus*（Bonaparte）	48. 白鹭 *Egretta garzetta*（Linnaeus）

（续表 4 -7）

物种名称	物种名称
49. 中白鹭 Egretta intermedia（Wagler）	50. 黄斑苇鳽 *Ixobrychus sinensis*（Gmelin）
51. 白胸苦恶鸟 *Amaurornis phoenicurus*	52. 金眶鸻 *Charadrius dubius*（Legge）
53. 白腰草鹬 *Tringa ochropus* Linnaeus	54. 大沙锥 *Capella megale*（Swinhoe）
55. 珠颈斑鸠 *Streptopelia chinensis*（Scopoli）	56. 山斑鸠 *Streptopelia orientalis*（Latham）
57. 四声杜鹃 *Cuculus micropterus* Gould	58. 棕腹杜鹃 *Cuculus fugax* Horsfield
59. 噪鹃 *Eudynamys scolopacea*（Linnaeus）	60. 普通夜鹰 *Caprimulgus indicus* Latham
61. 草鸮 Tyto capensis（Smith）	62. 长耳鸮 Asio otus（Linnaeus）
63. 小白腰雨燕 *Apus affinis*（Gray）	64. 普通翠鸟 *Alcedo atthis*（Linnaeus）
65. 大拟啄木鸟 *Megalaima virens*	66. 斑啄木鸟 *Picoides major*（Linnaeus）
67. 星头啄木鸟 *Dendrocopos canicapillus*（Blyth）	68. 家燕 *Hirundo rustica* Linnaeus
69. 金腰燕 *Hirundo daurica* Temminck	70. 灰鹡鸰 *Motacilla cinerca* Tunstall
71. 白鹡鸰 *Motacilla alba* Linnaeus	72. 田鹨 *Anthus novaeseelandiae*（Gmelin）
73. 树鹨 *Anthus hodgsoni* Richmond	74. 红耳鹎 *Pycnontus jocosus*（Linnaeus）
75. 白头鹎 *Pycnontus sinensis*（Gemlin）	76. 白喉红臀鹎 *Pycnontus aurigaster*
77. 棕背伯劳 *Lanius schach* Linnaeus	78. 黑卷尾 *Dicrurus macrocercus* Vieillot
79. 灰卷尾 *Dicrurus leucophaeus* Vieillot	80. 发冠卷尾 *Dicrurus hottentottus*
81. 黑领椋鸟 *Sturnus nigricollis*（Paykull）	82. 灰椋鸟 *Sturnus cineraceus* Temminck
83. 八哥 *Acridotheres cristatellus*（Linnaeus）	84. 丝光椋鸟 *Sturnus sericeus*（Gmelin）
85. 红嘴蓝鹊 *Cissa erythrorhyncha*（Boddaert）	86. 喜鹊 *Pica pica*（Linnaeus）
87. 红胁蓝尾鹊 *Tarsiger cyanurus*（Pallas）	88. 红点颏 *Luscinia calliope*（Pallas）
89. 鹊鸲 *Copsychus saularis*（Linnaeus）	90. 北红尾鸲 *Phoenicurus aurorens*（Pallas）
91. 黑喉石䳭 *Saxicola torquata*（Linnaeus）	92. 红嘴相思鸟 *Leiothrix lutea*（Scopoli）
93. 黑脸噪鹛 *Garrulax perspicillatus*	94. 画眉 *Garrulax canorus*（Linnaeus）
95. 黄腰柳莺 *Phylloscopus proregulus*	96. 黄眉柳莺 Phylloscopus inornatus（Blyth）
97. 大山雀 *Parus major* Linnaeus	98. 叉尾太阳鸟 *Aethopyga christinae*
99. 暗绿绣眼鸟 *Zosterops japonica*	100. ［树］麻雀 *Passer montanus*（Linnaeus）
101. 金翅雀 *Carduelis sinica*（Linnaeus）	102. 灰头鹀 *Emberiza spodocephala* Pallas
103. 黑尾蜡嘴雀 *Eophona migratoria* Hartert	104. 黄胸鹀 *Emberiza aureola* Pallas
105. 黄腹鼬 *Mustela kathiah* Hodgson	106. 黄鼬 *Mustela sibirica* Milne-Edwards
107. 红颊獴 *Herpestes javanicus* Hodgson	108. 果子狸 *Paguma larvata* Hamilton-Smith
109. 豹猫 *Felis bengalensis* Kerr	110. 华南兔 *Lepus sinensis* Gray
111. 隐纹花松鼠 *Tamiops swinhoei* Milne	112. 银花竹鼠 *Rhizomys pruinosus latouchei* Thomas
113. 社鼠 Rattus *niviventer confucianus* Milne-Edwards	114. 豪猪 *Hystrix hodgsoni subcristata* Swinhoe
115. 野猪 *Sus scrofa* Linnaeus	

第五章 旅游资源

摘要：大鹏半岛自然保护区临近深圳市区，交通便利，植被丰富，临靠大亚湾和西涌湾。拥有独特的自然景观以及丰富的人文景观资源，区位优势明显，发展潜力巨大。自然景观资源主要包括山海风光以及山体、沟谷、水库等，9个大型水库镶嵌在大鹏半岛的崇山峻岭之间，像一颗颗璀璨的明珠。库区沼泽地，吸引了水鸟来此觅食，形成了湿地景观。人文景观有咸头岭古遗址、大鹏所城、大坑烟墩、龙岩古刹、东山寺、明清将军第及将军墓园等文物古迹67处。

5.1 自然旅游资源

生态景观、自然景观资源是指自然界中的自然风光，最能吸引人们的注意，特别是好的生态环境和自然景观是良好的旅游观赏资源。它是在一定的空间位置、特定自然条件和历史演变阶段形成的。大鹏半岛自然保护区的自然景观资源主要由地质、地貌、植被、植物等组成。

5.1.1 植被生态景观

5.1.1.1 南亚热带沟谷常绿阔叶林景观

南亚热带沟谷常绿阔叶林景观星散分布于保护区海拔300 m以下的各处沟谷地段，这里环境湿润，土壤有机质含量较高，为植物的生长提供了良好的条件。林中的木质藤本、茎花现象、绞杀现象和附生植物等雨林景观较为明显。主要乔木优势种类有鸭脚木、假苹婆、朴树、红鳞蒲桃、水翁、中华杜英、泡花润楠、浙江润楠、印度崖豆及落瓣短柱茶等。层间藤本发达，主要种类有小叶买麻藤、刺果藤、龙须藤、粉叶羊蹄甲等；草本层多阴生植物，主要有华南紫萁 *Osmunda vachellii*、金毛狗 *Cibotium barometz*、海芋 *Alocasia macrorrhiza*、石菖蒲 *Acorus tatarinowii*、山蒟 *Piper hancei*、虾脊兰 *Calanthe spp.* 以及草豆蔻 *Alpinia hainanensis* 等。

5.1.1.2 南亚热带低地常绿阔叶林景观

由于人类活动的干扰，原生的常绿季雨林已遭到全面砍伐，目前只在村落附近保留星散分布的次生林，俗称为“风水林”。群落外貌终年常绿，结构复杂，林中木质藤本、附生和茎花现象常见，也有明显的板根现象，某些地段，可见到一些上百年的古树，如榕树 *Ficus microcarpa*、假苹婆、山杜英、红鳞蒲桃、秋枫、朴树、黄桐、山油柑、鸭脚木、樟树 *Cinnamomum camphora*、羊舌山矾、秋枫 *Bischofiajdvanica*、水翁等。分布于坝光村、坪埔村及长湾北附近和岭澳水库附近的山麓地带。

灌木和草本种类较多，常见的有：罗伞树 *Ardisia quinquegona*、九节 *Psychotria rubra*、朱砂根 *Ardisia crenata*、草珊瑚 *Sarcandra glabra*、豺皮樟 *Litsea rotundifolia*、淡竹叶 *Lophatherum gracile*、半边旗 *Pteris semipinnata*、乌毛蕨 *Blechnum orientale*、山菅兰 *Dianella ensifolia* 等。林中的藤本植物种类也较为稀少，常见有蔓九节 *Psychotria serpens*、紫玉盘 *Uvaria microcarpa*、玉叶金花 *Mussaenda pubescens*、肖菝葜 *Heterosmilax japonica*、等，这些种类多攀缘于树干上。

5.1.1.3 南亚热带低山常绿阔叶林景观

本类型是热带和亚热带过渡的一种植被类型，为南亚热带丘陵山地的植被类型，在大鹏半岛自然保护区的分布最多，从山脚到山顶都有分布，主要的乔木植物种类有浙江润楠、鸭公树、鸭脚木、亮叶冬青、黄杞、软荚红豆、鼠刺、大头茶、山乌桕、黧蒴、绒楠、香叶树、大叶臭花椒及厚壳桂等。林下灌木层主要为上层乔木的幼树，常见的有鸭脚木、九节 *Psychotria rubra*、罗伞树、白车、粗毛野桐 *Mallotus hookerianus*、豺皮樟、水团花、鼠刺、五指毛桃、盐肤木、漆树等。草本植物层少而稀疏，常见的有草珊瑚 *Sarcandra glabra*、乌毛蕨、艳山姜和土麦冬等。藤本植物常见的有买麻藤 *Gnetum lofuense*、锡叶藤 *Tetracera asiatica*、菝葜、白背酸藤子、小叶红叶藤 *Rourea microphylla*、牛栓藤 *Rourea roxburghiana*、酸藤子 *Embelia laeta*、山鸡血藤、光鸡血藤、亮叶猴耳环、山银花、白花油麻藤等。

5.1.1.4 南亚热带山地常绿阔叶林景观

分布在保护区海拔 400 ～500 m 以上的山地。在种类组成上温带种类增多，如蔷薇科、槭树科的比重增加。由于某些种类的生态幅度较广，使其与低山常绿阔叶林拥有共优的种类，如浙江润楠、亮叶冬青、绒楠、大头茶、鼠刺等，但二者在群落的外貌、结构上表现出明显的差异。如后者的优势种相较前者更为突出，显得比较单调；层间植物也较前者贫乏；结构方面则层次较为分明。主要优势种类除上述种类外，还有香花枇杷、腺叶野樱、蚊母树及岭南槭等。

5.1.1.5 银叶树林景观

深圳市葵冲镇坝光管理区盐灶村海滩上，保存着一片古老的银叶树林，面积约 1 ha，林相完整，是目前我国发现的典型的半红树林代表类群之一。银叶树（*Heritiera littoralis*）属梧桐科常绿乔木，在我国广东、广西、海南和台湾等省沿海海岸有分布，为热带海岸半红树林树种，多生长在高潮线附近的海滩内缘或海岸陆地，对陆生生境适应性较强，结实丰硕，自然传播能力较强，是目前海岸绿化重要的阔叶树种。木材坚韧耐用，为建筑，造船和制作家具的良材。盐灶村海滩这片半红树林，林龄已无从考究，推算在 200 年以上。这片银叶树异龄林密度较大，每 100 m^2 有大树 8 ～9 株，平均胸围 2.2m，树高 15m。最大的 1 株胸围 4.5m，树高 25m，冠幅 22m，树龄逾 300 年。由于常遭强台风袭击，银叶树的板根常高及 2m，厚仅几 cm，长伸 3 ～5m 之外。林内板根互相交织成大小不一的钩，曲折迂回，宛若游龙戏水，遍地林地，蔚为奇观。这片银叶树林形态结构独特，对学会研究红树林的生态和演替发展具有重要的林学意义。同时又是在特定的生境条件下，对进一步探讨发挥更大的社会、生态、经济效益有现实意义。

5.1.2　地貌景观

5.1.2.1　山体

大鹏半岛自然保护区的山体主体山脊线呈东西走向，连绵不断有十几个山头，排牙山顶峰海拔 707 m，在主峰两侧共有 8 个相邻的山峰，该山三面环海，山石嶙峋，景色极佳。从远处望去，酷似一排排错落不齐的牙齿，由此得名排牙山。由于岩石常年累月受海风侵蚀，造就了排牙山如牙齿般的险要悬崖地貌，如遇雾天或小雨天穿越，可与名山大川相比美，雾里看花，有身处天庭之梦幻感觉。

除了排牙山之外，在保护区的西部还有求水岭和横头岭，山体也是东西走向，高度在 500m 左右，虽然不高，但是和排牙山的 9 个主峰连在一起，宛如一条东西横卧在大鹏半岛上的一条巨龙，远远望去，蔚为壮观。

在保护区的西北部的求水岭，山体为东北西南走向，高度 668m，求水岭的西北坡，坡度较缓，适宜爬山，在东南坡朵悬崖峭壁，怪石嶙峋，裸露的石灰岩地貌和犹如石林般的怪石也是难得一见的美景。

5.1.2.2　沟谷

大鹏半岛自然保护区有几条优良的天然沟谷，分布在排牙山的南北两侧，尤其是南面较多，有多处沟谷，向南流淌，形成了几个大型水库。沟谷水量丰沛，植物物种丰富，景观奇特，树形优美，属于典型的南亚热带沟谷林植被。沟谷中奇石，怪树，流水，都呈现出独特的风景。

5.1.2.3　水库景观

大鹏半岛自然保护区范围内水库数量特别多，较大的有 9 个：罗屋田水库、径心水库、坝光水库、盐灶水库、打马坜水库、水磨坑水库、大坑水库、岭澳水库及香车水库等。这些水库不仅为本地居民提供赖以生存的水资源，还形成了一道独特的风景，从高处望去，这些水库像一颗颗璀璨的明珠，镶嵌在大鹏半岛的崇山峻岭之间。丰富水资源的存在更显现了山的灵气，而在排牙山的映衬下，也彰显出水库水的秀美。水波荡漾，山风携着水汽迎面而来，沁人心脾，水库周围有大片的沼泽地，生长着很多的沼生植物，吸引了很多的水鸟来此觅食，形成了许多斑块状的湿地景观。水库水量丰富，每当旱季水量减少，部分水底裸露出来，形成很有特色的绿色植被 - 黄色水底 - 墨兰色水面的景观。

5.1.2.4　石景

大鹏半岛自然保护区内的岩石以石灰岩和石英岩为主，尤其是石灰岩十分突出，在排牙山南坡和求水岭东南坡裸露出很多石灰岩的峭壁，峭壁上只长有少量植物，峭壁和山峰都显得十分壮观，远远望去，仿佛一副山水画。在排牙山顶的山脊上，分布了很多大型的石英岩石头，这些石头基本都是圆形，宛如一颗颗石蛋摆在排牙山的顶峰，其中不乏一些大型和巨型的石蛋，好像山顶上又突然冒出了一个小山峰。石蛋周围植被属于山顶矮灌类型，植物少且矮，使得石蛋的突兀和造型怪异之美显现得淋漓尽致。

5.2 人文旅游资源

大鹏半岛自然保护区所处的大鹏半岛，位于深圳市东部，与惠州接壤，西抱大鹏湾，东拥大亚湾，西南面遥望香港新界，海岸线长133.22km，拥有独特的山海风光和丰富的人文景观资源，区位优势明显，发展潜力巨大。

据《深圳文物志》记载，大鹏半岛有咸头岭古遗址、大鹏所城、大坑烟墩、龙岩古刹、东山寺、明清将军第及将军墓园等文物古迹67处。由于生态环境资源得到了严格的保护，大鹏半岛目前已成为深圳市面积最大、保存最为完好的生态乐土，并于2005年被《中国国家地理》评为“中国最美的八大海岸”之一。

5.2.1 东山寺

相传大鹏所城刚落成，广西僧人赖带衣云溺此地，见东门外的龙头山霞光艳艳，紫气腾腾即告于人：此乃福地，当建一寺，以播祥瑞。东山寺始建于明洪武二十七年（公元1394年），距今已有600多年的历史。东山寺曾于清代重修。现在寺前牌坊上，还有“咸丰四年（公元1854年）甲寅春重修”的碑文。东山寺占地约600m^2，大墙高房，极其宏伟。东山寺背山面海，风景极是幽雅、绚丽。在此观大亚湾海，如同一面镜子一般。寺前有牌坊，牌坊前后面分别刻着“鹭峰胜境”和“鹏岛灵山”数字。东山寺风光迷人，过去不但香火旺盛，而且是游览胜地，据《新安县志》记载，明代秀才王德昌漫游此寺，曾写下了《大鹏东山寺》七律一首：不到东山二十秋，西风藜杖又重游。烟霞有约山如在，岁月无私人白头。檐卜花飞深院静，菩提树荫古坛幽。丹梯欲上应长啸，遥望汪洋天际浮。

1944年，东江纵队领导曾生、王作尧、尹林平、赖仲年等，曾在东山寺办了抗日军政大学第七分校。今日东山寺已莞郁成林。春桃夏荔秋芒果，别有一番景致，已成了旅游胜地。50年代后，东山寺因无人管理遭到破坏，大钟、塑像和一大批文物被毁，琉璃瓦、匾额和墙基、阶石被拆。1994年，当地村民及华侨自发捐款百多万元对东山寺重新修缮，使其面貌全面恢复。1995年5月，大门右侧又镶嵌了原东江纵队司令员曾生同志题字的石匾：“一九四四年七月东江抗日军政干部单位创建于此”。

5.2.2 大鹏所城

“大鹏所城”位于大鹏新区大鹏街道，全称“大鹏守御千户所城”，深圳市又名“鹏城”即源于此。它是深圳市目前唯一的国家级重点文物保护单位，是我国东部沿海现存最完整的明代军事所城之一，为抗击倭寇而设立，占地110000 m^2，始建于明洪武二十七年（1394年）。在“深圳八景”中，“大鹏所城”名列八景榜首，是最古老的一个景点，对市民来说有着许多新鲜感。在这里，可以访古凭吊、领略明清古风，你看得到的，是深圳市600多年的历史。由于是沿海卫城，所以“大鹏古城”的建筑风格没有过多的雕琢和装饰。城内现有房屋1127间，其中70%属传统民居。除城楼、学校、粮仓、怡文楼等属公产外，其余房屋产权属600户原住居民私有。游人所看到的是雄伟庄重、风格古朴的城门（南门、东门、西门）和保存完好的明清时期民居；狭窄蜿蜒的小巷以青石板铺就，宁静古朴；数座建筑宏伟、独具特色的清代“将军第”有序分布。此外，古城内还有侯王庙、天后宫、赵公祠、参将署等一批古迹可供参观。“大鹏所城”的意义还在于，让后人铭记民族英雄和接受爱国主义教育。“大鹏所城”是广东省重点文物保护单位和爱国主义教育基地。1996年，成立了一个以文物保护、历史研究和旅游开发为宗旨的“大鹏古城博物馆”。在当时，古城里最辉煌的是赖氏家族，他们在三代之中出现了五名将军，据说，得到了“宋代有杨家将，清代有赖家邦”的美誉。相传，鸦片战争爆发前，广东水师提督赖恩爵将军为大鹏营参将，防守香港九龙洋面，并且取得九龙海战的胜利，打响了鸦片战争的第一炮，其“振威将军第”最为壮观，拥有数十栋屋宇、厅、房、井、廊、院等，其中牌匾众多，雕梁画柱，是广东省不可多得的大型古建筑。

5.2.3　咸头岭新石器遗址

咸头岭新石器遗址位于大鹏街道的咸头村（现名叠福村），被评为“2006年中国六大考古新发现”之一。咸头岭遗址被中国考古界称为“咸头岭文化”，目前在我国华南地区新石器时代中期遗址已发现多处，咸头岭遗址是年代最早的。从1985年至2006年，深圳市博物馆考古队曾在先后进行5次考古发掘，其中发掘了大量代表新石器时代的器物，是6000年至7000年前新石器时代中期岭南人的杰作，真实地反映了新石器时代岭南人的生活用具和生产用具，充分说明珠江文明的产生时间及历程一点也不比黄河文明、长江文明晚。考古专家判断这些器物有着厚重岭南文化的内涵，个别器物甚至是目前中国考古界中的“异类”。诸如：为何在陶器中出现了众多的波浪形条纹？这是否与海洋文化有密切联系？咸头岭文化与东南亚文化有何密切联系？还有待于中国考古界进一步破解这些“千古之谜”。

5.2.4　谭仙古庙

谭仙古庙位于火烧天东南坡的山脚下，白沙湾岸边。谭仙为客家人的神仙，古代客家人从中原南迁，一路颠沛流离、历尽劫难，“神仙保佑”成了他们的精神支柱，他们相信神仙的力量使他们过上美好的生活，所以，一小部分客家人搬迁到此地的时候，便在此处建立了一座谭仙庙来供奉，祈求神灵的保佑。后来随着客家人相继搬出，谭仙庙年久失修，经历了一段萧条的景象。20世纪80年代，政府和一些当地的客家人共同出资重新修缮了此庙，现在成为了人们来此地旅游烧香的圣地。谭仙古庙不大，只有一座小庙宇，距离海边的海滨公路有15分钟的步程。通往古庙的路全都是红褐色的石头砌成，古色古香，神韵味道十足。

5.2.5 坝光海滨田园风光

坝光位于大鹏新区葵涌街道，排牙山的北面，由18个自然村组成，分布有坝光村、高大村、西乡、井头、盐灶等村庄，还有盐灶水库、坝光水库和坪埔水库等一些中小型水库，白沙湾的海滨还散布有很多海业虾场和养蚝基地，散布在16 km的海岸线旁。这里蓝天白云，低丘连绵，山林葱茏，绿野广阔，风景迷人，是游人远离嚣闹都市，拥抱自然，领略“采菊东篱下，悠然见南山”的好去处。村里的古树品种多，姿态美，树龄在百岁以上的古树比比皆是。沿海岸线还有红树林群落。由于这里地处偏远，过去交通不方便，所以这里水土保持良好，如今仍是山清水秀，果丰林密，海产丰富。在瓜果飘香的季节，满山的荔枝、黄皮、龙眼，伸手可得。访客忙里偷闲，误入悠悠小村，仿佛进入一个梦中的世外桃源。

5.3 生态保护与景观规划建议

大鹏半岛自然保护区是目前深圳市难得的一块生态环境保护比较完好的地区，对其中的生物多样性和生态环境的保护任务有十分重要的意义。同时还要解决好自然保护和周围居民以及周边旅游开发的矛盾，争取在保护的基础上合理利用周边景观旅游资源。

5.3.1 加强管理，以法律保护为本

对保护区内的核心区和缓冲区进行绝对保护，这是最基本的原则，完全按照中华人民共和国自然保护区条例，将人类活动排斥在核心区周围缓冲区之外，保护核心区植被，促进缓冲区植被的恢复和演替。

5.3.2 进行植被改造，促进植被恢复

在实验区和部分缓冲区地段，由于植被受到严重破坏，可以考虑利用一些乡土树种进行绿化植树，尤其是一些桉树林地区，桉树的存在破坏了生态环境的良性发展，抑制了其他植物的生长，使土壤贫瘠，所以进行一些人工的改造，有利于保护区内植被的演替和发育，改善生态环境。

5.3.3 合理开发景观旅游资源

大鹏半岛地区的景观资源非常丰富，可以在对核心区和缓冲区进行保护的基础上，对实验区及周边的旅游资源进行开发。大鹏半岛的自然景观资源和人文景观资源已经完全融为一体，在参观游览周边人文景观的同时，也可以感受排牙山的巍峨与陡峭，可以领略周围水库的清新与秀美，可以欣赏植被的茂密与葱绿。所以建议重点开发实验区的旅游资源，主要是海滨公路的两边的景观，如：坝光田园海滨风光区、谭仙古庙、东山寺等。

第六章　社会经济状况

摘要：大鹏半岛自然保护区位于深圳市大鹏新区，新区下辖大鹏、南澳、葵涌三个办事处和25个居委会，总人口约20万。各社区根据当地资源和特色，转型发展，促进社区经济，改善民生，为群众提供更便利更丰富的社区服务。经济方面，电力热力生产和供应业、电气机械和器材制造业、燃气生产和供应业是大鹏新区工业三大支柱行业。此外，大鹏新区充分发展当地旅游资源，2013年全年接待游客数862.67万人次，实现旅游收入34.25亿元，而作为第一产业的农林渔牧业在2014年的生产总值为0.44亿元。根据区域比较优势，结合保护区的实际情况和社区经济现状及发展潜力进行产业结构调整，应大力发展第三产业——生态旅游和服务业，稳定优化第一产业——生态经济林种植业。

6.1　保护区社会经济状况

6.1.1　行政区域、人口数量、民族组成

大鹏半岛自然保护区隶属大鹏新区，保护区总面积达146.22 km^2。主体范围位于葵涌和大鹏，即北半岛部分，包括排牙山山地和盐灶村的银叶树林，面积达101.09 km^2。

据大鹏新区管委会2013年统计数据，大鹏新区面积607 km^2，其中陆域面积302 km^2，约占深圳市六分之一，海域面积305 km^2，约占深圳市四分之一，海岸线长133.22 km，约占全市的二分之一。下辖大鹏、南澳、葵涌三个办事处，坝光、高源、西涌、官湖、土洋、葵涌、鹏城、下沙、大鹏、南澳等25个居委会，总人口约20万，其中户籍人口4.7万。

6.1.2　交通通讯

大鹏半岛自然保护区的内、外交通均较便利，葵坪公路从保护区的西侧经过；葵鹏公路和鹏飞公路从保护区的西南侧、南面及东南侧通过；盐坝高速公路横贯保护区的西北部，保护区内长度为12 km；葵坝公路从保护区的北面边缘而过。保护区的北半岛部分通过坪西公路、西涌公路及东涌公路与南半岛部分相连接。

6.1.3　社区发展

大鹏新区成立后，所辖社区均采取行之有效的措施，坚持保护生态环境和走可持续发展之路，加快转型发展、努力改善民生，实现经济社会保持平稳健康发展，居民生活进一步改善，社会事业取得进一步的发展。近些年来，鹏城社区股份公司一直致力提升

新区环境，全力推进较场尾综合治理，盘活集体闲置资产，以民宿经济为突破口，促进旅游发展。2013 年，鹏城社区总产值 16312 万元，比去年同期增长 6.3%，居民人均收入 9092 元，同比增 7.8%。

鹏城社区深入实施“风景林工程”，逐步开展“织网工程”，深化“社工 + 义工”模式，加快培育居家养老、法律援助、心理疏导、就业辅导、青少年素质培养等社会组织，整合社区资源，为群众提供更便利更丰富的社区服务。大鹏社区则成立了义工服务队，统筹社区党员志愿者、义工、社工、老人协会义工队，照顾社区内低保户、残疾家庭和老人等。

6.2 周边地区社会经济概况

2013 年，大鹏新区 GDP 为 245 亿元，规模以上工业增加值 136.68 亿元，全社会固定资产投资 71 亿元。全年接待游客数 862.67 万人次，实现旅游收入 34.25 亿元，分别增长 10.22%、15.40%。

大鹏新区的社区经济发展与大鹏半岛自然保护区密切相关。据《大鹏新区 2014 年国民经济和社会发展统计公报》，2014 年大鹏新区实现地区生产总值 259.25 亿元，其中，第一产业生产总值为 0.44 亿元，第二产业生产总值为 161.13 亿元，第三产业生产总值为 97.68 亿元。截至 2014 年末，全区共有规模以上工业企业 55 家。规模以上工业实现产值 401.59 亿元。电力热力生产和供应业、电气机械和器材制造业、燃气生产和供应业是大鹏新区工业三大支柱行业。2014 年全区电力、热力生产和供应业实现总产值 194.81 亿元，同比下降 1.1%，占规模以上工业总产值的 48.6%；电气机械和器材制造业实现总产值 79.32 亿元，增长 3.9%；燃气生产和供应业实现总产值 65.58 亿元，增长 6.4%。三大支柱行业产值占规模以上工业总产值比重为 85.4%。

大鹏新区是深圳市的生态“基石”，森林覆盖率达到 76%，海岸线长 133.22km，拥有大小不等的 21 个黄金沙滩，环境优美。大鹏新区是深圳市的文化之根，辖区内的大鹏所城，被誉为鹏城之根，是深圳市又名鹏城的由来，也是深圳市唯一的全国重点文物保护单位。大鹏新区是深圳市的能源重镇，有大亚湾核电站、岭澳核电站、岭东核电站等重点能源项目，到 2012 年底累计发电量达 4559 亿度。

6.3 产业结构

随着保护工作的深入，必然给保护与利用带来新的矛盾，势必会影响周边社区的经济发展和居民的生活水平。这就要求保护区与周边社区共同寻找一条新的经济发展路子，以提高保护区和周边社区的经济收入，达到共同发展。新的经济要求需要新的产业结构，基于保护区与周边社区的基础与要求，选择如下产业结构模式。

（1）第一产业——生态经济林种植业

随着保护区天然林保护、退果还林等林业生态工程的实施，应以保护为宗旨，以发展集约化经营的林果业（荔枝、龙眼、李子、桔等）为目标，利用当地品牌树种，并引进优质林果种类，通过新技术及新管理经验的应用，实现生态经济林的稳产、高产及生态作用的高效，保证社区的经济发展。

（2）第三产业生态旅游和服务业

旅游服务业在快速、有效增加社区群众收入、吸收社区富余劳动力资源方面，有着其他产业不可比拟的优势。同时，旅游服务业关联性强，可以带动其他相关产业的发展，从而更加有力地推动社区全盘经济发展。

根据区域比较优势，结合保护区的实际情况和社区经济现状及发展潜力进行产业结构调整，大力发展第三产业——生态旅游和服务业，稳定优化第一产业——生态经济林种植业。通过社区产业结构调整，形成以自然保护为前提，以生态种植业和生态旅游服务业带动社区共同发展的产业结构模式。

6.4　保护区土地资源与利用

大鹏半岛自然保护区规划总面积为146.22 km^2，其中，林业用地面积达135.2 km^2，占保护区总面积的92.46%；非林业用地面积11.02 km^2，占7.54%。在林业用地中，以自然植被为主，约占林业用地面积的87%；此外，荔枝林约占林业用地的8%，人工林和红树林共约占5%。

除荔枝园外，所有山林权属现均为国家所有，与周边社区无土地及边界纠纷。

第七章　大鹏半岛自然保护区管理和建设规划

摘要：大鹏半岛自然保护区现已规划为市级自然保护区。建设目标：①建立健全的组织管理机构、规章制度、保护管理体系，完善基础设施、设备；②进一步开展全面的自然保护、科研和宣传教育工作，使保护区内的生态环境资源得到有效保护，珍稀濒危物种的生存栖息环境得到改善、种群数量增加；③充分发挥保护区的生态效益、社会效益和兼顾经济利益，促进保护区周边社区的经济发展，使大鹏半岛自然保护区成为全省同类自然保护区的优秀典范；④力争在未来升级为省级自然保护区，并达到一定条件后升级为国家级自然保护区。

7.1　自然保护区建设的必要性和指导思想

7.1.1　规划建设的必要性及依据

7.1.1.1　大鹏半岛具备建立自然保护区的物质基础

(1) 森林生态系统在珠江三角洲地区具有典型性和代表性

大鹏半岛自然保护区在珠江三角洲地区是一个较为典型的南亚热带森林生态系统，其自然植被包括：南亚热带针阔叶林混交林、南亚热带沟谷常绿阔叶林、南亚热带低地常绿阔叶林、南亚热带山地常绿阔叶林和南亚热带次生常绿灌木林等众多植被类型。

南亚热带低山常绿阔叶林是保护区内的主要组成植被及代表性植被，乔木层优势种包括：浙江润楠、鸭公树、鸭脚木、亮叶冬青、黄杞、软荚红豆、鼠刺、大头茶、山乌桕、鬣蒴、绒楠、香叶树、大叶臭花椒及厚壳桂等。其中，大面积分布于排牙山主峰北坡的“浙江润楠 + 鸭公树 – 鸭脚木 + 亮叶冬青 – 银柴 + 九节群落”及大鹏求水岭东坡、南坡的“浙江润楠 + 鸭脚木 – 亮叶冬青 + 假苹婆 – 鼠刺群落”保存得最为完好，其物种多样性相当于位于南亚热带和中亚热带的粤西黑石顶及南岭山地的相应代表群落，为深圳市保存最为完好的低山常绿阔叶林之一。

大鹏半岛自然保护区的山地常绿阔叶林与周边地区相比，也具有鲜明的特点。如出现了大面积的“香花枇杷群落和钝叶水丝梨群落”。此外，深山含笑、华南青皮木、腺叶野樱、饶平石楠及岭南槭等亚热带山地的特征成分也常见其间。

此外，大鹏半岛自然保护区还具有一些非常稀有的植物群落。如属于低地常绿阔叶林的“香蒲桃纯林”面积多达 300 hm，这在珠三角地区是绝无仅有的，具有极高的保护价值和科研价值。葵涌坝光管理区盐灶村的“古银叶树群落”的林龄达数百年，是半红树林群落的典型代表，也是我国目前发现的最古老、现存面积最大、保存最为完整的银叶树林群落。

（2）具有丰富的生物多样性

大鹏半岛自然保护区生物区系成分复杂，在植物区系方面，共有野生维管植物1372种，约占深圳市和广东省总种数的比例分别为64.1%和24.9%，也就是说大鹏半岛地区仅以146.22 km^2 的面积就拥有深圳市植物总种数的近2/3和广东省植物总种数的近1/4。这在深圳市地区乃至珠三角地区都是比较少见的，且其中不乏古老或在系统进化上具有重要地位的代表类群，如罗汉松科、红豆杉科、木兰科、金缕梅科、木通科、大血藤科及山茶科等。

动物区系方面，大鹏半岛自然保护区共分布有陆生脊椎动物188种，隶属于27目68科。其中，两栖动物2目6科18种，爬行动物3目13科40种，鸟类15目34科102种，哺乳动物7目15科28种。

（3）珍稀濒危物种和特有种类较为丰富

广东省是中国特有植物分布较多的地区之一，在大鹏半岛自然保护区有分布的中国特有植物多达302种，广东特有种也有10种。同时，大鹏半岛分布有8种国家Ⅱ级重点保护野生植物及1种省级保护植物。另外，极危植物有1种，濒危植级物有9种，易危植物有38种。与周边地区相比，大鹏半岛自然保护区以其大面积分布的“苏铁蕨群落和金毛狗群落”最具特色。同时，香港马兜铃、华南马鞍树等都是广东南部沿海地区的特有种，分布范围十分狭小，在大鹏半岛地区也均有分布。

国家Ⅰ级和Ⅱ级重点保护陆生脊椎动物分别为1种和25种，省级保护动物14种。全部共计40种。

7.1.1.2　保护区的建立有利于构建深圳市的生态安全格局，符合国家、省、市各级政府对生态建设的要求

2003年6月25日，中共中央、国务院做出了《中共中央国务院关于加快林业发展的决定》（中发〔2003〕9号），确定了林业“三生态”（即生态建设、生态安全、生态文明）的战略思想，把改善生态状况作为我国实现可持续发展的根本和切入点，进一步确立了林业在国民经济和社会发展中的战略地位。

2003年8月12日，全省召开林业局局长会议，学习、贯彻《中共中央国务院关于加快林业发展的决定》，指出应以自然保护区、森林公园为主体进行生物多样性保护和森林景观建设，构筑生态安全体系。

2005年9月，在由广东省环保局牵头，省发改委、财政厅、农业厅、国土资源厅、林业局、海洋渔业局等单位共同参与编制的《广东省环境保护与生态建设“十一五”规划（征求意见稿）》中，提出“为建设绿色广东，促进经济社会和环境的协调发展，广东省拟加强自然保护区及森林公园的建设和管理，使自然保护区陆域总面积占全省陆地面积的比例达到8%以上”。

2004年9月1日，中共深圳市委根据《中共中央国务院关于加快林业发展的决定》，做出了《中共深圳市委深圳市人民政府关于加快城市林业发展的决定》（深发〔2004〕10号）。其提出具体目标：“建立自然保护区3个以上，建成森林公园15个以上；全市森林覆盖率达到48%以上……对生物多样性丰富地区、珍稀野生动植物集中

分布地区、生态系统典型地区和重要湿地等地区，要及时划建为自然保护区。”2006年4月，由深圳市农林渔业局制定的《深圳市城市林业发展“十一五”规划》明确提出，在“十一五”期间，要“新建2个湿地公园，1个湿地自然保护区，2个红树林自然保护区，使自然保护区面积占国土面积的4.26%”。

2007年7月19日，深圳市人民政府在《关于研究大鹏半岛自然保护区规划建设问题的会议纪要》中议定：“为进一步加强对大鹏半岛自然资源的统一规划管理和严格保护，结合《大鹏半岛保护与发展规划实施策略》，将大鹏半岛整体划为自然保护区，成立大鹏半岛自然保护区管理委员会。”

2008年，国家发展和改革委员会公布的《珠江三角洲地区改革发展规划纲要(2008—2020年)》提出：“要优化区域生态安全格局，构筑以珠江水系、沿海重要绿化带和北部连绵山体为主要框架的区域生态安全体系。保护重要与敏感生态功能区，加强自然保护区和湿地保护工程建设，修复河口和近岸海域生态系统，加强沿海防护林、红树林工程和沿江防护林工程建设，加强森林经营，提高森林质量和功能，维持生态系统结构的完整性……到2020年，城市人均公园绿地面积达到15 m^2，建成生态公益林90万ha，建成自然保护区82个。”

7.1.1.3 自然保护区建设是深圳市建设现代化国际化先进城市、国家生态文明试点城市和国家低碳生态示范市的需要

市委书记王荣在市第五次党代会上指出：“今后5年，全市工作的总体要求是：高举中国特色社会主义伟大旗帜，以邓小平理论和‘三个代表’重要思想为指导，深入贯彻落实科学发展观，以加快转变经济发展方式为主线，以创新发展、转型发展、低碳发展、和谐发展为导向，着力推动经济、政治、文化、社会、生态文明建设和党的建设全面协调发展，为努力当好科学发展排头兵、加快建设现代化国际化先进城市而奋斗。……推动城市环境提升行动计划实施。加大污染治理力度，提高生态补偿标准。全面完成本市范围内珠三角绿道网建设，构建生态环境安全体系，建设国际一流人居环境。”

在市五届人大一次会议上的政府工作报告中，王荣书记还提出：未来五年，要全面优化发展环境，为科学发展提供强大支撑。具体体现在加强治理保护，优化生态环境。牢固树立生态建设与保护优先的理念，积极贯彻落实生态文明建设行动纲领，制定实施人居环境工作纲要。加快国家生态文明试点城市和国家低碳生态示范市建设，持续开展生态区、生态工业园区、绿色社区等系列创建活动，推进公共机构节能减排，倡导低碳生活方式，提升全社会生态文明意识，力争成为全国首批“国家生态市”。努力打造区域生态安全体系，扎实推进“四带六廊”生态网络体系和生态湿地系统建设，加快坪山生态湿地园、海上田园生态湿地建设。

到2007年底，全国自然保护区已经发展到2531个，面积15188万ha，约占国土面积的15.2%，已超过世界的平均水平（约12%）。广东省已建自然保护区347个，陆地管护面积107.5万ha，占全省国土面积6%（其中森林、野生动植物和湿地类型205个，陆地面积103.3万ha）。但由于种种原因，深圳市到目前为止仍只有1个自然保护区，即深圳市内伶仃岛－福田国家级自然保护区，该保护区建于1984年10月，由内伶

仃岛猕猴保护区和福田红树林鸟类保护区两部分组成，主要保护对象为猕猴、鸟类和红树林，总面积约921.64 ha。1988年5月被批准为国家级自然保护区，是国家级自然保护区中面积最小的一个，仅约占深圳市国土面积的0.47%，远远落后于其他县市。

目前，深圳市虽已建设了多个郊野或森林公园，如马峦山郊野公园、三洲田森林公园、七娘山地质公园、银湖郊野公园及梅林郊野公园等，但尚没有真正意义上的森林生态类型的自然保护区。为了保护深圳市地区的生物多样性和生态系统，选择植被类型多样、生物资源丰富的地区来设立自然保护区已显得迫在眉睫。大鹏半岛地区的生物资源非常丰富，生物区系成分较为复杂及古老，植被类型多样，而且是深圳市重要的水源涵养区之一，在该地区设立自然保护区将具有非常重大的科学、经济和社会价值。

7.1.1.4　生态环境受到一定程度的破坏，急需进行抢救性保护

除排牙山主峰北坡海拔200 m以上、南坡海拔350 m以上、求水岭主峰附近及火烧天主峰附近外，大鹏半岛地区其他各处的生态环境均受到了一定程度的人为干扰和破坏。尤以当地居民为扩大荔枝林的种植面积而滥砍滥伐对生态环境所造成的破坏最大，除导致大面积的原生林被毁外，还直接威胁到一些珍稀濒危物种的生存，如苏铁蕨、香港马兜铃、土沉香及野茶树等。因此，在该地区建立自然保护区，抢救性地保护大鹏半岛丰富的生物多样性、典型的南亚热带常绿阔叶林及珍稀濒危动植物已显得迫在眉睫。

7.1.1.5　规划建设策略编制的依据

规划建设策略是指导自然保护区今后建设、管理和保护工作的建议性文件，它阐述了保护区规划的指导思想和原则、规划的期限和总目标，对保护、科研、宣教、生态旅游、多种经营和行政管理等作出了规划，并对这些规划提出了效益评估和保证措施等。

规划建设策略编制的依据主要有：

①中华人民共和国国务院令（第167号），《中华人民共和国自然保护区条例》，1994年12月1日。

②第九届全国人民代表大会常务委员会第二次会议通过，《中华人民共和国森林法》，中华人民共和国主席令第三号公布，1998年4月29日。

③中华人民共和国国务院批准，《森林和野生动物类型自然保护区管理办法》，1985年7月6日。

④《中华人民共和国陆生野生动物保护实施条例》，1992年3月1日。

⑤《中华人民共和国野生植物保护条例》，1997年1月1日。

⑥中华人民共和国林业部批准，《自然保护区工程总体设计标准》，LY/J126－88。

⑦《中国自然保护区发展规划纲要》，1996—2010。

⑧中共中央国务院，《中共中央国务院关于加快林业发展的决定》（中发〔2003〕9号），2003年6月25日。

⑨国家林业局，《自然保护区工程项目建设标准》（试行）（林计发〔2002〕242号），2002年10月16日。

⑩中华人民共和国行业标准，《自然保护区工程设计规范》（LY/T5126－04），

2004 年 9 月 1 日实施。

⑪广东省人民政府，《转发广东省人民代表大会常务委员会关于加快自然保护区建设的决议的通知》（粤府〔2000〕1 号），2000 年 1 月 6 日。

⑫广东省人民政府，《广东生态公益林体系建设规划纲要》，1994 年。

⑬《广东省森林保护条例》，1994 年 4 月 30 日。

⑭原广东省林业厅、广东省林业勘测设计院，《广东野生动植物保护建设工程规划》，1998 年。

⑮广东省第九届人民代表大会常务委员会第二十六次会议通过，《广东省重点保护陆生野生动物名录（第一批）》，2001 年 5 月 31 日。

⑯广东省机构编制委员会办公室、广东省财政厅，《关于广东省自然保护区管理体制和机构编制等问题的意见》（粤机编办〔2001〕387 号）。

⑰深圳市人民政府第 145 号令，《深圳市基本生态控制线管理规定》，2005 年 11 月 1 日实施。

⑱《中共深圳市委深圳市人民政府关于加快城市林业发展的决定》（深发〔2004〕10 号），2004 年 9 月 1 日。

⑲《深圳市生态公益林条例》，2002 年 4 月 26 日。

⑳《深圳市城市林业发展“十一五”规划》，2006 年 4 月。

㉑深圳市人民政府办公厅，市政府办公会议纪要（18），《关于研究东部滨海地区规划开发建设有关问题的会议纪要》，2007 年 1 月 9 日。

㉒深圳市人民政府办公厅，市政府办公会议纪要（381），《关于研究大鹏半岛自然保护区规划建设问题的会议纪要》，2007 年 7 月 19 日。

㉓深圳市人民政府第 178 号令，《大鹏半岛保护与发展规定》，2008 年 1 月 7 日。

㉔深圳市人民政府办公厅，市政府办公会议纪要（249），《关于研究我市自然保护区规划建设有关问题的会议纪要》，2010 年 7 月 5 日。

7.1.2 规划建设的指导思想和原则

本《建设策略》的指导思想是：认真贯彻“全面保护自然环境，积极开展科学研究，大力发展生物资源，为国家和人类造福”和“加强资源保护，积极繁殖驯养，合理经营利用”的方针，以保护南亚热带珠江三角洲大鹏半岛常绿阔叶林和红树林为宗旨，全面保护自然资源和优良的自然环境，大力开展科学研究和科普研究，探索自然资源的合理利用。同时，科学地开展生态旅游和多种经营，提高保护区自我发展的能力，带动周边社区经济发展，实现保护区的可持续发展，把大鹏半岛自然保护区建成一个生态环境优美、内容丰富、设备完善、管理科学的市级自然保护区。

根据规划的指导思想，拟遵循如下规划原则：

①坚持保护为主，合理利用的原则：建设内容必须坚持以保护自然生态环境资源为主，保持保护区的生物多样性特征；在切实做好保护的前提下，合理利用生物、水和景观等资源。

②坚持统一规划，分期实施及重点突出的原则：统一规划以使保护区各项建设内容

相互协调与衔接；分期实施亦即根据保护区的建设条件、保护目的等循序渐进，稳步推进。同时要根据大鹏半岛自然保护区的特点，突出保护该地区的自然环境、南亚热带常绿阔叶林、红树林及其珍稀濒危动植物。

③坚持合理布局，社区协调发展的原则：保护区的建设要有利于促进社区和周边地区的经济发展，取得周边单位和群众的支持，实行社区共管，彼此协调发展。

7.2　大鹏半岛自然保护区的性质与功能区规划

7.2.1　保护区的性质、类型

根据大鹏半岛自然保护区的自然环境和社会经济状况，确定其性质为：以保护南亚热带常绿阔叶林和红树林生态系统、珍稀濒危动植物以及水资源为主，集生态系统保护、水源保护、自然景观保护、科学研究、科普教育及生态旅游等功能于一体的综合型自然保护区。

根据中华人民共和国国家标准《自然保护区类型与级别划分原则》（GB/T 14529—93），深圳市大鹏半岛市级自然保护区的类型应为“自然生态系统类”，包括“森林生态系统类型”和“海洋和海岸生态系统类型”。即以陆地森林生态系统为主，内陆水库和海岸湿地生态系统为辅性质的自然保护区。

7.2.2　规划目标

7.2.2.1　总体目标

根据总体规划的指导思想和基本原则，确立大鹏半岛自然保护区的总体目标为：力争在近期、中期规划期内（2016—2025），建立健全的组织管理机构、规章制度、保护管理体系，完善基础设施、设备，开展全面的自然保护、科研和宣传教育工作，使保护区内的生态环境资源得到有效保护，珍稀濒危物种的生存栖息环境得到改善、种群数量增加，充分发挥保护区的生态效益、社会效益和兼顾经济利益，促进保护区周边社区的经济发展，成为全省同类同级自然保护区的样板，并力争在建设中期升级为省级自然保护区。并且在第三期升级为国家级自然保护区。

7.2.2.2　分期目标

（1）第一期目标（2016—2020）

① 建立高效的保护区组织管理机构。

② 完成保护区重点基础设施的设计和建设，主要有保护区管理处和管理站、车行道、步行游览道、安全护栏、公共服务设施（如休息亭廊、停车场、公厕及垃圾转运站）。

③ 初步建立安全保卫措施，招募并培训全职护林人员和保安，防止山火发生和保障游客安全。

④ 按照省级自然保护区的标准来管理和建设保护区，将大鹏半岛建设成为全省市级自然保护区的优秀典范。

（2）第二期目标（2021—2025）

① 完善所有工程设施、设备的建设，主要有科普宣传和教育设施、医疗服务站、实验室及实验设备、野生动物救护站及主题广场等。

② 建立森林博物馆和展览馆以及生物资源的档案和信息系统。

③ 建立科研基地，引进专业人员，培养和造就保护区自已的科研力量。

④ 进一步完善管理体系和安全保障系统。

⑤ 合理适度地开发部分自然景观资源，开展生态旅游；开展林分改造；引种种植红树林植物；改造沿岸生态环境。

⑥ 在以上基础上，将大鹏半岛建设成为省级自然保护区。

（3）第三期目标（2026—2030）

① 全面开展科学研究和实验，建立永久性的监测、研究和教育实习基地。

② 丰富标本馆的馆藏，采集一整套保护区的高等植物标本并拍摄野生植物的花果图片，拍摄一整套保护区陆生脊椎动物的图片以及相关的录影工作。

③ 开展野生动植物的救护工作，建立野生植物的繁育基地，积极拯救珍稀濒危动植物，开发本地园林树种；开展生物多样性、海岸环境专题研究。

④ 进一步开展生态旅游，提高保护区和周边社区自养能力。

⑤ 在以上基础上，将大鹏半岛建设成为国家级自然保护区。

7.2.3 保护区范围及功能区划

7.2.3.1 保护区范围

大鹏半岛自然保护区整体呈哑铃形，南北长约 22.3 km，东西宽约 16.6 km，宽长比为 0.7，几何形状基本合理。保护区规划面积 146.22 km^2，此外，保护区西部和田头山自然保护区相邻，北部和笔架山及惠州的红缨帽山等山地接壤，南部东侧与七娘山山地相邻，在此区域内保护相应的野生动植物是基本适宜的。

7.2.3.2 划分原则、依据

原则：根据自然环境、主要保护对象的分布、保护区的现状以及保护经营目的进行区划；坚持保护好主要保护对象，兼顾一般的原则；坚持因地制宜，合理布局的原则；从总体性、适宜性和连续性进行划分。

依据：国家、广东省、深圳市有关自然保护区的法规。

1）中华人民共和国国务院令（第 165 号），《中华人民共和国自然保护区条例》，1994 年 10 月 9 日。

2）国务院批准，《森林和野生动物类型自然保护区管理办法》，1985 年 6 月 21 日。

根据上述功能区划原则，将深圳市大鹏半岛自然保护区划分为核心区、缓冲区及实验区等 3 个功能区（见图版 IX）。

7.2.3.3　功能区划

（1）核心区

面积约59.18 km^2，占总面积的30.33%。在排牙山主峰北坡海拔200 m以上及南坡海拔350 m以上，由于基本没有受到人为破坏，自然植被保存完好，有很多珍稀濒危保护动、植物，所以建议将主峰北坡海拔200 m以上及南坡海拔350 m以上都划分为保护区的核心区，还有排牙山西部的求水岭主峰以及西北部的火烧天主峰。此外在排牙山东南部的岭澳水库附近，由于岭澳核电站的存在，人为干扰较少，客观地保护了附近的生态环境，自然植被保护也相对良好，建议纳入核心区范围。此外，南澳西部抛狗岭及红花岭海拔150m的山地受人为干扰较少，发育有较好的常绿阔叶林，建议也纳入核心区的范围。

核心区的植被主要是马尾松－鼠刺＋野漆树－豺皮樟－苏铁蕨群落、朴树－假苹婆－小叶干花豆＋落瓣短柱茶群落、臀果木＋鸭脚木＋假苹婆－银柴＋罗伞树－九节群落、浙江润楠＋黄桐－血桐群落、浙江润楠＋鸭公树－鸭脚木＋亮叶冬青－银柴＋九节群落、浙江润楠＋鸭脚木－亮叶冬青＋假苹婆－鼠刺群落、大头茶＋鼠刺群落、香花枇杷＋浙江润楠＋鸭公树－密花树－金毛狗群落及蚊母树＋大头茶＋腺叶野樱群落等。

（2）缓冲区

缓冲区约56.67 km^2，占总面积的38.62%。核心区外围可以划定一定面积的缓冲区，缓冲区是位于核心区之外且具有一定面积的区域。在缓冲区内只准从事科学研究活动，禁止开展旅游和生产经营活动。大鹏半岛自然保护区的缓冲区部分受到人为干扰，生态环境已受到一定程度的破坏，植被以正在演替前期和中期的次生常绿阔叶林和人工林为主，将这些地段划分为保护区的缓冲区，既可以有效地保护核心区不受干扰，又可以保护缓冲区的植被发育。尤其，大鹏街道西部的山地是连接保护区北部及南部山地的狭长地带，划为缓冲区，可作为保护区内野生动物迁移活动的有效通道。

缓冲区包括：排牙山南坡海拔50～350 m的山地和低山以及沟谷，大坑水库、水磨坑水库和打马坜水库周边地区；排牙山北坡海拔200（～300）m以下的山地部分，求水岭、禾木岭和火烧天的低山地段，大鹏街道西部的灿田子及英管岭山地。缓冲区的植物群落有浙江润楠＋大头茶＋马尾松－山油柑＋豺皮樟＋鼠刺群落、马尾松＋鸭脚木－鼠刺－映山红＋梅叶冬青群落、红鳞蒲桃＋鸭脚木－鼠刺＋山油柑群落、鸭脚木＋假苹婆＋中华杜英群落、泡花润楠＋浙江润楠－鸭脚木群落、榕树＋红鳞蒲桃＋假苹婆－罗伞树＋九节群落、山乌桕＋野漆树（/鼠刺）＋山苍子群落等。

（3）实验区

实验区约30.34 km^2，占总面积的20.75%。缓冲区外围划为实验区，可以进入从事科学试验、教学实习、参观考察、旅游以及驯化、繁殖珍稀濒危野生动、植物等活动。实验区受人为干扰非常严重，基本上是人工种植的桉树林、相思林和荔枝林，还有一些村庄附近的风水林。实验区包括：排牙山（主峰除外）北坡200 m以下的山坡和平地；求水岭、禾木岭和火烧天的山麓地段；径心水库、罗屋田水库、盐灶水库、坝光村、高大村和大鹏所城周边地区；南澳西部山地的低海拔部分。主要植物群落有马尾松

-山乌桕+鼠刺群落、黧蒴-山乌桕+鼠刺（山杜英+厚皮香）群落、余甘子-桃金娘灌木林、马占相思+马尾松-豺皮樟群落、大叶相思+马占相思群落、窿缘桉+台湾相思群落和荔枝林等。也包括坝光古银叶树林、西涌香蒲桃林、东涌红树林区。

7.3 可持续发展规划

7.3.1 基础设施建设

7.3.1.1 处、站址建设

①管理处建设。拟建办公楼一栋，建设标准参照国家有关自然保护区的管理规定。

②管理站、哨卡建设。拟设6个管理站及2～3个哨卡点。

③管理处、站、卡的供水、供电、通讯、网络接收等基础设施；生活居住、工作条件。

④设置保护区大门、巡逻道、保护区界碑和指示牌等。

7.3.1.2 道路设施规划

内部车行道路系统主要是为了满足自然保护区管理、巡护、防火救援和施工车辆进入的需要。规划的车行道应位于实验区内，避免对核心区内的生态环境造成破坏。巡逻步道，在不方便进入的区域，可开辟新的小道。道路宽应不超过1 m，路面采用砂石等材料，尽量不破坏生态环境。

7.3.1.3 交通设施和生活设施规划

按有关规定执行。

7.3.2 保护规划

7.3.2.1 保护原则和目标

(1) 保护原则

① 坚持依法保护的原则，认真贯彻国家有关自然资源保护的方针政策、法律、法规和地方政府的有关规定，制定切实可行的保护管理措施，系统地对保护区内各种生物资源和生态系统实行严格保护。② 根据不同保护对象的生物学特性，制定不同的保护措施，有针对性的进行保护的原则。③ 坚持保护与利用相结合的原则，在保护好生物资源及其生态环境的前提下，合理利用自然资源进行科学实验、多种经营和生态旅游等。④ 保持区内常绿阔叶林及红树林生态系统的完整性和稳定性，为保护对象创造良好的生态环境。⑤ 坚持“以人为本”的原则，贯彻落实科学发展观的思想。

(2) 保护目标

通过保护区的保护管理建设，使自然生态环境和自然资源得到有效的保护，珍稀濒危动植物得到恢复和发展，并力争发展成为广东省自然保护区的典范。

7.3.2.2　保护措施

（1）建立健全的保护管理体系

实行保护区管理处、保护区管理站两级管理体系，并设立护林哨卡形成保护管理体系网络。

（2）建立健全的规章制度

拟根据《中华人民共和国自然保护区条例》、《中华人民共和国森林法》、《中华人民共和国野生动物保护法》和《中华人民共和国环境保护法》等有关法律法规并结合大鹏半岛自然保护区的实际情况，制定出：《深圳市大鹏半岛自然保护区管理办法》及《深圳市大鹏半岛自然保护区岗位职责管理制度》。并建立出入区登记制度、入山检查登记制度和护林员巡山制度。

（3）加强保护区执法建设

设立森林公安派出所，坚决打击破坏自然环境、自然资源的违法活动，维护保护区的正常秩序。

（4）加强自然保护宣传

通过树立宣传牌、发放宣传手册以及举办科普展览和教育活动，宣传保护区的保护价值，形成全民保护自然资源的局面。

（5）加快兴建保护设施、设备

为尽快地让保护管理人员进行保护管理、巡护工作，应立即进行基础设施、设备的建设，使保护管理工作进入正常的轨道。

（6）检验、调整总体规划的准确性

做为自然海岸半岛，较容易通过道路、海路的设置，控制车辆、行人的流通，控制对生态环境的影响。

7.3.2.3　生物多样性保护

（1）植物资源的保护

保护植物资源所应遵循的原则是：加强保护现有植被类型、物种及其生态环境，不断发展稳定南亚热带常绿阔叶林和红树林生态系统，扩大珍稀濒危植物的种群数量。

①植被的保护和恢复。对保护区内的各种自然植被，尤其是南亚热带常绿阔叶林和红树林应严加保护。对于林相单一的人工植被，应加以改造，如可移栽适生的乡土阔叶树种，促进植被的恢复和更新。

②珍稀濒危植物的保护。保护区内共有各类珍稀濒危植物（含国家重点保护野生植物和省级保护植物）共49种，必须就地严加保护，不断扩大其种群数量。在保护区西北部的罗屋田水库附近和火烧天的山地中，分布有大面积的苏铁蕨群落，是目前在深圳市乃至珠三角地区发现面积最大、保存最为完好的苏铁蕨群落之一。此外，香港马兜铃、华南马鞍树等在深圳市其他地区极为罕见，在大鹏半岛均有分布，尤其需要对这些种类加以重点保护。

③古树名木的保护。野外考察表明，大鹏半岛自然保护区现有的古树名木较多，尤以在保护区低海拔地段的风水林中最为丰富，如坝光村的假苹婆，胸径50 cm、树高18 m；榕树，胸径100 cm、树高20 m；长湾北附近的秋枫，胸径50 cm，树高25 m；羊舌山矾，胸径35 cm、树高20 m 等。这些古树对研究该地区的区系特征、气候演变、自然灾害等方面具有极高的科学价值，同时还具有较高的观赏价值和人文价值。但由于所处地区海拔较低，或在村落附近，或在施工场地附近，较易受到人为的干扰，需要立即采取有效措施进行保护，如对这些古树名木挂牌，并围以铁栅栏，每颗树均应设立保护负责人，防止其受到人为的破坏和感染病虫害。

④重要野生植物的培育与繁殖。为了解决恢复植被和珍稀濒危植物种群恢复工程所需的苗木，规划在实验区内建设一座苗圃基地，培育的对象主要为：乡土树种；观赏价值较高的种类；区内的珍稀濒危植物；先锋树种。

⑤退果还林。保护区内荔枝园所占的面积较大，主要位于排牙山主峰的北部，部分地段荔枝园的上限甚至达到海拔400 m，同时，区内还有部分农村居民仍在砍伐山林，扩大荔枝林的种植范围，严重破坏了原生植被和威胁到珍稀濒危植物的生存。应立即采取措施，制止滥砍滥伐的行为，并与当地政府协商，制订退果还林的计划，以利于区内原生植被、珍稀濒危植物和生态环境的保护。

（2）动物资源的保护

①珍稀濒危动物的保护。对区内的珍稀濒危动物采取严格的保护措施，禁止任何形式的狩猎活动（包括制作标本为由的狩猎活动），对保护区内的群众采取禁枪、禁猎、加强科普宣传和法制教育等措施，达到珍稀濒危动物自然繁衍，种群不断增长的目的。

②栖息地保护。根据保护区内野生动物的分布、生长、繁殖和栖息等特点，规划出需要加以重点保护的野生动物栖息地和自然繁殖区域。

③设立野生动物救护、繁育中心。野外巡逻发现的受伤动物，执法中没收的野生动物，需要设立专门的救护中心，并对区内部分极度濒危的动物进行驯养繁育，以便拯救和恢复野生种群。

7.3.2.4 防火规划

从某种意义上说，火灾是森林保护最大的敌人，应本着“预防为主，积极消灭”的方针，利用先进的科学管理技术措施，搞好森林防火体系和基础设施建设，防患于未然。

（1）建立健全护林防火组织

在保护区内，建立护林防火指挥机构，配备专职人员负责护林防火工作，以管理处工作人员为核心，与周边社区政府共同组建防火、灭火队伍，配备相应的扑火设备和装备，并定时对护林防火人员进行防火和灭火技术培训，争取建立一支训练有素、高警惕性和机动性的防火、灭火队伍。

（2）建立防火基础设施

保护区在规划建设时，应选择适当的位置建设好防火基础设施，主要包括：了望台、防火标志、防火通讯工具、防护隔离带（主要种植木荷）、灭火工具、林火监测系统等。

（3）合理制定规章制度并严格执行

根据《中华人民共和国森林法》、《中华人民共和国自然保护区条例》及《中华人民共和国森林防火条例》，并结合大鹏半岛自然保护区的实际情况，与当地人民政府协商，共同制定出《深圳市大鹏半岛自然保护区森林防火条例》，并对保护区内和周边社区的人民群众进行森林防火宣传，实现全民参与的局面，表彰护林防火的好人好事，并依法严惩火灾肇事人。

7.3.2.5　有害生物及病虫害防治

有害生物、病虫害防治应坚持“预防为主，防治结合”，“以生物和物理防治为主，化学防治为辅”和因害设防的原则。根据保护区病虫害的实际情况，防治规划如下。

（1）建立预测预报系统

对保护区内的病虫害种类、发生面积、危害程度等基本情况进行本底调查，进行定点、定位、定时观测，对主要害虫生活史、生物学习性及发生、发展规律进行系统研究，从而建立起病虫害预测预报系统。

（2）加强动植物检疫工作

对于从外地引种的种子、苗木和动物等，必须按照规定进行严格的检疫，防止病虫害的侵入和传播。

（3）配备防治、监测病虫害的设备

为了做好病虫害的防治工作，保护区内应配备有病防检查车、喷雾器等工具，并培养专、兼职防治技术人员。

7.3.3　科研规划

7.3.3.1　任务和目标

大鹏半岛自然保护区的科研任务将主要是：进一步查清保护区的本底资源；摸清珍稀濒危动植物的生存方式、栖息地状况、适应环境的能力及其活动规律、生活习性，为其种群恢复提供科学依据；研究区内南亚热带常绿阔叶林生态系统的结构与功能、生态系统与生态环境之间的相互作用规律。

通过上述科研工作的进行，拟达成如下目标：为自然保护区的管理、保护和合理利用自然资源提供科学依据；为有效地保护、拯救珍稀濒危动植物资源，为生态环境建设、生态旅游及可持续发展提供有效地方法和途径。

7.3.3.2　科研、监测项目

①本底自然资源调查研究。在已进行的综合科学考察的基础上，组织相关的科研人员，继续对生物资源、土地资源、水资源、景观资源等开展全面地调查研究，特别是查清珍稀濒危动植物的分布与状况并对其进行跟踪调查与监测。生物资源方面需要对昆虫、菌类、苔藓等进行普查。

②湿地生态系统的研究。包括湿地类型、状况、生物多样性特点，湿地特殊性，湿地—陆地森林生态系统的相互关系等。

③珍稀濒危动植物的人工繁育技术研究。有计划有目的地研究、探索珍稀濒危植物的繁育方法、繁育材料（如种子、花粉等）的储存、苗木培育和造林等技术；同时研究珍稀濒危动物的引种、驯化及繁育技术。如：对大鹏半岛自然保护区内的桫椤和黑桫椤进行深入的调查，彻查桫椤科植物的分布、数量和生境状况。在保护区内的实验区建立桫椤科植物科研保护站或者成立相应机构专门负责对桫椤的保护和研究工作，对桫椤植株生长和群落结构进行跟踪调查与监测，开展桫椤科植物的结构生物学、进化生物学研究，从生理生态、群体遗传、发育演化、种群结构、生殖等方面深入探讨桫椤科植物的致濒机制。

④保护区内森林生态系统的综合性观测。根据保护区的植被类型及分布特点，拟规划在区内设永久大样地1个，预定总面积为60 hm^2，进行长期监测，监测内容主要包括气象、土壤环境、水环境、植被调查、生物多样性监测、碳循环、生态系统健康监测等。通过监测所得数据，分析南亚热带常绿阔叶林生态系统的结构与功能，以便掌握其群落的生产力和生物量、物质循环与能量流动、森林生态系统与生态环境的关系以及森林生态系统的动态演替等。

⑤退化生态系统的恢复与外来入侵种防除技术研究。在实验区，设置相应样地开展退化生态系统性、植被恢复观察与研究。

⑥区内重要资源植物的综合利用研究。

⑦自然保护区生态旅游的可持续发展研究。

⑧自然保护管理研究。

要点是要不断总结自然保护管理方面的经验教训，探索、寻求适合本保护区的最佳的自然保护管理模式。

7.3.3.3 组织管理

（1）科研队伍的组建

拟在保护区建立后，立即着手组建科研队伍，并按照以下4项原则来操作。

① 引进专业人才。通过建设和完善科研设施，提供优惠条件等途径，吸引大专院校毕业生和有经验的专业人员到保护区工作。同时，邀请国内外著名的专家、教授来保护区开展科学研究、教学实习和对保护区工作人员进行技术培训。

② 组建综合性的科研队伍。要把科研队伍组建成为一支综合性实力强、业务能力高的队伍，即应有在林学、植物学、动物学、生态学、环境学、保护生物学和地理学等专业各有所长的科研工作人员。

③ 制订人才培养计划。有计划地培养保护区的科研力量，以保护区为主体，通过请进来、派出去的方法提高科研人员的业务水平，

④ 制定科技人员的激励机制。即制定科技人员的优惠待遇政策，把个人的工作业绩与个人的切身利益挂钩，把科研成果与职称、职务挂钩，对科研作出重大贡献的科研人员，给予重奖。

（2）科研队伍的管理

保护区的科研工作应在管理处的统一领导下进行，科研任务要落实到组，实行承包责任制，科研组应制订完成计划，定期送上级检查。实行奖惩制度，重大成果者给予重奖，未完成任务的给予警告或相关处分。

（3）科研课题组织管理

由科研宣教科向保护区管理处提出本年度需实施的科研课题，经保护区管理处审定后，向上级主管部门申报拟选课题。课题计划审批下达后，由课题组负责实施。课题完成并经评审或鉴定后，应及时归档，并将研究成果整理成论文在国内核心期刊或国际刊物上发表；对于应用性课题，应尽快组织推广应用。

7.3.3.4　科研档案管理

（1）档案内容

① 科研规划。包括中长期规划和年度计划、专题研究计划和有关文件等。

② 科研成果。包括常规性研究成果报告和专题性研究报告；公开发表的科研论文和专辑、专刊、专著等。

③ 总结报告。包括有关科研课题、项目和个人的年度总结报告等。

④ 原始记录。包括野外观测及课题的原始记录、统计资料、图纸、照片和声像资料等。

⑤ 科研合同及协议等。

（2）档案管理

① 档案由专人负责管理，实行档案管理岗位责任制。

② 建立科研资源信息系统。充分利用电子计算机技术，强化信息系统管理力度，既可规范科研档案管理，又可实现自动检索查询，自动统计和报表打印，还可建立辅助决策系统，指导生产与科研，为保护区管理处和上级主管部门领导的决策提供依据。

③ 建立科研档案建档制度。凡是有关科学研究、科技成果和管理方面的文件、材料、资源等，均应及时归档。

④ 规范档案格式。为了便于档案的保存、借阅，有关档案资料要尽量做到分类保存，并统一形式、统一装订、统一编号。

⑤ 建立档案借阅登记制度，坚持按章办事，加强档案服务。

⑥ 做好档案保密工作。凡是需要保密的档案，一定要按照国家保密法的规定，切实做好科技档案保密工作，防止失密、泄密。

7.3.4　科普教育规划

7.3.4.1　对参观旅游者的宣传教育

①在保护区入口处、公路沿线、保护区内外的居民居住区和生态旅游区内，设立永久性保护标志、宣传牌；在核心区周围设置警示牌。

②在导游图和纪念册上，印制保护区保护对象、保护生态环境的警语和要求，是游

客对生态旅游有进一步的了解和认识。

③通过让游客参观区内的珍稀濒危动植物（图片及实地）、科普展览馆、标本馆以及科研实验室，并介绍保护区的自然地理特点、森林生态系统及水资源等方面的重要意义和功能，使人们充分了解和认识保护区存在和发展的重要意义和对人类生存发展的作用。

④利用广播、电视、录像、画册、墙报、标语等形式对参观者进行生态环境保护和护林防火知识的宣传教育。

7.3.4.2 对周边群众的宣传教育

①通过各种形式向保护区周边群众宣传《森林法》、《森林法实施条例》、《森林防火条例》、《自然保护区条例》等有关自然保护和环境保护的方针政策、法律和规章制度，增强保护区职工和社区群众护林防火的意识，使社区群众充分理解自然保护的重要性与必要性，并自觉配合保护区的自然保护工作。

②加强保护区与周边社区政府干部及公安民警的交流，开展保护区人员定期到社区作报告，开座谈会等活动，促进双方对保护工作的沟通与合作。

7.3.4.3 教学实习

大鹏半岛自然保护区不但要保护好自然环境和自然资源，还要利用自身的各种优越条件，为大专院校提供教学实习基地，接受教师、学生到保护区进行科研、论文写作等活动；为开办夏令营、为中小学生提供有关自然保护和生态环境资源保护的知识等活动。

7.3.5 社区共管规划

7.3.5.1 原则目标

自然保护区必须坚持“以保护为目的，以发展为手段，通过发展促进保护”的指导思想，在做好保护区管理的同时，解决好自然保护区与周边社区经济发展的矛盾，吸收社区居民参与保护区的保护工作，有计划、有目的地扶持社区的发展，使保护区和周边社区共同发展。

（1）社区共管原则

① 坚持有利于保护生态环境资源，实现生态、社会、经济三大效益的原则；② 有利于安定团结和经济发展，兼顾双方利益，优势互补的原则；③ 坚持尊重当地群众的传统文化和传统文化，发展既有利于资源保护和恢复，又符合社区发展需要和国家与区域产业政策。

（2）社区共管目标

通过社区共管的网络建设，协调好自然保护区与社区的关系，取得当地政府的配合和周边社区群众的支持，同心协力使自然保护事业蒸蒸日上，社区群众生活水平明显提高。

7.3.5.2　共管模式

保护区要加强与周边社区和各级地方政府的合作，实现保护区与周边社区在自然资源保护、森林防火、环境保护与治理、社区建设、社区治安等工作的共同管理，提高管理成效。充分利用保护区与周边社区建立的联合保护委员会，使社区共管落到实处。

（1）建立共管委员会

通过建立共管委员会，协调大鹏半岛自然保护区与社区政府、群众及其他共同利益者之间的关系，以保证共管措施的有效实施。

（2）编制社区资源管理计划

编制社区资源管理计划，可以确定自然资源的管理方式和经济发展项目，提出解决保护和利用间矛盾的方案。共管委员会成员参与示范单位的“参与性评估”调查。通过综合分析调查结果和广泛征求共管委员会成员的意见，由保护区具体编制社区资源管理计划。

（3）建立示范项目，提供技术指导

保护区应有针对性地建立多种经营、生态旅游等示范项目，利用自身的技术、人才优势，配合社区政府为社区群众推广实用科研成果，提供科技培训、技术指导，帮助周边社区群众致富，使他们从保护区的发展中得到实惠，进而主动参与到保护行列，真正发挥社区共管职能。

7.3.6　生态旅游规划

7.3.6.1　生态旅游的理念

（1）生态旅游规划的原则

① 坚持保护第一，开发第二的原则。在保护号自然保护区的自然资源和自然环境的前提下，充分发挥景观资源的生态效益、社会效益并兼顾经济效益。② 坚持生态旅游，注意区别与传统旅游的原则。以宣传教育和普及自然知识为宗旨，通过生态旅游，使游客增长知识和环保意识，成为集科普考察、宣传教育、观光旅游于一体的生态旅游示范区。③ 加强宣传，严格法规，科学管理的原则。④ 发挥优势，体现特色，科学利用的原则。

（2）生态旅游规划的指导思想

在有效保护自然资源和自然环境的前提下，合理地开发、利用旅游资源，有计划地建设一个生态旅游特色明显、功能齐全、服务一流、典雅舒适的大自然绿色世界，满足人类对优美的森林生态环境的游憩需求以及回归质朴和谐的自然环境需求，提高人们保护自然、维护生态平衡的自觉性，探求人与自然协调发展的生态旅游模式，充分发挥自然保护区的多种功能，促进实现保护区的可持续发展。

7.3.6.2　环境容量

环境容量即单位游览线路长度能够容纳的合理的游人数量，是衡量游览区旅游功能的重要指标之一。自然保护区的生态平衡主要取决于人对保护区环境和资源影响的方式和强度，以及大自然对这种影响的消除能力。只有准确地计算环境容量和游客数量，按照科学的合理环境容量控制游客规模，才能达到人与自然的和谐共处。

根据大鹏半岛自然保护区规划用地的功能和水源保护区的有关规定，同时考虑到生态旅游区的实际情况，环境容量计算指标初步定为 3 人/hm^2，初步估算出大鹏半岛自然保护区的环境容量约为6000 人。

7.3.6.3 生态旅游项目规划

总体设想，配合深圳市东部海岸地区的总体旅游布局思想，管理、规划上按照自然保护区的管理方式，在运作上主体依据市相关旅游部门，以及当地政府。总之，保护区的角色定位是：管理上科学化，运用上“让利于”当地旅游部门、当地政府，以及当地常住居民。

（1）景区规划

根据大鹏半岛自然保护区的性质、生态旅游规划的原则和指导思想，及其生态旅游特点和区位环境分布情况，分5个景区，分别为：火烧天苏铁蕨游览区、坝光滨海田园游览区、求水岭森林景观区、西涌香蒲桃风水林游览区和东涌红树林游览区。

（2）生态旅游方式

拟分别设登山游览、森林沐浴、负离子保健、科普展览、库岸垂钓、海滨冲浪及潜水等旅游方式。

（3）生态旅游接待设施建设

拟设生态旅游接待中心及接待站、帐篷、小木屋、小卖部、休息亭阁等配套接待设施。

7.4 重点建设工程

7.4.1 生物多样性保护与保育工程

7.4.1.1 植被保育与恢复

严格按照自然保护规定，在大鹏半岛地区进行封山育林，在缓冲区进行生态恢复，在实验区采取退果还林、退耕还林，以及人工林进行乡土树种林分改造的方式促进自然植被、自然生态环境的恢复，保证森林生态系统生态演替过程的自然性。首期重点在古银叶树林区引种种植多种红树林植物，丰富该地区红树林种质资源。

7.4.1.2 苗圃基地建设

为了解决恢复植被和珍稀濒危植物种群恢复工程所需的苗木，规划在保护区北部的实验区内建设一座苗圃基地，面积约为 5 hm^2，培育的对象主要为：乡土树种；观赏价值较高的种类；区内的珍稀濒危植物；先锋树种。

7.4.1.3　野生动物救护站建设

规划在苗圃基地附近建设1座面积为500 m^2 的濒危动物救护站。其功能为隔离、抢救、收容、检疫、治疗保护区内及其周边地区的受伤、致病的濒危、珍稀野生动物并为开展珍稀濒危野生动物驯养繁育实验提供场所。

7.4.1.4　巡护设施工程

① 执法队伍建设：设立森林公安派出所，初步完善工作设施，新购警车，驯养警犬，配备照相机、对讲机等执法办案设备。

② 巡逻线路建设：车行道规划于实验区内，拟新建2条，绝对避免对核心区内的生态环境造成破坏。步行道拟以现状已有步行道为主，不方便进入的区域，开辟新的小道。新建步道宽度不超过1 m，路面采用砂石等材料，尽量不破坏生态环境。

7.4.1.5　有害生物与病虫害防治

有害生物、病虫害是森林的大敌，威胁到森林植被的生长发育与存活。保护区内的森林病虫害防治要坚持“预防为主，综合治理”的方针。为此，规划购置若干套病虫害检疫设备，若干套灭虫设备。

7.4.1.6　护林防火工程

① 完善林火阻隔网络建设，开设防火路，完善防火林带。

② 充实防火指挥中心，完善林火预测预报系统，配备计算机若干台，配备转讯台、基地台等防火通讯设备若干台（套），管理处配备森防车若干辆，购置摄像机、投影仪等专业设备若干台（套）。

③ 组建2～3组扑火专业队伍，每组10～15人，人员由多方面构成，不一定是保护编制，每组由专业人员培训；购置、配备风力灭火机、灭火弹等灭火专用工具若干台(件)。

④ 新建了望台2～3座，并配备通信线路、电视接收设备及高倍望远镜。

7.4.2　科研设施和监测工程

① 科研监测中心：配合深圳市森林有害生物防治等进行规划。

② 生态定位观测站：配合水资源管理，东部海岸环境保护等进行规划，目的是开展森林生态系统的结构和功能的动态变化观察，提升自然保护区的科学研究功能。例如规划在大鹏半岛的排牙山主峰和求水岭主峰建立生态定位观测站各1处。

③ 气象观测站：气象观测站的主要功能是观测记载各气象要素，分析气候对保护区内生物多样性的影响，为森林生态系统和生物多样性的保护提供基础数据。规划在排牙山主峰设置1个气象观测站。

④ 水文观测站：水文状况直接影响到森林生态系统的演替趋势，对水文状况的准确掌握利于保护的分类施策。规划在径心水库附近建1处水文观测站。

7.4.3 生态旅游工程

依据大鹏半岛自然保护区的总体规划指导，设置由旅游部或宣教部负责的接待中心，面积遵照环境容量要求，以及配合东部海岸旅游和需要。其他还包括：规划建设旅游线路、旅游小道、环保停车场、生态旅游观景点、景区导游宣传牌、警示标牌、环保公厕、垃圾集中处理站、垃圾桶等。

第八章　大鹏半岛自然保护区综合评价

摘要： 大鹏半岛自然保护区所在的大鹏半岛拥有深圳市东部的黄金海岸线，长达133.22 km。保护区地理区位优越，其排牙山和求水岭的俊美山峰、三面环海的广阔以及犹如明珠散落的水库，吸引了众多游人。而保护区的典型南亚热带森林生态系统和红树林湿地，蕴藏了丰富的动植物资源，使保护区成为进行科学研究、科普教育的理想基地。同时，大鹏半岛自然保护区作为深圳市的“后花园”，对维护深圳市东部的生态环境平衡起到了巨大的缓解和库容作用。

8.1　保护管理历史沿革

在申报自然保护区前，沿着排牙山山体的山脊为界，北面山坡由葵涌街道办管辖，南面山坡及半岛中部的灿田子及英管岭等山地由鹏街道办管辖。坝光管理区盐灶村的银叶树林已于2000年被深圳市龙岗区政府划定为一块小型的自然保护小区，并在当地建有护林站，常设护林员2名。

南部的抛狗岭及红花岭山地、东涌红树林和西涌香蒲桃林则由南澳街道办管辖。目前，属于大鹏半岛自然保护区的范围全部由深圳市野生动植物保护管理处统一管辖，并于2005年8月，邀请了中山大学和华南农业大学对其进行生态环境资源的综合考察以及建设方案撰写。

8.2　保护区范围及功能区划评价

8.2.1　面积适宜性

保护区面积的大小与有效保护季风常绿阔叶林生态系统密切相关。一般说来，保护区的面积越大，对于资源的保护越为有利，但保护面积过大，则不便管理。因此，因根据保护区以及保护对象的实际情况来规划保护区的面积。

大鹏半岛自然保护区整体呈哑铃形，南北长约22.3 km，东西宽约16.6 km，宽长比为0.7，几何形状基本合理。大鹏半岛自然保护区包括大鹏半岛北部的排牙山、笔架山森林区域、坝光管理区的银叶树林、南半岛的西部区域及其间的颈部连接地带，面积共计146.22 hm^2。此外，保护区西部和田头山自然保护区相邻，北部和笔架山及惠州的红缨帽山等山地接壤，南部东侧与七娘山山地相邻，在此区域内保护相应的野生动植物是基本适宜的。

8.2.2　功能区划评价

8.2.2.1　核心区

核心区应保存完好的自然植被和丰富的生物资源，是保护区的重点保护区域。在排牙山主峰北坡海拔 200 m 以上及南坡海拔 350 m 以上，由于基本没有受到人为破坏，自然植被保存完好，有很多珍稀濒危保护动、植物，所以建议将主峰北坡海拔 200 m 以上及南坡海拔 350 m 以上都划分为保护区的核心区，还有排牙山西部的求水岭主峰以及西北部的火烧天主峰。此外，在排牙山东南部的岭澳水库附近，由于岭澳核电站的存在，人为干扰较少，客观地保护了附近的生态环境，自然植被保护也相对良好，建议纳入核心区范围。此外，南澳西部抛狗岭及红花岭海拔 150 m 的山地受人为干扰较少，发育有较好的常绿阔叶林，建议也纳入核心区的范围。

8.2.2.2　缓冲区

在缓冲区内只准从事科学研究活动，禁止开展旅游和生产经营活动。大鹏半岛自然保护区的缓冲区部分受到人为干扰，生态环境已受到一定程度的破坏，植被以正在演替前期和中期的次生常绿阔叶林和人工林为主，将这些地段划分为保护区的缓冲区，既可以有效地保护核心区不受干扰，又可以保护缓冲区的植被发育。尤其，大鹏街道西部的山地是连接保护区北部及南部山地的狭长地带，划为缓冲区，可作为保护区内野生动物迁移活动的有效通道。

8.2.2.3　实验区

缓冲区外围划为实验区，可以进入从事科学试验、教学实习、参观考察、旅游以及驯化、繁殖珍稀濒危野生动、植物等活动。实验区受人为干扰非常严重，基本上是人工种植的桉树林、相思林和荔枝林，还有一些村庄附近的风水林。

8.3　主要保护对象动态变化评价

大鹏半岛自然保护区的主要保护对象是：南亚热带常绿阔叶林、海岸红树林、珍稀濒危动植物及水资源。

保护区内的优势及代表性植被为南亚热带低山常绿阔叶林，本次调查发现，大面积分布于排牙山北坡的“浙江润楠 + 鸭公树 - 鸭脚木 + 亮叶冬青 - 银柴 + 九节”群落及大鹏求水岭东坡、南坡的“浙江润楠 + 鸭脚木 - 亮叶冬青 + 假苹婆 - 鼠刺群落”保存非常完好。其物种多样性指数相当于位于南亚热带和中亚热带的粤西黑石顶及南岭山地的相应代表群落，为深圳市保存最为完好的低山常绿阔叶林之一。但低海拔的山地受到人类活动的长期干扰，尤以排牙山南北两侧海拔 200 m 以下的区域，目前多分布为栽培的荔枝林，原生植被仅残留于局部沟谷地段和村庄附近的风水林。并且，由于各村庄的原住民多已搬迁，现居住人口以外来务工人员为主，其薪炭用材对风水林及周边森林也存在较大干扰。尽快成立保护区，合理合法地对区内的常绿阔叶林加以有效保护，已显得非常迫切。

区内的海岸红树林主要为分布于的盐灶坝光村的古银叶树林及东涌的河口红树林。在深圳市盐灶，银叶树林早期估计总面积约 715 hm^2。1995 年银叶树林面积约达 1 hm^2，至 2003 年仅存 0.7 hm^2，成年个体数仅 204 株，总个体数不足 1500 株。在排牙山北麓的银叶树林，胸径在 22.5 cm 以上的 IV 级有 20 多株。目前已由深圳市野生动植物保护管理处设点保护，群落发展状况良好。

8.4　管理有效性评价

大鹏半岛自然保护区的申报工作从 2005 年 8 月开始，此前，除银叶树林外，范围内的各处山地和沿海湿地均由当地的街道办事处所管辖，生态系统受人为干扰的程度较大。

目前，建立保护区后，由深圳市野生动植物保护管理处统一管理。在区内建设了 6 处保护管理站及哨卡 2～3 处，可对区内的植被及动植物资源加以有效保护。

8.5　社会效益评价

(1) 提供科学研究与科普教育基地

大鹏半岛自然保护区有着得天独厚的自然地理条件、区位优势、丰富的生物多样性、典型的南亚热带常绿阔叶林和红树林生态系统、多样的自然景观和人文历史景观，是进行科学研究、科普教育及教育实习的理想基地。

(2) 有助于促进保护区及周边地区经济的发展

随着保护区建设的实施，将带动保护区及周边地区经济的发展，区内及周边地区的居民生活水平将逐年稳步提高，从而稳定了安居乐业的局面，增进了人与大自然的和谐。在增强自身经济实力的同时，相关产业有望得到发展，又可为当地剩余劳动力提供就业机会。

(3) 提高全民环保意识，促进精神文明建设

保护区内拥有丰富的生物资源和自然人文景观资源，不但能满足人们向往、回归大自然的愿望，又是对人们进行自然保护、环境保护宣传教育和科普教育的理想场所。保护区的一草一木、一山一水及所有的保护设施，都是对公众进行环保教育的好材料和课堂，有利于促进身心健康和精神文明建设，有利于激发人们热爱大自然的感情。

(4) 大鹏半岛自然保护区是生态旅游的胜地

大鹏半岛自然保护区的地理位置优越，自然旅游资源丰富，生态环境优美，是开展生态旅游的胜地，也是人们回归自然的良好去处。

8.6 经济效益评价

(1) 可再生资源的直接经济效益

保护区内野生食用植物、药用植物以及其他资源植物种类繁多，蕴藏量大。通过保护区的建设和总体规划的实施，将使可再生资源得到更好的发展和更加科学合理的利用，直接经济效益将得到进一步提高。

(2) 多种经营效益

通过引导、扶持社区经济发展，建立保护区自我运转的经营机制，保护区的建设发展进入良性循环，同时周边社区经济也将迅速发展，村民从单一的荔枝粗放种植转向多种果树集约种植、养蜂业和加工业等多种经营，从单一落后的利用方式转向科学、合理的综合利用。

(3) 生态旅游效益

保护区及周边地区优美的自然环境及丰富的景观资源，是开展生态旅游的最佳场所。通过建设保护区和实施总体规划，将推出一系列高层次的专项旅游项目，使保护区的生态旅游经济收益进一步提高。

8.7 生态效益评价

(1) 涵养水源、保持水土

森林具有水土保持的作用，森林植被具有拦截降水，降低其对地表的冲蚀，减少地表径流。有关资料显示，同强度降水时，每公顷荒地土壤流失量75.6 t，而林地仅0.05 t，流失的每吨土壤中含氮、磷、钾等营养元素相当于20 kg化肥。同时森林植被类型不同，其涵养水域的效能亦不一样，阔叶林的蓄水能力最大，平均蓄水为1773.7 $m^3/(hm^2 \cdot a^{-1})$。大鹏半岛的森林植被以南亚热带常绿阔叶林为主体，具有极强的蓄水能力。

森林对降水具有再分配作用，并且林地的枯枝落叶层和腐殖质层具有强大的的蓄水功能。据资料表明，每公顷林地每年持水量达2000 m^3。通过植被恢复和发展规划的实施将进一步充分发挥排牙山保护区涵水保土，改善水质的生态效益。

保护区内水库密布，较大型的水库有9个，其中有3个水库属于深圳市的水源保护区，保护这些水库的水源涵养林对保证深圳市民的供水有着重要的意义。

(2) 净化空气和水质，调节气温

据测定，高郁闭度的森林，每年每公顷可释放氧气2.025 t，吸收二氧化碳2.805 t，吸尘9.75 t。茂密的森林对净化空气的作用十分显著，据此计算，保护区每年仅森林释放氧气的价值就高达7000多万元。保护区内的林地对地下径流的过滤和离子交换功能起到了水质净化的效果。

保护区内的大片森林对于调节气温也有着十分显著的作用，森林庞大起伏的树冠，拦阻了太阳辐射带来的光和热，有20%～25%的热量被反射回空中，约35%的热量被树冠吸收，树木本身旺盛的蒸腾作用也消耗了大量的热能，所以森林环境可以改变局部地区的小气候，据测定，在骄阳似火的夏天，有林荫的地方要比空旷地气温低3℃～5℃。

（3）保护南亚热带常绿阔叶林和红树林生态系统，保护生物多样性

保护生物多样性，是人类为了发展和生存的最佳选择。排牙山自然保护区内保存有典型的南亚热带常绿阔叶林和红树林生态系统，是天然的物种资源宝库，更包含有多种珍稀濒危野生动植物。通过自然保护和科研规划的实施，将扩大种群数量、增加植物群落结构的多样性，使生态系统更为完整，通过绝对而有效的保护使生态系统的生态过程处于自然状态。

（4）保健疗养效益

大鹏半岛自然保护区内森林环境优美，空气清新，含氧量高，细菌含量低，灰尘少，噪音低，空气中负离子含量高，加上区内丰富的景观资源，为广大群众，尤其是深圳市民，提供了良好的旅游环境和极佳的保健疗养场所。

8.8　保护区综合价值评价

8.8.1　自然属性

（1）具有典型的南亚热带常绿阔叶林

大鹏半岛自然保护区森林植被的主体是南亚热带常绿阔叶林，根据群落的种类组成、外貌以及结构的不同，又可分为南亚热带沟谷常绿阔叶林、南亚热带低地常绿阔叶林、南亚热带低山常绿阔叶林以及南亚热带山地常绿阔叶林。

优势及代表性植被为南亚热带低山常绿阔叶林，尤以大面积分布于排牙山北坡的“浙江润楠＋鸭公树－鸭脚木＋亮叶冬青－银柴＋九节群落”及大鹏求水岭东坡、南坡的“浙江润楠＋鸭脚木－亮叶冬青＋假苹婆－鼠刺群落”保存最为完好，其物种多样性指数甚至高于分别位于南亚热带和中亚热带的粤西黑石顶及南岭山地的相应代表群落，为深圳市保存最为完好的低山常绿阔叶林之一。

位于南澳西涌的“香蒲桃（*Syzygium odoratum*）群落”属于南亚热带低地常绿阔叶林，是孑遗下来的“风水林”，香蒲桃为该群落的单优乔木种，该群落面积达300余hm。如此大面积的香蒲桃纯林在深圳市乃至珠三角地区都是比较少见的，因此具有极高的保护价值和科研价值。

山地常绿阔叶林与周边地区相比也具有鲜明的特色，如出现了大面积的“香花枇杷（*Eriobotrya fragrans*）群落”以及“钝叶水丝梨（*Sycopsis tutcheri*）群落”。此外，深山含笑（*Michelia maudiae*）、华南青皮木（*Schoepfia chinensis*）、饶平石楠（*Photinia raopingensis*）、腺叶野樱（*Prunus phaeosticta*）及岭南槭（*Acer tutcheri*）等亚热带山地的特征成分也常见其间。

总而言之，大鹏半岛保护区的南亚热带常绿阔叶林是南亚热带常绿阔叶林生态系统的典型代表之一，具有极高的保护价值。

（2）红树林湿地生态系统的典型性

湿地与森林、海洋并称为全球三大生态系统。健康的湿地生态系统，是国家生态安全体系的重要组成部分和实现经济与社会可持续发展的重要基础。红树林湿地是重要的湿地类型之一。我国的天然红树林仅分布于海南、广东、广西、福建和台湾沿海滩涂，而且大部分集中在海南和广东、广西沿海地区。其面积已经从 20 世纪 50 年代的约 50000 hm^2 锐减至目前的 15000 hm^2。倘若继续任其发展下去，不久的将来，红树林将会在我国热带、亚热带沿海滩涂彻底消失。

大鹏半岛自然保护区同时具有大面积的半红树林（古银叶树林）以及真红树林（东涌红树林），属于较为典型的红树林湿地。其中，位于坝光管理区盐灶村的银叶树林目前已由深圳市野生动植物保护管理处设点保护，群落发展状况良好。

（3）生物区系成分的复杂性及古老性

大鹏半岛自然保护区生物区系成分复杂，在植物区系方面，排牙山共有野生维管植物 1372 种，约占深圳市和广东省总种数的比例分别为 64. 1% 和 25. 3%，也就是说大鹏半岛自然保护区仅以 147. 65 km^2 的面积就拥有深圳市植物总种数的近 2/3 和广东省植物总种数的 1/4。这在深圳市地区乃至珠三角地区都是比较少见的，且其中不乏古老或在系统进化上具有重要地位的代表类群，如罗汉松科、红豆杉科、木兰科、金缕梅科、木通科、大血藤科及山茶科等。

在陆生脊椎动物区系方面，大鹏半岛以东洋界区系成分为主，占种数的 78..4%。其中，华南区以及华南、华中区共有分布的比例都较高，说明了大鹏半岛动物区系所具有的南亚热带区系特征。

（4）生物种类的稀有性

广东省是中国特有植物分布较多的地区之一，在大鹏半岛自然保护区有分布的中国特有植物多达 302 种，广东特有种也有 10 种。同时，排牙山分布有 8 种国家Ⅱ级重点保护野生植物及 1 种省级保护植物。另外，极危植物有 1 种，濒危植物有 9 种，易危植物有 38 种。

国家Ⅰ级和Ⅱ级重点保护陆生脊椎动物分别为 1 种和 25 种，省级保护动物 14 种。全部共计 40 种。

（5）生境脆弱性

大鹏半岛自然保护区出露地表的砾岩、砂岩及花岗岩较多，这些岩石较为坚硬，不易风化，特别是近山顶处和陡坡处几呈裸岩；有些地段土层较浅，乱石成堆，树木只能从石缝中生长，加之由于近海而蒸发量较大，导致植株较为矮小，且一旦遭到破坏就极难恢复。这是大鹏半岛生态系统中最为脆弱的一部分。此外，人类活动的干扰和破坏，也在一定程度上增加了排牙山生态系统的脆弱性。如由于周边的山民大肆砍伐原生植被而种植荔枝，导致原生的南亚热带常绿阔叶林已退缩到主峰附件和求水岭的部分地段，相对来说分布区较为狭窄。

8.8.2　经济和社会价值

（1）大鹏半岛自然保护区是深圳市重要的水源涵养区

大鹏半岛自然保护区的沟谷众多，尤以南面较多，沟谷中的水流向南流淌，形成了几个大型水库。较大的水库有9个，即罗屋田水库、径心水库、坝光水库、盐灶水库、打马坜水库、水磨坑水库、大坑水库、岭澳水库和香车水库等，是深圳市水库最为密集的地区之一。这些水库不仅为深圳市民提供赖以生存的水资源，而且水库的湿地环境还吸引了众多的鸟类来此觅食，客观上也保证了该地区动物的多样性。

（2）景观资源的极大贡献

大鹏半岛自然保护区的景观资源丰富，山峦绵延起伏，林海翠绿浩瀚，水体通透清澈，云雾神奇迷人，是生态旅游和休闲避暑的胜地，这是保护区对社会的巨大贡献。

（3）对维护东部地区的海岸生态环境有巨大意义

大鹏半岛建立自然保护区，将成为东部若干山地如七娘山、田头山、马峦山，往西至梧桐山、深圳市水库等山地中轴区域的核心，成为生物多样性的重要栖息地、核心区、家园，并对维护东部开放旅游产生的生态环境平衡问题起到潜在巨大的缓解和库容作用。

附录1　深圳市大鹏半岛自然保护区野生植物名录

调查表明，深圳市大鹏半岛自然保护区有维管植物208科806属1528种。其中野生维管植物200科732属1372种，包括：蕨类植物40科72属124种，按秦仁昌系统（1978）排列；裸子植物4科4属5种，按《中国植物志》（1979）排列；被子植物156科656属1243种，按哈钦松系统（1926—1934）排列。中文种名前*表示栽培种，**表示逸生种，***表示对当地生态环境有严重干扰的外来入侵种。

附表1－1　深圳市大鹏半岛自然保护区野生维管植物科属种统计表

序号	科	属	种	备注
蕨类植物	40	72	124	
裸子植物	4	4	5	
被子植物	156	656	1243	
植物总计	200	732	1372	

附录1.1　蕨类植物

P1　Psilotaceae 松叶蕨科

松叶蕨 *Psilotum nudum*（L.）Griseb.

　　可供观赏，也可药用，治疗跌打损伤、内伤出血、风湿麻木。

P2　Huperziaceae 石杉科

蛇足石杉 *Huperzia serratum*（Thunb.）Trev.

　　可治疗麻疹。

华南马尾杉 *Phlegmariurus fordii*（Baker）Ching

P3　Lycopodiaceae 石松科

藤石松 *Lycopodiastrum casuarinoides*（Spring）Holud

　　插花用；层间绿化；全草入药，有祛风去湿、舒筋活络、镇咳、利尿之效。

铺地蜈蚣（灯笼草）*Palhinhaea cernua*（L.）Franco et Vasc.

　　插花用；居家绿化；全株入药，有舒筋活络、止血生肌、清肝明目的功效。

P4　Selaginellaceae 卷柏科

二形卷柏 *Selaginella biformis* A. Br. ex Kuhn

薄叶卷柏 *Selaginella delicatula*（Desv.）Alston

　　低层绿化，草坪绿化。

深绿卷柏 *Selaginella doederleinii* Hieron.

低层绿化，草坪绿化；全草药用，治癌症、肺炎、肝硬化、急性扁桃体炎、眼结膜炎、乳腺炎、盗汗、烧烫伤。

兖州卷柏 *Selaginella involvens*（Sw.）Spring

有清热利湿、疏肝明目、强筋经止血功效。

耳基卷柏 *Selaginella limbata* Alston.

江南卷柏 *Selaginella moellendorfii* Hieron.

低层绿化，草坪绿化；全草入药，清热解毒，利尿消肿，治吐血、痔疮出血等症。

翠云草 *Selaginella uncinata*（Desv.）Spring

低层绿化，草坪绿化；全草入药，有清热解毒、去湿、利尿、消炎、止血之效。

剑叶卷柏 *Selaginella xipholepis* Bak.

P6　Equisetaceae 木贼科

节节草 *Hippochaete ramosissimum* Desf.

低层绿化；地上茎药用，功能明目退翳、清风热、利小便。

P11　Angiopteridaceae 莲座蕨科

福建莲座蕨 *Angiopteris fokiensis* Hieron.

块茎可取淀粉。早期曾作为山区一种主要的食粮来源。

P13　Osmundaceae 紫萁科

狭叶紫萁 *Osmunda angustifolia* Ching

华南紫萁 *Osmunda vachellii* Hook.

药用根茎，清热解毒。

P14　Plagiogyriaceae 瘤足蕨科

华南瘤足蕨 *Plagiogryia tenuifolia* Cop.

濒危种。

P15　Gleicheniaceae 里白科

铁芒萁 *Dicranopteris linearis*（Burm.）Underw.

酸性土植物；旱山坡绿化。

芒萁 *Dicranopteris pedata*（Houtt.）Nakaike

酸性土植物；有保持水土的作用；旱山坡绿化；全草药用，有清热利尿、祛瘀止血之效。

中华里白 *Diplopterygium chinense*（Ros.）De Vol

P17　Lygodiaceae 海金沙科

掌叶海金沙 *Lygodium conforme* C. Chr.

曲轴海金沙 *Lygodium flexuosum*（L.）Sw.

层间绿化。

海金沙 *Lygodium japonicum*（Thb.）Sw.

层间绿化；全草药用，利湿热、通淋，鲜叶捣烂调茶油治烫火伤，孢子为利尿药，并作医药上的撒布剂及药丸包衣；茎叶捣烂加水浸泡，可治柿蚜虫、红蜘蛛。

小叶海金沙 *Lygodium scandens*（L.）Sw.

层间绿化；全草药用，利湿热、通淋，鲜叶捣烂调茶油治烫火伤，孢子为利尿药并可作医药上的撒布剂及药丸包衣。

P18　Hymenophyllaceae 膜蕨科

南洋假脉蕨 *Crepidomanes bipunctatum*（Poir.）Cop.

团扇蕨 *Gonocormus minutus* van den Bosch

华南长筒蕨 *Selenodesmium siamense*（Christ）Ching et Wang

P19　Dicksoniaceae 蚌壳蕨科

金毛狗 *Cibotium barometz*（L.）J. Sm.

为盆栽观赏效果极佳的植物；根状茎含淀粉，可酿酒；亦供药用，有补肝肾、强腰膝的功效。国家Ⅱ级重点保护野生植物，渐危种。

P20　Cyatheaceae 桫椤科

刺桫椤 *Alsophila spinulosa* Wall.

可供观赏，也可入药，能祛风除湿，活血祛瘀，治疗跌打损伤及预防流行性感冒。国家Ⅱ级重点保护野生植物，渐危种。

黑桫椤 *Gymnosphaera podophylla*（Hook.）Cop.

国家Ⅱ级重点保护野生植物，渐危种。

P22　Dennstaedtiaceae 碗蕨科

华南鳞盖蕨 *Microlepia hancei* Prantl

全草入药，有祛湿热的功效。

边缘鳞盖蕨 *Microlepia marginata*（Houtt.）C. Chr.

P23　Lindsaeaceae 鳞始蕨科

剑叶鳞始蕨（双唇蕨）*Lindsaea ensifolium* Sw.

异叶鳞始蕨（异叶双唇蕨）*Lindsaea heterophyllum* Dry.

低层绿化。

团叶鳞始蕨 *Lindsaea orbiculata*（Lam.）Mett. *ex* Kuhn

低层绿化药用茎叶，止血镇痛，治痢疾、枪弹伤。

阔片乌蕨 *Stenoloma biflorum*（Kaulf.）Ching

乌蕨 *Stenoloma chusanum*（L.）Ching

低层绿化；药用有解毒功能。

P25　Hypolepidaceae 姬蕨科

姬蕨 *Hypolepis punctata*（Thunb.）Mett.

清热解毒、收敛止痛。治疗烧伤、外伤出血。

P26　Pteridiaceae 蕨科

蕨 *Pteridium aquilinum* var. *latiusculum*（Desv.）Underw. *ex* Hell.

嫩叶可食称蕨菜；根状茎供提蕨粉，为滋养食品；全株入药，驱风湿、利尿解热，治脱肛，又可作驱虫剂。

毛轴蕨 *Pteridium revolutum*（Bl.）Nakai

P27　Pteridaceae 凤尾蕨科

栗蕨 *Histiopteris incisa* (Thunb.) J. Sm.

狭眼凤尾蕨 *Pteris biaurita* L.

刺齿凤尾蕨 *Pteris dispar* Kuntz

全草药用。治肠炎、痢疾、流行性腮腺炎、疮毒、跌打损伤。

剑叶凤尾蕨 *Pteris ensiformis* Burm.

能清热、消食、利尿、治痢疾，外敷可治疗腮腺炎、湿疹。

金钗凤尾蕨 *Pteris fauriei* Hieron.

线羽凤尾蕨 *Pteris linearis* Poir.

井栏边草 *Pteris multifida* Poir.

观叶植物；全草药用，有清热利湿、凉血清毒、强筋活络、治痢止泻等效。

半边旗 *Pteris semipinnata* L.

观叶植物；全草药用，味辛涩、性凉，怯风、止血、清热解毒，化湿消肿，治疮疖、痢疾、蛇伤。

蜈蚣草 *Pteris vittata* L.

生钙质土或石灰岩上；低层绿化；药用，能祛风、杀虫，消炎解毒、治痈疮、痢疾。

P28　Acrostichaceae 卤蕨科

卤蕨 *Acrostichum aureum* L.

P30 Sinopteridaceae 中国蕨科

薄叶碎米蕨 *Cheilosoria tenuifolia* (Burm.) Trev.

观叶植物。

隐囊蕨 *Notholaena hirsuta* (Poir.) Desv.

日本金粉蕨 *Onychium japonicum* (Thunb.) Kze.

清热解毒、抗菌收敛。治疗急性肠胃炎、烧伤。

P31　Adiantaceae 铁线蕨科

铁线蕨 *Adiantum capillus-veneris* L.

叶色翠绿，适合盆栽和作花材；全草入药，味淡性凉，能止咳止血、清热解毒、驱风除湿、利尿通淋，治肺热咳嗽、瘰疬等症。

扇叶铁线蕨 *Adiantum flabelluatum* L.

为优美的观赏植物；全草入药，味微辛涩，性凉，清热解毒、舒筋活络、利尿、化痰，治跌打内伤，外敷治烫火伤。

P32　Parkeriaceae 水蕨科

水蕨 *Ceratopteris thalictroides* (L.) Brongn.

活血散瘀。治疗跌打、疮毒。国家Ⅱ级重点保护野生植物，渐危种。

P33　Hemionitidaceae 裸子蕨科

粉叶蕨 *Pityrogramma calomelanos* (L.) Link

P36 Athyriaceae 蹄盖蕨科

毛轴短肠蕨 *Allantodia dilatata*（Bl.）Ching

江南短肠蕨 *Allantodia metteniana*（Miq.）Ching

淡绿短肠蕨 *Allantodia virescens*（Kunze）Ching

假蹄盖蕨 *Athyriopsis japonica*（Thunb.）Ching

消肿毒。

菜蕨 *Callipteris esculenta*（Retz.）J. Sm.

双盖蕨 *Diplazium donianum*（Mett.）Tard. - Blot

清热利湿、凉血解毒。治疗黄疸肝炎、外伤出血、蛇伤。

单叶双盖蕨 *Diplazium subsinuatum*（Wall. *ex* Hook. et Grev.）Tagawa

全草入药，消炎解毒、健胃利尿，治高热、尿路感染、烧烫伤、蛇伤、小儿疳积。

P38 Thelypteridaceae 金星蕨科

渐尖毛蕨 *Cyclosorus acuminatus*（Houtt.）Nakai

低层绿化；全草入药，消炎健胃，治烧烫伤、小儿疳积、狂犬咬伤。

异子毛蕨 *Cyclosorus heterocarpus*（Bl.）Ching

毛蕨 *Cyclosorus interruptus*（Willd.）H. Ito

可食用，根状茎提供淀粉；入药去风湿、利尿解热，治疗脱肛，也可作驱虫剂；纤维可制作绳缆，耐水湿。

华南毛蕨 *Cyclosorus parasiticus*（L.）Farw.

低层绿化；全草入药，治痢疾。

截裂毛蕨 *Cyclosorus truncatus*（Poir.）Farwell

普通针毛蕨 *Macrothelypteris torresiana*（Gaudich.）Ching

金星蕨 *Parathelypteris glanduligera*（Kunze）Ching

叶药用。治烫火伤、吐血。

毛脚金星蕨 *Parathelypteris hirsutipes*（Clarke）Ching

新月蕨 *Pronephrium gymnopteridifrons*（Hay.）Hoitt.

单叶新月蕨 *Pronephrium simplex*（Hance）Holtt.

低层绿化；全草入药，消炎解毒，治蛇伤、痢疾。

溪边假毛蕨 *Pseudocyclosorus ciliatus*（Wall.）Ching

P39 Aspleniaceae 铁角蕨科

华南铁角蕨 *Asplenium austro-chinense* Ching

大羽铁角蕨 *Asplenium neolaserpitiifolium* Tard. - Blot et Ching

倒挂铁角蕨 *Asplenium normale* Don

全草药用。治蜈蚣咬伤、外伤出血、痢疾。

长叶铁角蕨 *Asplenium prolongatum* Hook.

假大羽铁角蕨 *Asplenium pseudolaserpitiifolium* Ching

巢蕨 *Neottopteris nidus*（L.）J. Sm.

P42　Blechnaceae 乌毛蕨科

乌毛蕨 *Blechnum orientale* L.

庭园观赏植物，冠大，高达2米；酸性土指示植物；根状茎药用，有清热解毒、活血化淤之效，嫩芽外敷可消炎肿。

苏铁蕨 *Brainea insignis*（Hook.）J. Sm.

清热解毒、抗菌收敛。治疗感冒、烧伤，止血。国家Ⅱ级重点保护野生植物，渐危种。

狗脊蕨 *Woodwardia japonica*（L. f.）Smith

园林绿化；酸性土指示植物；根状茎富含淀粉，可食用及酿酒。

东方狗脊 *Woodwardia orientalis* Sw.

祛风湿，治疗腰腿痛、痢疾、蛇伤。

珠芽狗脊 *Woodwardia prolifera* Hook. et Arn.

P45　Dryopteridaceae 鳞毛蕨科

中华复叶耳蕨 *Arachniodes chinensis*（Ros.）Ching

刺头复叶耳蕨 *Arachniodes exilis*（Hance）Ching

镰羽贯众 *Cyrtomium balansae*（Christ）C. Chr.

根茎入药，清热解毒，驱虫，治流感、驱肠寄生虫。

阔鳞鳞毛蕨 *Dryopteris championii*（Benth.）C. Chr. *ex* Ching

根状茎药用。治毒疮溃烂、久不收口、目赤肿痛、驱钩虫、便血、气喘，预防流感。

黑足鳞毛蕨 *Dryopteris fuscipes* C. Chr.

柄叶鳞毛蕨 *Dryopteris podophylla*（Hook.）Kuntze

变异鳞毛蕨 *Dryopteris varia*（L.）Kuntze

根茎药用。清热止痛。治内热腹痛。

华南耳蕨 *Polystichum eximium*（Mett. ex Kuhn）C. Chr.

P46　Aspidiaceae 三叉蕨科

靠脉肋毛蕨 *Ctenitis costulisora* Ching

沙皮蕨 *Hemigramma decurrens*（Hook.）Cop.

下延三叉蕨 *Tectaria decurrens*（Presl）Cop.

三叉蕨 *Tectaria subtriphylla*（Hook. et Arn.）Cop.

P47　Bolbitidaceae 实蕨科

华南实蕨 *Bolbitis subcordata*（Cop.）Ching

49　Elaphoglossaceae 舌蕨科

华南舌蕨 *Elaphoglossum yoshinagae*（Yat.）Makino

P50　Nephrolepidaceae 肾蕨科

肾蕨 *Nephrolepis auriculata*（L.）Trimen

球状块茎入药，治疗肺热咳嗽、肠炎腹泻。

毛叶肾蕨 *Nephrolepis hirsutula*（Forst.）Presl

P52　Davalliaceae 骨碎补科

大叶骨碎补 *Davallia formosana* Hayata

散瘀止痛，治疗跌打损伤、腰腿痛、痢疾。

阴石蕨 *Humata repens*（L. f.）Small *ex* Diels

活血、散瘀，治疗扭伤、骨折、腰腿痛。

圆盖阴石蕨 *Humata typermanni* Moore

活血、接骨、祛风散湿、凉血利尿。治疗扭伤、骨折、血尿、吐血、尿路感染等。

P53　Dipteridaceae 双扇蕨科

中华双扇蕨 *Dipteris chinensis* Christ

P56　Polypodiaceae 水龙骨科

线蕨 *Colysis elliptica*（Thunb.）Ching

叶药用。治尿路感染、跌打损伤。

断线蕨 *Colysis hemionitidea*（Wall. *ex* Mett.）Presl

清热利尿。治疗尿流感染。

伏石蕨 *Lemmaphyllum microphyllum* Presl

观赏植物，适宜水石盆景配置及布置于假山阴处。药用全草，清热解毒，散瘀止痛，治疗肝脾肿大、痈疮、中耳炎、风火牙痛、跌打损伤等。

抱石莲 *Lemmaphyllum drymoglossoides*（Bak.）Ching

药用全草，味甘、淡，性凉，消炎解毒，怯风止咳，治疗黄疸、咳嗽咯血、乳癌、腮腺炎、淋巴结核、风湿骨痛。

骨牌蕨 *Lepidogrammitis rostrata*（Bedd.）Ching

全草药用，清热、利尿，治热咳。

瓦韦 *Lepisorus thunbergianus*（Kaulf.）Ching

民间药用，治小儿惊风、咳嗽吐血、走马疳。

攀援星蕨 *Microsorium buergerianum*（Miq.）Ching

江南星蕨 *Microsorium fortunei*（Moore）Ching

清热解毒、活血散瘀。治疗跌打、风湿、蛇伤、淋巴腺炎。

星蕨 *Microsorium punctatum*（L.）Copel.

瘤蕨 *Phymatosorus scolopendria*（Burm.）Pic. Serm.

贴生石韦 *Pyrrosia adnascens*（Sw.）Ching

清热利尿、散结解毒。治疗腮腺炎、蛇伤。

石韦 *Pyrrosia lingua*（Thb.）Farw.

凉血、止血、清热解毒。治疗肾炎、尿路感染、血尿、支气管炎、闭经。

P57　Drynariaceae 槲蕨科

崖姜 *Pseudodrynaria coronans*（Wall. *ex* Merr.）Ching

药用，可作骨碎补代用品。

P59　Grammtidaceae 禾叶蕨科

短柄禾叶蕨 *Grammitis dorsipila*（Christ）C. Chr. et Tardieu

P60　Loxogrammaceae 剑蕨科

柳叶剑蕨 *Loxogramme salicifolia*（Makino）Makino

根茎药用。治犬咬伤、尿路感染。

P61　Marsileaceae 苹科

苹 *Marsilea quadrifolia* L.

清热解毒、镇静、止血、利尿消肿。治疗肺热咳嗽、蛇伤、失眠、乳腺炎、利巴结核、急性结膜炎。

P63　Azollaceae 满江红科

满江红 *Azolla imbricata*（Roxb.）Nakai

发汗透疹。治疗风寒感冒、麻疹、难产、避孕等。

附录1.2　裸子植物

G1　Cycadaceae 苏铁科

* 苏铁 *Cycas revoluta* Thunb.

苏铁为优美的观赏树种，栽培极为普遍，茎内含有淀粉，可供食用；种子含油和丰富的淀粉，微有毒，供食用和药用，有治痢疾、止咳和止血之效。

G4　Pinaceae 松科

马尾松 *Pinus massoniana* Lamb.

药用全株，松节油祛风除湿，散寒止痛，活血消肿，止血，生肌，并可治夜盲等症；松脂供提炼松香、松节油；种子可供食用；木材供建筑等用。

G5　Taxodiaceae 杉科

* 杉木 *Cunninghamia lanceolata*（Lamb.）Hook.

树皮、根入药，怯风燥湿，收敛止血；种子含油20%，供制肥皂；木材供作建筑及造纸、纺织原料。

G6　Cupressaceae 柏科

* 侧柏 *Platycladus orientalis*（L.）Franco

木材供建筑用；枝叶入药，收敛止血，利尿，健胃，解毒散淤；种子可榨油，入药油滋补强壮、安神、润肠之效。

G7　Podocarpaceae 罗汉松科

百日青 *Podocarpus neriifolius* D. Don

木材黄褐色，纹理直，结构细密，硬度中等，比重0.54－0.62。可供家具、乐器、文具及雕刻等用材；又可作庭园树用。

G9　Taxaceae 红豆杉科

穗花杉 *Amentotaxus argotaenia*（Hance）Pilger

木材材质细密，可作雕刻、器具、农具及细木工等用材；叶常绿，种子成熟时假种皮红色，下垂，极美丽，可作庭院树种。渐危种。

G11 Gnetaceae 买麻藤科

罗浮买麻藤 *Gnetum lofuense* Cheng

藤本；用于庭园等的垂直绿化，既可观果亦可赏叶；茎皮纤维可织麻袋、鱼网，制人造棉；种子可炒食或榨油，供食用或作润滑油，亦可酿酒；树液为清凉饮料。渐危种。

小叶买麻藤 *Gnetum parvifolium*（Warb.）Cheng *ex* Chun

藤本；层间绿化；茎皮纤维坚韧，可作渔网、绳索；种子富含淀粉及蛋白质，煮熟可食或榨油。

附录1.3 被子植物

1 Magnoliaceae 木兰科

香港木兰 *Magnolia championi* Benth.

适合作为庭院观赏或大型盆栽。濒危种。

木莲 *Manglietia fordiana* Oliv.

边材淡黄色，可供家具、板料、细工等用；果皮树皮入药，治便秘和干咳。

含笑 *Michelia figo*（Lour.）Spr.

观赏植物。花有水果甜香，花瓣可拌入茶叶制成花茶，亦可提取芳香油和供药用。

深山含笑 *Michelia maudiae* Dunn

木材纹理直，结构细，易加工，供家具、板料、绘图版、细木工用材。叶鲜绿；花纯白艳丽，为庭园观赏树种，可提取芳香油，亦供药用。

2 Illiciaceae 八角科

厚皮香八角 *Illicium ternstroemiodes* A. C. Smith

3 Schisandraceae 五味子科

黑老虎 *Kadsura coccinea*（Lam.）Sm.

根药用，能行气活血，消肿止痛，治胃病，风湿骨痛，跌打瘀痛并为妇科常用药。果成熟后味甜，可食。

南五味子 *Kadsura longipedunculata* Fin. et Gagn.

根、茎、叶、种子均可入药；种子为滋补强壮剂和镇咳药，治神经衰弱、支气管炎等症；茎、叶、果实可提取芳香油；茎皮可作绳索。

8 Annonaceae 番荔枝科

*番荔枝 *Annona squamosa* L.

果能食用，为热带著名水果；树皮纤维可造纸；根可药用，治疗急性赤痢、精神抑郁、脊椎骨病；果实可治疗恶疮肿痛、补脾。

鹰爪花 *Artabotrys hexapetalus*（L. f.）Bhand.

绿化植物，花极香，常栽培于公园或屋旁。鲜花含芳香油0.75%～1.0%左右，可提制鹰爪花浸膏，用于高级香水化妆品和皂用的香精原料，亦供熏茶用。根可药用，治疟疾。

香港鹰爪 *Artabotrys hongkongensis* Hance

酒饼叶（假鹰爪）*Desmos chinensis* Lour.

园林绿化，花芳香，供观赏；民间有时用其叶制酒饼，故有“酒饼叶”之称；根、叶入药，有祛风、健胃、镇痛之效。

白背瓜馥木 *Fissistigma glaucescens*（Hance）Merr.

根供药用，能活血除湿，可治风湿和痨伤；茎皮纤维坚韧，可作绳索。

瓜馥木 *Fissistigma oldhamii*（Hemsl.）Merr.

攀援灌木；园林绿化；花可提制瓜馥木花油或浸膏，种子油供调制化妆品和工业用油，根供治跌打和关节炎用。

香港瓜馥木 *Fissistigma uonicum*（Dunn）Merr.

嘉陵花 *Popowia pisocarpa*（Blume）Endl.

花芳香，可提制芳香油。渐危种。

光叶紫玉盘 *Uvaria boniana* Finet et Gagnep.

园林绿化。

山椒子 *Uvaria grandiflora* Roxb.

园林绿化及庭园观赏。

紫玉盘 *Uvaria macrophylla* Champ. *ex* Benth.

园林绿化；根药用可镇痛、止呕、治风湿，叶可止痛消肿。

11　Lauraceae 樟科

美脉琼楠 *Beilschmiedia delicata* S. K. Lee et Y. T. Wei

网脉琼楠 *Beilschmiedia tsangii* Merr.

无根藤 *Cassytha filiformis* L.

全草药用。治感冒发热、疟疾、急性黄疸型肝炎、咯血、尿血、泌尿系结石、肾炎水肿。外用治皮肤湿疹、多发性疖肿。

毛桂 *Cinnamomum appelianum* Schewe

树皮可代肉桂入药。木材作一般用材，并可作造纸糊料。

阴香 *Cinnamomum burmannii*（C. C. et Nees）Bl.

树形优美，叶色终年常绿，花朵芳香，为优良的庭园风景树和行道树；抗污染及抗尘能力较强；吸收 CO_2 较多；木材及根、枝、叶是提取樟脑和樟脑油的原料，供工业用油，木材为造船、建筑用材；茎皮入药，可治疗风湿骨痛、腹泻、外伤出血等症。

樟树 *Cinnamomum camphora*（L.）Presl.

树冠硕大，为优良的园林风景树、行道树；速生树种；园林和寺庙绿化常见树种；全株具樟脑气味，木材含精油可供药用或用于建筑、雕刻；根、果、枝、叶入药，有祛风散寒、强心镇痉、杀虫等效。国家Ⅱ级重点保护野生植物，渐危种。

黄樟 *Cinnamomum parthenoxylon*（Jack）Meissn.

园林绿化树种和行道树；根、干及叶是提取芳香油的原料；种子供榨油；木材纹理通直细致，稍重而韧，易于加工，且能耐腐，是优良的家具用材；根入药，有舒筋活血之效。

粗脉樟 *Cinnamomum validinerve* Hance

厚壳桂 *Cryptocarya chinensis* (Hance) Hemsl.

木材结构细致，材质硬而稍重，加工容易，含油或黏液多，适于作梁、柱、家具及器具等用材；此外木材刨片浸水所溶出的黏液可作发胶等用，叶尚含樟油。

黄果厚壳桂 *Cryptocarya concinna* Hance

木材为中等重材，材质颇致密，坚硬而耐湿，不易拆裂，可作家具、桶、架等用材。

乌药 *Lindera aggregata* (Sims) Kost.

根药用，散寒健胃，怯风消肿、理气；果实、根、叶均可提取芳香油制香皂；根、种子磨粉可杀虫。

小叶乌药 *Lindera aggregata* var. *playfairii* (Hemsl.) H. P. Tsui

香叶树 *Lindera communis* Hemsl.

观赏植物，宜植于园林内的池畔、山旁及林间；种子供工业用油或食用；果皮提取芳香油；枝、叶作熏香料；根、枝、叶入药，有怯风湿、消肿痛之效。

绒毛山胡椒 *Lindera nacusua* (D. Don) Merr.

尖脉木姜子 *Litsea acutivena* Hay.

山苍子 *Litsea cubeba* (Lour.) Pers.

园林绿化；木材耐腐不蛀，可供普通家具或建筑用；花、叶和果皮是提制柠檬酸的原料，供医药制品或制造香精等用；种子供工业用油；根、茎、叶、果均可入药，有祛风散寒、消肿止痛之效；果实入药，上海等地称为"毕澄茄"，治疗血吸虫病，效果良好。

分枝茂密，树姿优美，为良好的园林风景树和绿化树；木材耐朽，作家具等用；根皮及叶入药，清湿热，消肿毒，治疗腹泻，外敷治疮痈；种子榨油供制皂和硬化油。

潺槁树 *Litsea glutinosa* Sm.

华南木姜子 *Litsea greenmaniana* Allen

广东木姜子 *Litsea kwangtungensis* Chang

假柿树 *Litsea monopetala* (Roxb.) Pers.

园林、寺庙绿化及行道树，树干挺直，树冠开展，浓绿；为抗污染及抗尘能力较强的树种；木材可制家具；种子供工业用油；民间用其叶外敷治疗关节脱臼。

豺皮樟 *Litsea rotundifolia* var. *oblongifolia* (Nees) Allen

园林绿化；种子含脂肪油 63.8%，可供工业用。叶、果可提取芳香油，根入药，治跌打损伤、消化不良等。

黄椿木姜子 *Litsea variabilis* Hemsl.

材质坚硬略重，不易开裂，不渍湿，且不受虫蛀，可供家具、建筑用材。

轮叶木姜子 *Litsea verticillata* Hance

本种萌发力强，材质较坚，常作薪炭材。根、叶甘凉，民间用来治跌打积淤、胸痛、风湿痹痛、妇女经痛；叶外敷治骨折、蛇伤。

短序润楠 *Machilus breviflora* (Benth.) Hemsl.

园林绿化；背景林。

浙江润楠 *Machilus chekiangensis* S. Lee

华润楠 *Machilus chinensis* (Benth.) Hemsl.

园林绿化；背景林；速生树种；木材坚硬，可制家具。

黄心树 *Machilus gamblei* King *ex* Hook. f.

国外报道，本种种子用于喂蚕。

黄绒润楠 *Machilus grijsii* Hance

广东润楠 *Machilus kwangtungensis* Y. C. Yang

薄叶润楠 *Machilus leptophylla* Hand. - Mazz.

树皮可提树脂；种子可榨油。

刨花润楠 *Machilus pauhoi* Kanehira

本种的边材易腐，心材较坚实，稍带红色，弦切面的纹理美观，为散孔材，木射线纤细，放大镜下可见。木材供建筑、制家具，刨成薄片，叫“刨花”，浸水中可产生黏液，加入石灰水中，用于粉刷墙壁，能增加石灰的黏着力，不易揩脱，并可用于制纸。种子含油脂，为制造蜡烛和肥皂的好原料。

红楠 *Machilus thunbergii* Sieb et Zucc.

枝浓叶密，极耐荫，适作园景树；木材可供建筑、桥梁、制作器具等用；树皮可作褐色染料和熏香原料，入药有舒筋消肿之效；叶可提取芳香油；种子油可制肥皂和润滑油。

绒毛润楠 *Machilus velutina* Champ. *ex* Benth.

园林绿化；背景林；木材坚硬，耐水湿，可供家具等用。

新木姜子 *Neolitsea aurata* (Hayata) koidz.

根供药用，可治气痛、水肿、胃脘胀痛。

香港新木姜 *Neolitsea Cambodiana* var. *glabra* Allen

鸭公树 *Neolitsea chunii* Merr.

果核含油量60%左右，油供制肥皂和润滑等用。

大叶新木姜 *Neolitsea levinei* Merr.

根入药，治妇女白带。

显脉新木姜子 *Neolitsea phanerophlebia* Merr.

13.5　Illigeraceae 青藤科

宽药青藤 *Illigera celebica* Miq.

15　Ranunculaceae 毛茛科

厚叶铁线莲 *Clematis crassifolia* Benth.

甘木通 *Clematis filamentosa* Dunn

丝铁线莲 *Clematis loureiriana* DC.

毛柱铁线莲 *Clematis meyeniana* Walp.

药用全株。舒筋驳骨，去瘀止痛。根利尿、发汗、通便。茎消肿利尿，去湿。茎皮纤维制绳索。

柱果铁线莲 *Clematis uncinata* Champ. *ex* Benth.

藤本；层间绿化；根药用，祛风湿、舒筋活络或治外伤出血。

小回回蒜 *Ranunculus cantoniensis* DC.

全草含有原白头翁素，捣敷发泡，治黄疸，目疾。

石龙芮 *Ranunculus sceleratus* L.

全草含有原白头翁素，有毒，药用能消结核、截疟及治痈肿、疮毒、蛇毒和风寒湿庳。

阴地唐松草 *Thalictrum umbricola* Ulbr.

21 Lardizabalaceae 木通科

七叶莲 *Stauntonia chinensis* DC.

全株药用，民间记载有舒筋活络、镇痛排脓、解热利尿、通经导湿的作用，可用于治腋部生痈、膀胱炎、风湿骨痛、跌打损伤、水肿脚气等。据研究，对三叉神经痛、坐骨神经痛有较好的疗效。

牛藤果 *Stauntonia elliptica* Hemsl.

倒卵叶野木瓜 *Stauntonia obovata* Hemsl.

22 Sargentodoxaceae 大血藤科

大血藤 *Sargentodoxa cuneata*（Oliv.）Rehd. et Wils.

根和茎入药，有活血怯风、散瘀止痛、通经活络之效，可治风湿骨痛、经痛、阑尾炎跌打等症；根、茎和叶煎水可作杀虫剂。

23 Menispermaceae 防己科

木防己 *Cocculus orbiculatus*（L.）DC.

层间绿化；根药用，行水利湿，怯风通络、消肿止痛。

粉叶轮环藤 *Cyclea hypoglauca* Diels

根木质，入药称金钥匙，味苦性寒，功能清热解毒，怯风利水。

秤钩风 *Diploclisia affinis*（Oliv.）Diels

层间绿化；藤、叶入药，清热解毒、活血利尿、祛风去湿，为蛇伤特效药。

苍白秤钩风 *Diploclisia glaucescens*（Bl.）Diels

藤叶入药，清热解毒，怯风除湿，为蛇伤特效药。

夜花藤 *Hypserpa nitida* Miers

层间绿化。

细圆藤 *Pericampylus glaucus*（Lam.）Merr.

编织藤器。

粪箕笃 *Stephania longa* Lour.

层间绿化；全草药用，有清热、利尿之效。

青牛胆 *Tinospora sagittata*（Oliv.）Gagn.

块根药用，有消炎解毒之效，治咽喉炎、臃肿等。

中华青牛胆 *Tinospora sinensis*（Lour.）Merr.

茎藤为常用中草药，有舒筋活络的功效，通称宽筋藤。

24　Aristolochiaceae 马兜铃科

长叶马兜铃 *Aristolochia championii* Merr. et Chun

块根药用，味苦、性寒，有清热解毒之功效。用以治疗喉痛、痢疾、胃肠炎等。濒危种。

广防己 *Aristolochia fangchi* Wu *ex* Chow et Hwang

块根入药，性寒无毒，味苦涩，有祛风、利水之效，主治小便不利、风湿骨痛等。

通城虎 *Aristolochia fordiana* Hemsl.

根供药用，微苦、辛，性温，有小毒。有解毒消肿、怯风镇痛、行气止咳之功效。

大叶马兜铃 *Aristolochia kaempferi* Willd.

香港马兜铃 *Aristolochia westlandii* Hemsl.

极危种。

28　Piperaceae 胡椒科

石蝉草 *Peperomia dindygulensis* Miq.

低层绿化。

** 草胡椒 *Peperomia pellucida*（L.）Kunth

花卉；草坪绿化。

小叶爬崖香 *Piper arboricola* C. DC.

华南胡椒 *Piper austrosinense* Tseng

山蒟 *Piper hancei* Maxim

层间绿化；全株药用，祛风止痛、行气消肿，治疗风湿性关节炎、腰膝无力、咳嗽气喘等症。

毛蒟 *Piper hongkongense* Hatusima

层间绿化；全株药用，能行气止痛、活血祛风，治胃痛。

假蒟 *Piper sarmentosum* Roxb.

低层绿化；根、叶、果穗供药用，能驱风、暖胃、止痛。

29　Saururaceae 三白草科

鱼腥草 *Houttuynia cordata* Thunb.

低层绿化；全草入药，散热解毒，消痈肿；幼嫩茎可作蔬菜。

三白草 *Saururus chinensis*（Lour.）Baill.

全株供药用，具小毒，内服治尿道感染、尿道结石、脚气水肿及营养性水肿等症。

30　Chloranthaceae 金粟兰科

多穗金粟兰 *Chloranthus multistachys* Pei

草珊瑚 *Sarcandra glabra*（Thb.）Nakai

花卉；低层绿化；楼层绿化；可提取芳香油；入药能接骨驱风、消炎解毒。

36　Capparidaceae 白花菜科

广州槌果藤 *Capparis cantoniensis*（Lour.）Merr.

园林绿化；茎叶作土农药，又可治疥癞。

白花菜 *Cleome gynandra* L.

种子有小毒，但可治疮毒。

赤果鱼木 *Crateva trifoliata*（Roxb.）Sun

39　Cruciferae 十字花科

荠菜 *Capsella bursa – pastoris*（L.）Medic.

碎米荠 *Cardamine hirsuta* L.

种子油作润滑油。茎叶作野菜和饲料。全草和种子入药，解表止咳，健胃。

圆齿碎米荠 *Cardamine scutata* Thunb.

焯菜 *Rorippa indica*（L.）Hiern.

低层绿化；种子油可作润滑油；茎叶作野菜或饲料；全草和种子入药，有解表止咳、健胃、利水之效。

40　Violaceae 堇菜科

毛堇菜 *Viola confusa* Champ.

全草入药，治疮疖。

蔓茎堇菜 *Viola diffusa* Ging.

草坪绿化；全草入药，能消肿排脓、清热化痰，治疖痈等。

长萼堇菜 *Viola inconspicua* Bl.

草坪绿化；全草入药，能明目消肿、清热解毒，治结膜炎等。

堇菜 *Viola verecunda* A. Gray

全草供药用，主治肺热咯血、扁桃体炎、结膜炎、腹泻；外用治疮疖肿毒、外伤出血等。

42　Polygalaceae 远志科

黄花倒水莲 *Polygala fallax* Hemsl.

根供药用，有滋补强身、散瘀消肿的功效。

金不换 *Polygala glomerata* Lour.

草坪绿化；全草药用，对胸痛咳嗽、百日咳有效。

香港远志 *Polygala hongkongensis* Hemsl.

莎罗莽 *Salomonia cantoniensis* Lour.

草坪绿化；全株入药，治无名肿毒、蛇伤、刀伤。

蝉翼藤 *Securidaca inappendiculata* Hassk.

茎皮纤维坚韧，可作麻类代用品，如作人造真空棉与造纸的原料。

黄叶树 *Xanthophyllum hainanense* Hu

木材坚硬密致，作建筑用材。

45　Crassulaceae 景天科

** 落地生根 *Bryophyllum pinnatum*（Lam.）Kurz.

叶清热消肿，拔毒生肌，主治跌打损伤、外伤出血、疮痈肿毒、丹毒、急性结膜炎及烫火伤。

佛甲草 *Sedum lineare* Thunb.

草坪绿化；楼层绿化；肉质多汁植物；全草供药用，治毒蛇咬伤、烫火伤、痈肿疔疖等。

垂盆草 *Sedum sarmentosum* Bge.

全草入药，能清热解毒、活血止痛、消肿、接骨，治痨伤咳嗽等。

48　Droseraceae 茅膏菜科

锦地罗 *Drosera burmannii* Vahl

草坪绿化；湿地绿化；全草药用，清热祛湿、凉血、化痰止咳、止痢。

宽苞茅膏菜 *Drosera spathulata* var. *loureirii*（HK.　et Arn.）Ruan

53　Caryophyllaceae 石竹科

蚤缀 *Arenaria serpyllifolia* L.

低层绿化；全草药用，有清热解毒功效。

荷莲豆 *Drymaria cordata*（L.）Willd. *ex* Roem.　et Schult.

全草入药，可治肝炎和肾炎。

牛繁缕 *Myosoton aquaticum*（L.）Moench

低层绿化；可作野菜或饲料；全草药用，驱风解毒，外敷治疖疮。

白鼓钉 *Polycarpaea corymbosa*（L.）Lam.

全草药用，能清热祛湿，主治湿热痢疾、胃肠炎，捣烂可敷治外伤。

雀舌草 *Stellaria alsine* Grimm.

繁缕 *Stellaria media*（L.）Vill.

低层绿化；草坪绿化；全草入药，消炎抗菌，又可作饲料。

54　Molluginaceae 粟米草科

粟米草 *Mollugo pentaphylla* L.

全草药用，能抗菌消炎，治腹痛泄泻。

56　Portulacaceae 马齿苋科

马齿苋 *Portulaca oleracea* L.

低层绿化；全草入药，清热解毒，治菌痢、蛇虫咬伤、关节炎等，内服、外敷均可；可作野菜，亦可作饲料。

** 多毛马齿苋 *Portulaca pilosa* L.

可作蔬菜和药用。

57　Polygonaceae 蓼科

扁蓄 *Polygonum aviculare* L.

低层绿化；全草药用，有清热、利尿、解毒、驱虫之效。

毛蓼 *Polygonum barbatum* L.

低层绿化；全草供药用，拔毒生肌，治脓肿等症。

红辣蓼 *Polygonum caespitosum* Bl.

火炭母 *Polygonum chinense* L.

低层绿化；全草药用，清热解毒。

光蓼 *Polygonum glabrum* Willd.

辣蓼 *Polygonum hydropiper* L.

低层绿化。全草入药，有消肿解毒、利尿、止痢之效。

大马蓼 *Polygonum lapathifolium* L.

何首乌 *Polygonum multiflorum* Thunb.

全草药用，滋补强壮、养血。

尼泊尔蓼 *Polygonum nepalense* Meisn.

杠板归 *Polygonum perfoliatum* L.

层间绿化；茎叶供药用，有清热止咳、散瘀解毒、止痒之效。

腋花蓼 *Polygonum plebium* R. Br.

皱叶酸模 *Rumex crispus* L.

根入药，有清热、解毒、通便等功效；嫩叶可作蔬菜食用。

长刺酸模（假菠菜）*Rumex maritimus* L.

全株有清热解毒、止血、杀虫、通便之效；有微毒。

59 Phytolaccaceae 商陆科

商陆 *Phytolacca acinosa* Roxb.

根有毒，入药能泻水利尿，外敷治痈肿疔疮、跌打损伤。

61 Chenopodiaceae 藜科

狭叶尖头叶藜 *Chenopodium acuminatum* subsp. *virgatum*（Thunb.）Kitam.

藜 *Chenopodium album* L.

低层绿化；全草入药，能止泻痢、止痒；种子可榨油，供食用和工业用。

** 土荆芥 *Chenopodium ambrosioides* L.

低层绿化；全草可提取土荆芥油，药用，能健胃除湿，对驱除绦虫和蛔虫有特效。

小藜 *Chenopodium ficifolium* Sm.

地肤 *Kochia scoparia*（L.）Schrad.

果实称“地肤子”，为常用中药，功能清热利湿、祛风止痒，用于治皮肤瘙痒、荨麻疹、湿疹、小便不利；嫩苗可食；种子含油15.05%，种子油食用或供工业用。

南方碱蓬 *Suaeda australis*（R. Br.）Miq.

63 Amaranthaceae 苋科

土牛膝 *Achyranthes aspera* L.

低层绿化；根供药用，强筋骨，治跌打损伤；全草是清热解表药、治感冒发热、喉痛、肾炎水肿等症。

* 红草 *Alternanthera bettzickiana*（Regel）Nich.

栽培供观赏。

线叶虾钳菜 *Alternanthera nodiflora* R. Br.

** 美洲虾钳菜 *Alternanthera paronychioides* St. Hil.

家畜饲料。

** 空心莲子草 *Alternanthera philoxeroides*（Mart.）Griseb.

湿地绿化；根或全草入药，有清热解毒之效。

虾钳菜 *Alternanthera sessilis*（L.）DC.

低层绿化；全草药用，能清热、散瘀、拔毒、凉血，治痢、疥癣等。

繁穗苋 *Amaranthus hybridus* L.

嫩茎叶可作蔬菜，或栽培取种子作粮食用，为古代一种粮食作物，也可栽培供观赏。

小叶凹头苋 *Amaranthus lividus* var. *polygonoides*（Moq.）Thell.

刺苋 *Amaranthus spinosus* L.

一年生草本；低层绿化；根、茎、叶供药用，凉血解毒，治菌痢、肠胃炎和毒蛇咬伤。

绿苋 *Amaranthus viridis* L.

一年生草本；低层绿化；嫩茎叶可作野菜或作饲料；全草药用，清热解毒。

青葙 *Celosia argentea* L.

一年生草本；低层绿化；嫩枝和叶可作蔬菜食用，又可作饲料；花和种子药用，清热止血、治疗痔疮出血等。

杯苋 *Cyathula prostrata*（L.）Bl.

全草治跌打。有小毒。

69　Oxalidaceae 酢浆草科

*杨桃 *Averrhoa carambola* L.

南方主要果品之一。果可入药，生津止渴，治风热；叶有利尿、散热毒、止痛、止痒、止血之效。

酢酱草 *Oxalis corniculata* L.

多枝草本；花卉；低层绿化；草坪绿化；全草入药，有清热解毒、利尿、消肿、散瘀止痛之效。

**红花酢酱草 *Oxalis corymbosa* DC.

多年生直立无茎草本；花卉；全草入药，有清热、消肿之效，治口腔炎、肠炎等症

71　Balsaminaceae 凤仙花科

华凤仙 *Impatiens chinensis* L.

一年生草本；花卉；湿地绿化。

72　Lythraceae 千屈菜科

耳基水苋 *Ammannia auriculata* Willd.

*大花紫薇 *Lagerstroemia speciosa*（L.）Pers.

观赏植物。

密花节节菜 *Rotala densiflora*（Roth）Koehne

圆叶节节菜 *Rotala rotundifolia*（Roxb.）Koehne

77　Onagraceae 柳叶菜科

水龙 *Ludwigia adscendens*（L.）Hara

草龙 *Ludwigia linifolia*（Vahl）Hara

一年生草本；低层绿化；全草药用，清热去湿，拔毒消肿。

毛草龙 *Ludwigia octovalis* var. *sessiflora*（Mich.）Rav.

丁香蓼 *Ludwigia prostrata* Roxb.

一年生草本；低层绿化；湿地绿化；全草入药，有清热利水之效。

** 滨海月见草 *Oenothera drummondii* Hook.

可供观赏。

78 Haloragidaceae 小二仙草科

黄花小二仙草 *Haloragis chinensis*（Lour.）Merr.

小二仙草 *Haloragis micrantha* R. Br. *ex* Sieb. et Zucc.

全草药用。止咳平喘、清热利湿、调经活血。治咳嗽哮喘、痢疾、小便不利、月经不调、跌打损伤。

81 Thymelaeaceae 瑞香科

土沉香 *Aquilaria sinensis*（Lour.）Gilg.

常绿乔木；观赏植物；园林绿化；国家Ⅱ级重点保护野生植物；木质部分泌树脂即“土沉香”，作香料及药用，能镇静、止痛、收敛、驱风，治胃病及心腹痛等病；树皮纤维，供造纸和人造棉原料；种子富含油脂，供工业用。国家Ⅱ级重点保护野生植物，渐危种。

白瑞香 *Daphne papyracea* Wall. *ex* Steud.

本种的茎皮纤维可制打字蜡纸、牛皮纸和人造棉。

了哥王 *Wikstroemia indica*（L.）Mey

灌木；可作以观果为主的观赏植物，园林中可以地栽与其他观赏植物混植，或盆栽作盆景；茎皮纤维可造纸和人造棉；根及叶入药，能破结散瘀、解毒；叶可敷治疮肿；种子富含油脂，可供制皂。

北江荛花 *Wikstroemia monnula* Hance

细轴荛花 *Wikstroemia nutans* Champ.

灌木；园林绿化；茎皮纤维供造纸和人造棉；药用全株，消坚破瘀，止血镇痛，拔毒止痒。

83 Nyctaginaceae 紫茉莉科

** 紫茉莉 *Mirabilis jalapa* L.

观赏或药用；根有活血解毒、怯湿利尿的功效；叶可治疮毒。

84 Proteaceae 山龙眼科

小果山龙眼 *Helicia cochinchinensis* Lour.

小乔木；园林绿化；种子可榨油和提取淀粉。

大叶山龙眼 *Helicia kwangtungensis* Wang

种子含淀粉，煮熟后浸渍 1—2 天后可供食用。

网脉山龙眼 *Helicia reticulata* Wang

小乔木；园林绿化；种子可提取淀粉。

85 Dilleniaceae 五桠果科

锡叶藤 *Tetracera sarmentosa*（L.）Vahl.

木质藤本，叶面粗糙，可供擦锡器和工具；层间绿化；药用，治腹泻、肝脾肿大等症。

88 Pittosporaceae 海桐花科

光叶海桐 *Pittosporum glabratum* Lindl.

小乔木；园林绿化；根有辛辣味，药用，含生物碱，治风湿关节炎，毒蛇咬伤；叶治过敏性皮炎等。

93 Flacourtiaceae 大风子科

刺柊 *Scolopia chinensis*（Lour.）Clos.

药用全株，活血散瘀，治疗跌打肿痛。

广东刺柊 *Scolopia saeva* Hance

乔木；园林绿化；木材坚重，耐腐，可供造船、体育器材、工艺品等。

柞木 *Xylosma japonicum*（Walp.）A. Gray

木材坚实，可为农具或发梳材料；树皮供药用。

长叶柞木 *Xylosma longifolium* Clos.

94 Samydaceae 天料木科

嘉赐树 *Casearia glomerata* Roxb.

根叶药用，可治跌打。

毛叶嘉赐树 *Casearia velutina* Bl.

天料木 *Homalium cochinchinense*（Lour.）Druce

小乔木；园林绿化；材质坚重，纹理细致，可供家具、雕刻等用。

101 Passifloraceae 西番莲科

龙珠果 *Passiflora foetida* L.

103 Cucurbitaceae 葫芦科

绞股蓝 *Gynostemma pentaphyllum*（Thb.）Mak.

全草含人参皂甙成分，有清热解毒、止咳祛痰和强壮、抗衰老、抗疲劳等作用。

茅瓜 *Solena amplexicaulis*（Lam.）Gandhi

草质藤本；层间绿化；果可食；块根或全草药用，能清热解毒、消肿散结、清肝利水。

多型栝楼 *Trichosanthes ovigera* Bl.

老鼠拉冬瓜 *Zehneria indica*（Lour.）Ker.

果味微酸，可食。根和茎、叶药用，有清热利尿、拔毒消肿、除瘀散结之效。

钮子瓜 *Zehneria maysorensis*（Wight et Arn.）Arn.

104 Begoniaceae 秋海棠科

粗喙秋海棠 *Begonia crassirostris* Trmsch.

紫背天葵 *Begonia fimbristipulata* Hance

叶晒干可作饮料，亦供药用，有清热解毒、润燥止咳、消炎止痛的功效。

裂叶秋海棠 *Begonia laciniata* Roxb.

107 Cactaceae 仙人掌科

** 仙人掌 *Opuntia dillenii* Haw.

108 Theaceae 山茶科

杨桐 *Adinandra millettii* (Hook. et Arn.) Hance

小乔木；园林绿化。

香港毛蕊茶 *Camellia assimilis* Champ. *ex* Benth.

长尾毛蕊茶 *Camellia caudata* Wall.

柃叶茶 *Camellia euryoides* Lindl.

糙果茶 *Camellia furfuracea* (Merr.) Stuart

大苞白山茶 *Camellia granthamiana* Sealy

种子可榨油，花供观赏。濒危种。

落瓣短柱茶（落瓣油茶）*Camellia kissi* Wall.

油茶 *Camellia oleifera* Abel

灌木；观赏灌木；寺庙绿化常见植物；种子油供食用及工业用；果壳可提制栲胶、皂素、糠醛等；油茶饼可作肥皂和杀虫剂；木材坚硬，可作农具。

柳叶山茶 *Camellia salicifolia* Champ.

* 茶 *Camellia sinensis* (L.) Ktze.

嫩叶制成的茶为著名饮料，有兴奋、助消化、强心、利尿等功效；根能清热解毒；种子榨油可食。

野生茶 *Camellia sinensis* var. *assamica* (Mast.) Kit.

渐危种。

红淡比 *Cleyera japonica* Thunb.

米碎花 *Eurya chinensis* R. Br.

小灌木；在园林绿化中可作绿篱栽培，亦可植于建筑物周围或草坪、池畔、小径转角处，或用以点缀岩石园，富有生气。

二列叶柃 *Eurya distichophylla* Hemsl.

岗柃 *Eurya groffii* Merr.

细枝柃 *Eurya loquaiana* Dunn

黑柃 *Eurya macartneyi* Champ.

格药柃 *Eurya muricata* Dunn

细齿叶柃 *Eurya nitida* Kob.

灌木；园林绿化；枝、叶、果可作染料；茎、叶和花均可药用，可杀虫、解毒，有治疗口疮溃烂和腹泻的功效。

大头茶 *Gordonia axillaris* (Roxb.) Dietr.

乔木；观赏植物；园林绿化；木材质地坚硬，可作建筑材料；茎、皮及果实入药。治风湿腰痛、跌打损伤、腹泻。

木荷 *Schima superba* Gardn. et Champ.

乔木；行道树，树干挺直；背景林；抗污染及抗尘能力较强的树种；速生树种。

厚皮香 *Ternstroemia gymnanthera*（Wight et Arn.）Spr.

种子油供工业用；树皮可提取栲胶。

石笔木 *Tutcheria championi* Nakai

小果石笔木 *Tutcheria microcarpa* Dunn

108.5　Pentaphylacaceae 五列木科

五列木 *Pentaphylax euryoides* Gardn. et Champ.

木材坚硬，可供建筑、家具或农具用。

112　Actinidiaceae 猕猴桃科

阔叶猕猴桃 *Actinidia latifolia*（Gardn. et Champ.）Merr.

藤本；层间绿化；果富含维生素C，可食用；亦可植于庭园供观赏，为垂直绿化的理想材料；茎、叶入药，治咽喉肿痛、湿热腹泻等。

113　Saurauiaceae 水东哥科

水东哥 *Saurauia tristyla* DC.

118　Myrtaceae 桃金娘科

肖蒲桃 *Acmena acuminatissima*（Bl.）Merr. et Perry

岗松 *Baeckea frutescens* L.

水翁 *Cleistocalyx operculatus*（Roxb.）Merr. et Perry

固堤树种。果可食，花、树皮、叶可供药用，清热去湿。

*美叶桉 *Eucalyptus calophylla* R. Br.

乔木；园林绿化；观叶植物。

*赤桉 *Eucalyptus camaldulensis* Dchnh.

乔木；园林绿化；行道树；叶或小枝可提取芳香油；树皮可提制栲胶；木材耐腐，适宜作枕木等。

*柠檬桉 *Eucalyptus citriodora* Hook. f.

乔木；园林绿化；行道树，树干挺直；速生树种；枝叶可提取芳香油；木材供枕木等用；叶及精油供药用，能消炎杀菌、驱风止痛。

*窿缘桉 *Eucalyptus exserta* Muell.

木材坚硬耐腐。

*大叶桉 *Eucalyptus robusta* Sm.

枝叶可提取芳香油；木材供枕木等用；叶及精油供药用，消炎杀菌，怯风止痛。

*巴西樱桃 *Eugenia uniflora* L.

*白千层 *Melaleuca leucadendron* L.

可作行道树及观赏用；树皮及叶可供药用，有镇静神经之效；枝叶含芳香油可作防腐剂及药用。

**番石榴 *Psidium guajava* L.

小乔木；观赏植物；果可食；叶含芳香油，可作芳香原料；树皮含鞣质；叶有健胃功效，树皮为收敛止泻药。

桃金娘 *Rhodomyrtus tomentosa*（Alt.）Hassk.

小灌木；观赏灌木；观花植物；果可食；全株供药用，有活血通络、收敛止泻、补虚止血的功效。

华南蒲桃 *Syzygium austro-sinense*（Merr. et Perry）Chang et Miau

赤楠 *Syzygium buxifolium* Hook. et Arn.

灌木；园林绿化；果可以食用或酿酒；根，味甘，性平，可治浮肿，烧烫伤、跌打；叶味苦，性寒，可治疮疖等。

子凌蒲桃 *Syzygium championii*（Benth.）Merr. et Perry

乌墨 *Syzygium cumini*（L.）Skeels

卫矛叶蒲桃 *Syzygium euonymifolium*（Metc.）Merr. et Perry

轮叶蒲桃 *Syzygium grijsii*（Hance.）Merr. et Perry

红鳞蒲桃 *Syzygium hancei* Merr. et Perry

乔木；背景林；庭园绿化；树冠开展，浓绿；树皮含鞣质，可提制栲胶。

蒲桃 *Syzygium jambos*（L.）Alston

乔木；绿化果树，园林绿化；庭园绿化，树冠开展，浓绿；速生树种；果可食或蜜饯，为良好的防风固沙树种。

山蒲桃 *Syzygium levinei*（Merr.）Merr. et Perry

香蒲桃 *Syzygium odoratum*（Lour.）DC.

红枝蒲桃 *Syzygium rehderianum* Merr. et Perry

120 Melastomataceae 野牡丹科

棱果花 *Barthea barthei*（Hance *ex* Bemtham）Krasser

柏拉木 *Blastus cochinchinensis* Lour.

治疗疮疥、产后流血不止、月经过多、跌打、外伤等。

多花野牡丹 *Melastoma affine* D. Don

直立灌木；观花植物；观赏灌木；全株入药，消积滞，收敛止血，散敛消肿，治消化不良、肠炎腹泻，痢疾，外用治刀伤出血。

野牡丹 *Melastoma candidum* D. Don

直立灌木；花大色艳，为美丽的观花植物；园林绿化；全株入药，有解毒消肿、收敛止血之效，治疗肠炎腹泻、痢疾便血。

地稔 *Melastoma dodecandrum* Lour.

匍匐状半灌木；低层及湿地绿化；花色彩艳丽，为美丽的观花植物；可植作园林地被植物，地栽或盆栽。全草入药，有解毒消肿、祛瘀利湿之效。

展毛野牡丹 *Melastoma normale* D. Don

直立灌木；观花植物；园林绿化；酸性土指示植物；果可食；全株有收敛的作用，可治牙痛、消化不良、腹泻、肠炎等症，也可外敷止血。

毛稔 *Melastoma sanguineum* Sims

直立灌木；优良的观花和观果植物；园林绿化；含鞣质；根、叶药用，根可止血、止痛；叶捣烂外敷治刀伤、跌打、毛虫毒等。

谷木 *Memecylon ligustrifolium* Champ.

黑叶谷木 *Memecylon nigrescens* Hook. et Arn.

金锦香 *Osbeckia chinensis* L.

清热解毒、宣肺止咳，去腐。治疗肺结核、口腔炎、牙痛、蛇伤、跌打损伤等。

朝天罐 *Osbeckia crinita* Benth.

清热、宣肺、抗癌。治疗肠炎、咳血、肺结核、鼻咽癌、乳腺癌、慢性气管炎等。

121　Combretaceae 使君子科

风车子 *Combretum alfredii* Hance

*阿江榄仁 *Terminalia arjuna* W. et A.

*小叶榄仁 *Terminalia mantaly* Perrier

122　Rhizophoraceae 红树科

木榄 *Bruguiera gymnorrhiza*（L.）Poir.

木材质坚硬，色红；胚轴去皮浸水后可食，但不可口；树皮含单宁19%～20%。

竹节树 *Carallia brachiata*（Lour.）Merr.

秋茄树 *Kandelia candel*（L.）Druce

树皮含丰富鞣质，可提取栲胶；木质坚重耐腐，作车轴、把柄等小件用品。

123　Hypericaceae 金丝桃科

黄牛木 *Cratoxylum cochinchinense*（Lour.）Bl.

小乔木；园林绿化；花粉红色，美丽，观花植物；寺庙绿化常见植物；嫩叶可作茶；木材浅褐色，结构细匀，硬重，适于雕刻及美术工艺制品；根、树皮入药，能清热解毒、治感冒。

田基黄 *Hypericum japonicum* Thunb. *ex* Murray

一年生小草本；低层绿化；草坪绿化；全草入药，能清热解毒、止血消肿，治肝炎、跌打损伤及疮毒。

126　Guttiferae 藤黄科

横经席 *Calophyllum membranaceum* Gerdn. et Champ.

根叶药用，去瘀止痛，补肾壮腰，止血。

多花山竹子 *Garcinia multiflora* Champ. *ex* Benth.

种子含油51.2%。油可治肥皂和作润滑油；果成熟时可食；果皮及树皮均含鞣质，可提取栲胶；木材材质坚重，为家具、工艺、雕刻等的用材；根、果皮及树皮入药，能消肿、收敛止痛。

岭南山竹子 *Garcinia oblongifolia* Champ. *ex* Benth.

种子含油达63.7%，油可制造肥皂和润滑作用。果成熟时可食；树皮含单宁、可提取栲胶，又可药用，能消炎止痛；木材可作家具及工艺品用。

128　Tiliaceae 椴树科

田麻 *Corchoropsis tomentosa*（Thb.）Mak.

假黄麻 *Corchorus aestuans* L.

一年生草本；低层绿化；茎皮纤维可作麻织品和造纸原料；嫩叶可作菜汤，有解暑之效。

破布叶 *Microcos paniculata* L.

小乔木；园林绿化；叶供药用，能清热毒、收敛止泻；种子榨油。

刺蒴麻 *Triumfetta rhomboidea* Jacq.

半灌木；茎皮纤维可制绳索、麻袋。

128.5 Elaeocarpaceae 杜英科

*长芒杜英 *Elaeocarpus apiculatus* Mast.

中华杜英 *Elaeocarpus chinensis* (Gardn. et Champ.) Hook. f.

常绿乔木；背景林；树皮和果皮含鞣质，可提制栲胶；木材可培养白木耳；根入药，有散瘀消肿的功效，主治跌打损伤。

显脉杜英 *Elaeocarpus dubius* A. DC.

杜英 *Elaeocarpus decipiens* Hemsl.

*水石榕 *Elaeocarpus hainanensis* Oliver

为一雅致小乔木，偶有栽培观赏；果实似橄榄，可食。

日本杜英 *Elaeocarpus japonicus* Sieb. et Zucc.

山杜英 *Elaeocarpus sylvestris* (Lour.) Poir.

常绿乔木；园景树和行道树；对 SO_2 的抗性较强，宜作厂矿区的绿化树种；树皮含鞣质，可提制栲胶；树皮纤维可造纸。

薄果猴欢喜 *Sloanea leptocarpa* Diels

猴欢喜 *Sloanea sinensis* (Hance) Hemsl.

常绿乔木；行道树；背景林。

130 Sterculiaceae 梧桐科

刺果藤 *Byttneria aspera* Col.

木质藤本；层间绿化；茎皮纤维可制绳索；根、茎入药，有补血的功效，可治风湿骨痛、跌打骨折。

山芝麻 *Helicteres angustifolia* L.

银叶树 *Heritiera littoralis* Aiton.

本种为热带海岸红树林的树种之一。木材坚硬，为建筑、造船和制家具的良材。果木质，内有厚的木栓状纤维层，故能在海面漂浮而散布各地。

翻白叶树 *Pterospermum heterophyllum* Hance

乔木；观叶植物；园林绿化；根供药用，治疗风湿性关节炎，浸酒可治风湿骨痛。

两广梭罗 *Reevesia thyrsoidea* Lindl.

常绿乔木；行道树，树干挺直；背景林；树皮纤维可制绳索，或为造纸原料。

假苹婆 *Sterculia lanceolata* Cav.

乔木；园林绿化；庭园绿化，树冠开展，浓绿，观果植物；速生树种；抗污染及抗尘能力较强的树种；寺庙绿化常见植物；茎皮纤维可代麻用；种子炒熟可食，又可榨油；叶药用，治跌打。

苹婆 *Sterculia nobilis* Sm.

种子可食；叶可裹粽；树形美观，繁殖容易，不易落叶，为华南地区良好的行道树。

蛇婆子 *Waltheria indica* L.

茎皮纤维可织麻袋，又因其耐旱和耐贫瘠的土壤，在地面匍匐生长故可作保土植物。

131 Bombacaceae 木棉科

木棉 *Bombax ceiba* L.

乔木；花入药，清热除湿，能治菌痢、肠炎、胃痛；根皮祛风湿，理跌打；树皮为滋补药，亦用于治痢疾和月经过多。果内绵毛可作枕、褥、救生圈等填充材料。种子油可作润滑油、制肥皂。木材轻软，可用作蒸笼、箱板、火柴梗、造纸等用。花大而美，树姿巍峨，可植为庭园观赏树、行道树。

132 Malvaceae 锦葵科

黄葵 *Abelmoschus moschatus*（L.）Medic.

草本；观赏植物；园林中作背景材料；茎皮纤维可作纺织原料；花可治创伤；果含芳香油，是很好的调香原料。

磨盘草 *Abutilon indicum*（L.）Sweet

草本；茎皮纤维为麻类代用品；全草入药，有散风清热之效。

*吊灯花 *Hibiscus schizopetalus*（Mast.）Hook. f.

花美丽，悬垂枝头，若吊灯，可供庭园绿化用。

黄槿 *Hibiscus tiliaceus* L.

树皮纤维供制绳索；嫩枝可作蔬菜；木材供建筑、造船及家等。

赛葵 *Malvastrum coromandelianum*（L.）Garcke

*悬铃花 *Malvaviscus arboreus* var. *penduliflorus* Schery

庭院栽培，供观赏。

黄花稔 *Sida acuta* Burm. f.

半灌木；旱生植物；观赏灌木；根和叶药用，能活血消肿，生肌解毒。

桤叶黄花稔 *Sida alnifolia* L.

心叶黄花捻 *Sida cordifolia* L.

半灌木；旱生植物；观赏灌木。

粘毛黄花稔 *Sida mysorensis* Wight et Arn.

白背黄花捻 *Sida rhombifolia* L.

半灌木；旱生植物；观赏灌木；全草入药，有疏风解热、散瘀拔毒之效。

榛叶黄花稔 *Sida subcordata* Span

杨叶肖槿 *Thespesia populnea*（L.）Sol. *ex* Corr.

肖梵天花 *Urena lobata* L.

半灌木；观赏灌木；茎皮纤维可代麻；根、叶入药，能祛风解毒、行气活血，治痢疾等症。

狗脚迹 *Urena procumbens* L.

半灌木；观赏植物。

133　Malpighiaceae 金虎尾科

风车藤 *Hiptage benghalensis*（L.）Kurz

135.5　Ixonanthaceae 粘木科

粘木 *Ixonanthes chinensis* Champ.

渐危种。

136　Euphorbiaceae 大戟科

铁苋菜 *Acalypha australis* L.

一年生草本；低层绿化；全草入药，能清热解毒、利水消肿、治痢止泻。

*红桑 *Acalypha wikesiana* Muell. - Arg.

栽培，供观赏。

红背山麻杆 *Alchornea trewioides*（Benth.）Muell. - Arg.

茎皮纤维可作人造棉原料；根叶入药，解毒、除湿、止血、杀虫止痒，治尿道结石或炎症、痢疾等。

*石栗 *Aleurites moluccana*（L.）Willd.

栽培作行道树或庭园绿化树种，种子含油量达26%，系干性油，供工业用。

五月茶 *Antidesma bunius* Spr.

常绿小乔木；庭园绿化，树冠开展，浓绿；背景林；叶药用，治小儿头疮，根可治跌打损伤，果微酸，供食用、药用。

黄毛五月茶 *Antidesma fordii* Hemsl.

方叶五月茶 *Antidesma ghaesembilla* Gaertn.

酸味子 *Antidesma japonicum* Sieb. et Zucc.

灌木；园林绿化，作绿篱。

小叶五月茶 *Antidesma microphyllum* Hemsl.

山地五月茶 *Antidesma montanum* Bl.

银柴 *Aporosa dioica*（Rocb.）Muell. - Arg.

乔木；背景林；园林绿化；速生树种。

云南大沙叶 *Aporosa yunnanensis*（Pax et Hoffm.）Metc.

秋枫 *Bischofia javanica* Bl.

散孔材，导管管孔较大，直径115～250微米，管阵发性线平方毫米平均11～12个。木材红褐色，心材与边材区别不甚明显，结构细，质重、坚韧耐用、耐腐、耐水湿，气干比重0.69，可供建筑、桥梁、车辆、造船、矿柱、枕木等用。果肉可酿酒。种子含洇量30%～54%，供食用，也可作润滑油。树皮可提取红色染料。叶可作绿肥，也可治无名肿毒。根有祛风消肿作用，主治风湿骨痛、痢疾等。

黑面神 *Breynia fruticosa*（L.）Hook. f.

灌木，有毒；观赏植物；枝叶含鞣质，可提制栲胶；根入药，治肠胃炎、咽喉炎等；叶外敷治湿疹、皮炎。

膜叶黑面神 *Breynia vitis - idaea*（Burm. f.）C. E. C. Fischer

全株可药用，有消炎、平喘之效，可治哮喘、咽喉肿痛、湿疹等。

禾串树 *Bridelia balansae* Tutch.

散孔材，边材淡黄棕色，心材黄棕色，纹理稍通直，结构细致，材质稍硬，较轻，气干比重0.6，干燥后不开裂、不变形、耐腐，加工容易，可供建筑、家具、车辆、农具、器具等材料。

土蜜树 *Bridelia tomentosa* Bl.

小乔木；园林绿化；速生树种；枝叶药用，治疗神经衰弱、跌打骨折等症。

白桐树 *Claoxylon indicum*（Reinw. *ex* Bl.）Hassk.

乔木；背景林；园林绿化；根供药用，治风湿骨痛、支气管炎、脚气水肿等。

棒柄花 *Cleidion brevipetiolatum* Pax et Hoffm.

灰岩粗毛藤 *Cnesmone tonkinecsis*（Gagnep.） Croiz.

分布于大鹏山庄后山，全株具螯毛。

*变叶木 *Codiaeum variegatum*（L.）A. Juss.

常见庭园或公园观叶植物；易扦插繁殖，园艺品种多。

鸡骨香 *Croton crassifolius* Geisel.

根入药；性温、味苦，有理气止痛、祛风除湿之疗效。

毛果巴豆 *Croton lachnocarpus* Benth.

灌木；低层绿化；根药用，有小毒，能祛寒驱风、散瘀活血。

巴豆 *Croton tiglium* L.

种子供药用，亦称巴豆，种子的油曰巴豆油，其性味：辛、热；有大毒；作峻泻药，外用于恶疮、疥癣等；根、叶入药，治风湿骨痛等；民间用枝、叶作杀虫药或毒鱼。

钝叶核果木 *Drypetes obtusa* Merr. et Chun

黄桐 *Endospermum chinense* Benth.

乔木；树形高大，树姿挺拔，用于园林绿化；树皮、叶、根入药，味辛、有毒；舒筋活络，祛瘀生肌、消肿止痛；治风寒湿痹、关节疼痛、四肢麻木、跌打骨折；树皮治疟疾；叶可抗癌；根可治黄疸性肝炎。

海滨大戟 *Euphorbia atoto* Forst.

**猩猩草 *Euphorbia cyathophora* Murr.

栽培于公园、植物园或温室中用于观赏。

飞扬草 *Euphorbia hirta* L.

一年生草本；低层绿化；草坪绿化；全草入药，能收敛解毒、利尿消肿，治肠炎、痢疾、肺炎及疖肿。

通奶草 *Euphorbia hypericifolia* L.

一年生直立草本；低层绿化；草坪绿化。全草入药，通奶。

铺地草 *Euphorbia prostrata* Ait.

*一品红 *Euphorbia pulcherrima* Willd.

栽培于公园、植物园或温室中用于观赏。茎叶可入药，有消肿的功效，可治跌打损。

千根草 *Euphorbia thymifolia* L.

一年生草本；低层绿化；草坪绿化；全草入药，治肠炎、菌痢、皮炎、湿疹等。

海漆 *Excoecaria agallocha* L.

*红背桂 *Excoecaria cochinchinensis* Lour.

观赏草本。

毛果算盘子 *Glochidion eriocarpum* Champ.

灌木；观赏植物；根、叶入药，能收敛止泻、祛湿止痒，解漆毒。

厚叶算盘子 *Glochidion hirsutum*（Roxb.）Voigt

灌木；观赏植物；茎皮含鞣质，可提制栲胶。

香港算盘子 *Glochidion zeylanicum*（Gaertner）A. Jussieu.

灌木；观赏灌木；根皮入药可治咳嗽、肝炎；茎、叶可治腹痛、跌打损伤；茎皮可提取栲胶。

艾胶算盘子 *Glochidion lanceolarium*（Roxb.）Voigt.

算盘子 *Glochidion puberum*（L.）Hutch.

灌木；观赏灌木；种子油供制肥皂及作润滑油；茎、根、叶、果均入药，能活血散瘀、消肿解毒、治痢止泻；茎皮含鞣质，又可作农药。

白背算盘子 *Glochidion wrightii* Benth.

灌木；观赏灌木。

**麻风树 *Jatropha curcas* L.

常栽培作绿篱，种子含油，性质似蓖麻油，可作催吐剂，亦可作制造肥皂的原料及农药、肥料；叶作蚕饲料。

刺果血桐 *Macaranga auriculata*（Merr.）Airy Shaw

鼎湖血桐 *Macaranga sampsonii* Hance

血桐 *Macaranga tanarius* var. *tomentosa*（Blume）Muller.

速生树种，木材可供建筑用材；现栽植于广东珠江口沿海地区作行道树或住宅旁遮荫树。

白背叶 *Mallotus apelta*（Lour.）Muell. - Arg.

灌木；背景林；观赏灌木；种子油供制肥皂及润滑油；茎皮为纤维原料，织麻袋或供作混纺；根、叶入药，能清热活血、收敛去湿，治跌打损伤等症。

粗毛野桐 *Mallotus hookerianus* Muell. - Arg.

白楸 *Mallotus paniculatus*（Lam.）Muell. - Arg.

木材质地轻软；种子油可作工业用油。

粗糠柴 *Mallotus philippinensis*（Lam.）Muell. - Arg.

常绿小乔木；园林绿化；种子油供制肥皂及润滑油用；红色腺点及星状毛茸是绦虫驱除药，并作工业染料；树皮、根皮含鞣质；木材供细木工用。

石岩枫 *Mallotus repandus* Muell. - Arg.

灌木；背景林；种子油为制油漆、油墨和肥皂的原料。

小盘木 *Microdesmis casearifolia* Pl.

越南叶下珠 *Phyllanthus cochinchinensis* Spreng.

灌木；低层绿化；全株药用，可清热解毒、消肿止痛，治牙龈脓肿、哮喘。

余甘子 *Phyllanthus emblica* L.

落叶小乔木；绿化果树；背景林；树皮及叶可提制栲胶；种子可榨油；果可生食或渍制，药用，能止咳化痰；根有收敛止泻作用；叶可治皮疹、湿疹。

烂头砵 *Phyllanthus reticulatus* Poir.

灌木；观赏植物；根、叶入药，怯风活血、散瘀消肿，可驳骨、治风湿跌打。

叶下珠 *Phyllanthus urinaria* L.

一年生草本；低层绿化；草坪绿化；全株药用，有清肝明目、收敛利水、解毒消积。

** 蓖麻 *Ricinus communis* L.

灌木；观叶植物；种仁含油可高达70%，是重要工业用油原料，为优良的润滑油，也可制肥皂及印刷油等，在医药上是一种缓泻剂；根、茎、叶均可入药，有祛湿通络、消肿拔肿之效。

山乌桕 *Sapium discolor*（Champ.）Muell. – Arg.

小乔木；园林绿化；背景林；速生树种；吸收 CO_2 量较多的树种。

乌桕 *Sapium sebiferum*（L.）Roxb.

乔木；背景林；园林绿化；种子的蜡层是制蜡烛及肥皂原料；种子榨油可制油漆等；根皮及叶入药，有消肿解毒、利尿泻下、杀虫之效。

* 树仔菜 *Sauropus androgynus*（L.） Muell. – Arg.

嫩枝和嫩叶可作蔬菜食用。

艾堇 *Sauropus bacciformis*（L.）Airy Shaw

地杨桃 *Sebastiania chamaelea*（L.）Muell. – Arg.

白饭树 *Securinega virosa* Baill.

灌木；观赏植物。

* 油桐 *Vernicia fordii*（Hemsl.）Air. – Shaw

工业油料植物，产品桐油是我国重要外贸商品。果皮可制活性炭或提取碳酸钾。

千年桐 *Vernicia montana* Lour.

136.5　Daphniphyllaceae 交让木科

牛耳枫 *Daphniphyllum calycinum* Benth.

乔木；观赏植物；速生树种；吸收 CO_2 量较多的树种；抗污染及抗尘能力较强的树种；种子榨油可制肥皂及润滑油等；根及叶入药，有清热解毒、活血散瘀之效。

虎皮楠 *Daphniphyllum oldhami*（Hemsl.）Rosenth.

木材致密，适于作家具；种子油供制肥皂。

139　Escalloniaceeae 鼠刺科

鼠刺 *Itea chinensis* Hook. et Arn.

常绿小乔木；园林绿化；木材为散孔材，干燥少开裂，供制造小农具；根、花入药，花可治咳嗽及喉干；根治风湿、跌打，亦为滋补药。

142　Hydrangeaceae 绣球科

常山 *Dichroa febrifuga* Lour.

根含有常山素（Dichroin），为抗疟疾要药。

冠盖藤 *Pileostegia viburnoides* Hook. f. et Thoms.

143　Rosaceae 蔷薇科

蛇莓 *Duchesnea indica*（Andr.）Focke

多年生草本；低层绿化；草坪绿化；全株药用，能活血散节、收敛止血、清热解毒。

香花枇杷 *Eriobotrya fragrans* Champ. *ex* Benth.

枇杷叶具有治咳功能，而枇杷叶中最重要的成分是熊果酸。

*枇杷 *Eriobotrya japonica*（Thumb.）Lindl.

水果、蜜饯和酿酒；叶药用，能利尿、清热、止渴、镇咳；枇杷仁亦有镇咳怯痰之效。

闽粤石楠 *Photinia benthamiana*（Hance）Maxim.

木材质地坚硬可作农具、手把、船橹之用；亦能栽培作观赏。

桃叶台楠 *Photinia prunifolia*（Hook. et Arn.）Lindl.

木材坚硬致密，可作秤杆、雨伞柄、算盘珠等，又是良好的薪炭材。

饶平石楠 *Photinia raupingensis* Kuan

可作家具，本种有毒。

*梅 *Prunus mume* Sieb. et Zucc.

果食用，生津止渴，入药油收敛止痢、解热镇咳、驱虫之效；根、花能活血解毒；木材作雕刻等用。

*桃 *Prunus persica*（L.）Batsch

栽培果树，果食用；桃仁为活血行瘀药；花能利尿泻下；枝叶、树胶及根均可药用；核仁含油约30%；木材致密，可为美工用具。

腺叶野樱 *Prunus phaeosticta*（Hance）Maxim.

*李 *Prunus salicina* Lindl.

果可鲜食；根皮入药，主治消渴、小儿暴热、解丹毒。

大叶野樱 *Prunus zippeliana* Miq.

优良速生用材，还可供观赏。

臀果木 *Pygeum topengii* Merr.

种子可炸油，并果可观赏。

豆梨 *Pyrus calleryana* Decne.

根、叶及果可作要用，能健胃消食、止痢、止咳。

*沙梨 *Pyrus pyrifolia*（Burm. f.）Nakai

生津润燥，清热化痰，除烦解渴。用于热病津伤烦渴，热咳，痰热惊狂，噎嗝，便秘，解暑止渴，解酒毒。

石斑木 *Rhaphiolepis indica*（L.）Lindl.

石斑木花朵美丽，枝叶密生，能形成圆形紧密树冠，是良好的观赏植物。果实可食用。

*月季花 *Rosa chinensis* Jacq.

很好的观赏植物，月季花提取物可治疗糖尿病，花治月经不髫。

小果蔷薇 *Rosa cymosa* Tratt.

以根和叶入药，根：祛风除湿，收敛固脱。用于风湿关节痛，跌打损伤，腹泻，脱肛，子宫脱垂。叶：解毒消肿，用于治痈疖疮疡，烧烫伤。

软条七蔷薇 *Rosa henryi* Bouleng

广东蔷薇 *Rosa kwangtungensis* Yu et Tsai

金樱子 *Rosa laevigata* Michx.

常绿攀援灌木；观叶及观花植物；根皮提栲胶；果实可熬糖及酿酒；根及果药用，有活血散瘀、消肿止痛、收敛利尿、补肾、止咳等功效。

光叶蔷薇 *Rosa wichuraiana* Crep.

粗叶悬钩子 *Rubus alceaefolius* Poir.

攀援灌木；观赏植物；根和叶入药，有活血散瘀、清热、止血之效。

江西悬钩子 *Rubus gressittii* Metc.

高粱泡 *Rubus lambertianus* Ser.

果可食及酿酒；根叶供药，有清热止血之效。

白花悬钩子 *Rubus leucanthus* Hance

攀援灌木；观赏灌木；可作绿篱；果可食用；根治腹泻、赤痢。

茅莓 *Rubus parvifolius* L.

小灌木；观赏灌木；果生食、熬糖和酿酒；叶及根皮提栲胶；入药，有清热解毒、活血消肿、祛风收敛之效。

梨叶悬钩子 *Rubus pirifolius* Sm.

全株入药，有强筋骨，去风湿之效。

锈毛莓 *Rubus reflexus* Ker

攀援灌木；观赏灌木；果酸甜，可食用；根入药，治风湿痛。

深裂锈毛莓 *Rubus reflexus* var. *lancelobus* Metc.

果可食，根入药，有祛风湿，强筋骨之效。

空心泡 *Rubus rosaefolius* Sm.

灌木；观赏植物；可作绿篱；根及叶入药，能清热收敛、止咳止血、怯风湿。

146　Mimosaceae 含羞草科

*大叶相思 *Acacia auriculiformis* A. Cunn. *ex* Benth.

乔木；先锋绿化；抗污染及抗尘能力较强的树种；速生树种；吸收 CO_2 较多的树种。

藤金合欢 *Acacia concinna* DC.

树皮含单宁，入药有解热，散血之效。

*台湾相思 *Acacia confusa* Merr.

乔木；先锋绿化；抗污染及抗尘能力较强的树种；速生树种；吸收 CO_2 较多的树种；花含芳香油，可作调香原料；树皮含单宁；木材坚硬，可作车轮、桨橹及农具用。

*金合欢 *Acacia farnesiana*（L.）Willd.

本种多枝，可作绿篱，木材坚硬，可制贵重物品，根及荚果含单宁，可作黑色染料，入药能收敛，清热。

*马占相思 *Acacia mangium* Willd.

乔木；先锋绿化；抗污染及抗尘能力较强的树种；速生树种；吸收 CO_2 较多的树种。

藤金合欢 *Acacia sinuata*（Lour.）Merr.

海红豆 *Adenanthera pavonina* var. *microsperma*（Teijsm. *et* Binn.）Niels.

心材暗红色，质材耐腐，可作支柱，船舶，建筑用材；种子鲜红而光亮，甚为美丽，可作妆饰品。

楹树 *Albizia chinensis*（Osb.）Merr.

本种生长迅速，枝叶茂密，适为行道树，木材可作家具。

天香藤 *Albizia corniculata*（Lour.）Druce

藤本；层间绿化。

*南洋楹 *Albizia falcataria*（L.）Fosb.

本种生长迅速，是一种很好的速生树种，多植为庭园树和行道树。

猴耳环 *Archidendron clypearia*（Jack）Nielsen

乔木；背景林；行道树，树干挺直；树皮含单宁；叶药用，清热解毒、去湿敛疮。

亮叶猴耳环 *Archidendron lucidum*（Benth.）Nielsen

乔木；观赏植物；木材供工艺、雕刻、装饰等用；枝叶入药，能消肿祛湿；果有毒。

*朱缨花 *Calliandra haematocephala* Hassk.

花极美丽，可作庭院绿化树种。

榼子藤 *Entada phaseoloides*（L.）Merr.

活血祛风，治疗风湿痛、腰肌劳损、跌打等。

**银合欢 *Leucaena leucocephala*（Lam.）de Wit

耐旱力强，可作荒山造林树种，亦可作绿篱。木质坚硬，为良好之薪炭材，叶可作绿肥及家畜饲料。

**含羞草 *Mimosa pudica* L.

木质草本；低层绿化；全草药用，能安神镇静、止血收敛、散瘀止痛，可消肿、怯风湿。

***簕仔树 *Mimosa sepiaria* Benth.

147　Caesalpiniaceae 苏木科

*白花羊蹄甲 *Bauhinia acuminata* L.

花大而美丽，白色，栽培作行道树。

*红花羊蹄甲 *Bauhinia blakeana* Dunn

花大而美丽，紫红色，栽培作行道树。

龙须藤 *Bauhinia championii* Benth.

藤本；花、叶均美丽，作层间绿化；木材有美丽斑纹，可作细工原料；根和茎皮含单宁；茎皮纤维坚韧、耐水；根和老藤药用，有活血散瘀、驱风活络、镇静止痛功效。

首冠藤 *Bauhinia corymbosa* Roxb. *ex* DC.

根和老茎供药用，有活血，活络，镇静和止痛之功效。

粉叶羊蹄甲 *Bauhinia glauca* (Wall. *ex* Benth.) Benth.

可作绿篱。

*白花洋紫荆 *Bauhinia variegata* var. *candida* (Roxb.) Voigt

花可作蔬菜。

刺果苏木 *Caesalpinia bonduc* (L.) Roxb.

为耐旱树种之一，可栽培作围篱；叶、种子在民间用作止泻、去风湿及治疗间歇热等症；种子可榨油。

华南云实 *Caesalpinia crista* L.

藤本；层间绿化；根可作利尿剂。

小叶云实 *Caesalpinia millettii* Hook. *et* Arn.

根药用。治胃病、消化不良。

春云实 *Caesalpinia vernalis* Champ.

*腊肠树 *Cassia fistula* L.

果可观赏，适合作行道树。

**望江南 *Cassia occidentalis* L.

半灌木；低层绿化；种子和全草药用，能健胃通便、解毒止痛；茎叶外敷治蛇伤。

*黄槐 *Cassia surattensis* Burm. f.

庭院观赏植物和行道树。

**决明 *Senna tora* L.

一年生草本；低层绿化；可作绿肥及改良土壤；种子药用，有清肝明目、润肠祛风、强壮利尿之效。

*凤凰木 *Delonix regia* Raf.

速生树种，花大而美丽，庭院观赏植物和行道树。

华南皂荚 *Gleditsia fera* (Lour.) Merr.

荚果含皂素，可代肥皂，作洗涤用，亦可作杀虫药。

148 Papilionaceae 蝶形花科

广州相思子 *Abrus cantoniensis* Hance

根茎叶入药，有清热利尿、舒肝散瘀的功效，用于湿热、膀胱之小便刺痛、胃痛等，但种子有剧毒，不可服用。

毛相思子 *Abrus mollis* Hance

相思子 *Abrus precatorius* L.

缠绕藤本；层间绿化；种子作工艺品和装饰品；种子有毒，不能内服，外用治皮肤病；根可清暑解表，作凉茶配料。

合萌 *Aeschynomene indica* L.

为优良的绿肥植物。全草入药，能利尿解毒。茎髓质地轻软，可制遮阳帽，浮子，救生圈等；种子有毒，不可食用。

链荚豆 *Alysicarpus vaginalis* DC.

接骨、治疗刀伤。

*落花生 *Arachis hypogaea* L.

重要油料作物，种子含油45%，除供食用外，亦可制肥皂、生发油等；油粕为肥料和饲料；茎叶为优良绿肥。

藤槐 *Bowringia callicarpa* Champ.

清热、凉血。

**木豆 *Cajanus cajan*（L.）Millsp.

为耐旱树种，可改良土壤；种子可供食用；叶可作牲畜饲料。

蔓草虫豆 *Cajanus scarabaeoides*（L.）Thouars

叶入药，有健胃，利尿作用。

小刀豆 *Canavalia cathartica* Thou.

海刀豆 *Canavalia maritima*（Aubl.）Thou.

铺地蝙蝠草 *Christia obcordata*（Poir.）Bakh. f.

清热、利尿，治疗结膜炎、膀胱炎、尿道炎等。

圆叶舞草 *Codariocalyx gyroides*（Roxb. *ex* Link）Hassk.

响铃豆 *Crotalaria albida* Heyne *ex* Roth

灌木状草本；全草供药用，能消肿解毒。

凸尖野百合 *Crotalaria assamica* Benth.

猪屎豆 *Crotalaria pallida* Ait.

半灌木状草本；种子有补肝肾、固精的效用；根及全草能开郁散结、解毒除湿；茎叶可作绿肥。

两粤黄檀 *Dalbergia benthamii* Prain

藤本；层间绿化；茎为活血通经药；茎皮纤维可作造纸及混纺原料。

藤黄檀 *Dalbergia hancei* Benth.

藤本；层间绿化；茎皮含单宁；根、茎及树脂入药，有强筋活络、破积止痛之效；纤维供编织。

香港黄檀 *Dalbergia millettii* Benth.

含羞草叶黄檀 *Dalbergia mimosoides* Franc.

叶药用。消炎、解毒。治疗疮、痈疽、竹叶青蛇咬伤、蜂窝组织炎。

白花鱼藤 *Derris alborubra* Hemsl.

中南鱼藤 *Derris fordii* Olive.

可洗疮毒。

鱼藤 *Derris trifoliata* Lour.

治疗皮肤湿疹。

假地豆 *Desmodium heterocarpon*（L.）DC.

全株药用。甘、涩，平。清热利尿、消痛解毒。治虚寒性咳嗽、小儿惊风、淋巴结核、结石、小便淋漓、筋骨疼痛、跌打损伤、毒蛇咬伤。也用于防治流行性乙型脑炎、肝炎、腮腺炎。

异叶山绿豆 *Desmodium heterophyllum*（Willd.）DC.

多年生草本；低层绿化。

大叶拿身草 *Desmodium laxiflorum* DC.

小叶三点金 *Desmodium microphyllum*（Thunb.）DC.

根、全草药用。健脾利湿、止咳平喘、解毒消肿。治小儿疳积、黄疸、痢疾、哮喘、支气管炎；外用治毒蛇咬伤、痈疮溃烂、漆疮、痔疮。

显脉山绿豆 *Desmodium reticulatum* Champ.

去腐、生肌，治疗痢疾、刀伤。

波叶山蚂蝗 *Desmodium sinuatum* Bl.

根、果、全草药用。润肺止咳、驱虫、止血消炎。

广东金钱草 *Desmodium styracifolium*（Osbeck）Merr.

清热祛湿、利尿通淋。

三点金草 *Desmodium triflorum*（L.）DC.

草本；低层绿化；草坪绿化；全草药用，有解表、消食作用。

茸毛山蚂蝗 *Desmodium velutinum*（Willd.）DC.

长柄野扁豆 *Dunbaria podocarpa* Kurz.

解毒、消肿痛，治疗咽喉痛。

圆叶山绿豆 *Dunbaria punctata*（Wight et Arn.）Benth.

清肝热、治疗眼目痛、清大肠湿热。

*龙芽花 *Erythrina corallodendron* L.

美丽的观赏植物，常植于庭园或屋旁；木材质地柔软，可作木栓；树皮可供药用，可作麻醉剂和增加剂。

*刺桐 *Erythrina variegata* L.

美丽的观赏植物；树皮入药称海桐皮，能祛风去湿、通经活络。

大叶千斤拔 *Flemingia macrophylla* Prain

药用根，壮筋骨，强腰骨。

千斤拔 *Flemingia prostrata* Roxb.

小叶干花豆 *Fordia microphylla* Dunn *ex* Z. Wei

*大豆 *Glycine max*（L.）Merr.

重要粮食作物，茎叶还可作饲料；大豆种子经萌发干燥后可入药，称大豆黄卷，能清热解湿，用于发热汉少、骨节软疼、小便不利等。

疏花长柄山蚂蝗 *Hylodesmum laxum* (DC.) H. Ohashi et R. R. Mill

刚毛木蓝 *Indigofera hirsuta* L.

解毒消肿，治疗疖疮。

**假蓝靛 *Indigofera suffruticosa* Mill.

叶可提取蓝靛；全草入药，制喉炎。

胡枝子 *Lespedeza bicolor* Turcz.

枝叶可压绿肥，花美丽可供观赏，枝条可编筐，亦可用于水土保持，是改良低产山地及水土保持的优良灌木。

中华胡枝子 *Lespedeza chinensis* G. Don

根药用，清热止痛、祛风，治疗关节炎、疟疾。

美丽胡枝子 *Lespedeza formosa* (Vog.) Koehne

灌木；观赏灌木；水土保持植物；根入药，有凉血消肿、除湿解毒之效。

华南马鞍树 *Maackia australis* (Dunn) Takeda

濒危种。

绿花崖豆藤 *Millettia championii* Benth.

凉血散瘀、祛风消肿，治疗跌打损伤、风湿关节痛。

山鸡血藤 *Millettia dielsiana* Harms

攀援灌木；层间绿化；根药用，有行气和血、驱风除湿、舒筋活络的效用。

亮叶鸡血藤 *Millettia nitida* Benth.

茎皮纤维可制绳索或供造纸。

丰城崖豆藤 *Millettia nitida* var. *hirsutissima* Z. Wei

厚果崖豆藤 *Millettia pachycarpa* Benth.

味苦辛、热，有毒，具有杀虫、攻毒、止痛之功效。

印度崖豆 *Millettia pulchra* Kurz.

昆明鸡血藤 *Millettia reticulata* Benth.

牛大力藤 *Millettia speciosa* Champ.

攀援灌木；层间绿化；寺庙绿化常见植物；可植于庭园的篱墙上供观赏；根含淀粉，可酿酒；入药，有通经活络、补虚润肺的效用。

白花油麻藤 *Mucuna birdwoodiana* Tutch.

生长快速、粗壮，花序长，花朵美丽，为我国南方庭园蔽荫的优良藤本植物，常用于攀援高大棚架、花门和墙垣等，效果甚佳。藤茎可入药。

香港油麻藤 *Mucuna championii* Benth.

濒危种。

凹叶红豆 *Ormosia emarginata* (Hook. et Arn.) Benth.

光叶红豆 *Ormosia glaberrima* Wu

韧荚红豆 *Ormosia indurata* L. Chen

濒危种。

软荚红豆 *Ormosia semicastrata* Hance

** 沙葛 *Pachyrhizus erosus* Urb.

可食用，有止渴、生津、解毒功效。

排钱草 *Phyllodium pulchellum*（L.）Desv.

半灌木；观赏植物；根、叶药用，能解表清热、活血散瘀。

* 豌豆 *Pisum sativum* L.

重要粮食作物。

野葛 *Pueraria lobata*（Willd.）Ohwi

藤本；低层绿化；茎皮纤维供织布和造纸原料；块根可制葛粉，并和花供药用，能解热透疹、生津止咳、解毒、止泻；种子可榨油。

葛麻姆 *Pueraria lobata* var. *montana*（Lour.）van der Maesen

粉葛 *Pueraria lobata* var. *thomsoni*（Benth.）van der Maesen

块根含淀粉，供食用，所提取的淀粉称葛粉。

三裂叶野葛 *Pueraria phaseoloides* Benth.

藤本；低层绿化；可作覆盖物、饲料或绿肥作物；为常见的水土保持植物；茎皮纤维制绳索和织麻袋；全株药用，有解热、驱虫作用。

鹿藿 *Rhynchosia volubilis* Lour.

草质缠绕藤本；层间绿化；其豆可食，药用，能镇咳祛痰、祛风和血、解毒杀虫。

田菁 *Sesbania cannabina*（Retz.）Pers.

小灌木；低层绿化；纤维可代麻；茎叶作绿肥及牛马饲料。

密花坡油甘 *Smithia conferta* Smith

葫芦茶 *Tadehagi triquetrum*（L.）Ohashi

半灌木；全株药用，能清热解毒、健胃消食、利尿、杀虫。

猫尾草 *Uraria crinita* Desv.

多年生草本；低层绿化；观花植物；全草入药，治吐血、咳嗽、咯血、尿血、刀伤出血、子宫出血、脱肛、疳积。

* 蚕豆 *Vicia faba* L.

作蔬菜食用。

滨豇豆 *Vigna marina*（Burm.）Merr.

* 绿豆 *Vigna radiatus*（L.）Wilczek

种子可食用，亦可作淀粉，制作豆沙，粉丝等；入药，有清凉解毒、利尿明效。

* 豇豆 *Vigna unguiculata*（L.）Walp.

嫩荚作蔬菜食用。

丁葵草 *Zornia gibbosa* Span.

151　Hamamelidaceae 金缕梅科

蕈树 *Altingia chinensis* Oliv. *ex* Hance

木材可培养香菇；根药用，治疗风湿跌打、瘫痪等症。

杨梅叶蚊母树 *Distylium myricoides* Hemsl.

根可治手脚浮肿。

蚊母树 *Distylium racemosum* Sieb. et Zucc.

秀柱花 *Eustigma oblongifolium* Gardn. et Champ.

枫香 *Liquidambar formosana* Hance

乔木；行道树，树干挺直；背景林；庭园绿化，树冠开展，浓绿；吸收 CO_2 较多的树种；速生树种；抗污染及抗尘能力较强的树种；抗风能力强；寺庙绿化常见树种；树脂能解毒止痛，生血生肌；根、叶、果入药，有祛风除湿、通经活络之效。

檵木 *Loropetalum chinense*（R. Br.）Oliv.

根、叶、花、果均可入药，能解热止血，通经活络；可作雕刻材料。

* 红花檵木 *Loropetalum chinense* f. *rubrum* H. T. Chang

花色好看，可作庭园绿化。

红花荷 *Rhodoleia championii* Hook. f.

尖水丝梨 *Sycopsis dunnii* Hemsl.

钝叶水丝梨 *sycopsis tutcheri* Hemsl.

154 Buxaceae 黄杨科

黄杨 *Buxus sinica*（Rhed. et Wils.）Cheng *ex* M. Cheng

可作园林绿化树种。

156 Salicaceae 杨柳科

* 垂柳 *Salix babylonica* L.

园林绿化树种。

159 Myricaceae 杨梅科

杨梅 *Myrica rubra*（Lour.）Sieb. et Zucc.

果可食，为著名水果；果、种仁及根皮药用，生津止渴、消肿、止痛、散瘀；木材质坚，供细工用；叶可提取芳香油。

163 Fagaceae 壳斗科

米锥 *Castanopsis carlesii*（Hemsl.）Hay.

甜锥 *Castanopsis eyrei*（Champ. *ex* Benth.）Tutch.

根药用。治失眠、肺结核。

罗浮栲 *Castanopsis fabri* Hance

栲 *Castanopsis fargesii* Franch.

黧蒴 *Castanopsis fissa* Rehd. et Wils.

常绿乔木；背景林；速生树种；种子含淀粉；树皮和壳斗含鞣质；木材灰黄色，质轻软，结构细致，易于加工，适于制作家具。

红锥 *Castanopsis hystrix* A. Dc.

材质坚重，有弹性，结构略粗，纹理直，耐腐，加工易，为车、船、梁、柱建筑以及家具的优质材，属红锥类，为重要的用材树种之一。

吊皮锥 *Castanopsis kawakamii* Hayata

渐危种。

鹿角栲 *Castanopsis lamontii* Hance
竹叶青冈 *Cyclobalanopsis bamusaefolia*（Hance）Y. C. Hsu et H. W. Jen
岭南青冈 *Cyclobalanopsis championii*（Benth.）Oerst.
福建青冈 *Cyclobalanopsis chungii*（Metc.）Y. C. Hsu et H. W. Jen
　　木材红褐色，材质坚实、硬重，耐腐，供造船、建筑、桥梁、枕木、车辆等用材。
饭甑青冈 *Cyclobalanopsis fleuryi*（Hick. et A. Camus）Chun *ex* Q. F. Zheng
雷公青冈 *Cyclobalanopsis hui*（Chun）Chun *ex* Y. C. Hsu et H. W. Jen
小叶青冈 *Cyclobalanopsis myrsinaefolia*（Bl.）Oerst.
　　木材坚硬，不易开裂，富有弹性，能受压，为枕木、车轴的良好材料。
毛果青冈 *Cyclobalanopsis pachyloma*（Seem.）Schott.
杏叶柯 *Lithocarpus amygdalifolius*（Shan）Hayata
烟斗柯 *Lithocarpus corneus*（Lour.）Rehd.
　　木材质稍坚硬，但不耐腐，多用作农具材。
短穗泥柯 *Lithocarpus fenestratus* var. *brachycarpus* A. Camus
柯 *Lithocarpus glaber*（Thunb.）Nakai
　　收敛止泻，治疗腹泻。
硬壳柯 *Lithocarpus hancei*（Benth.）Rehd.
木姜叶柯 *Lithocarpus litseifolius*（Hance）Chun
栎叶柯 *Lithocarpus quercifolius* Huang et Y. T. Chang
　　濒危种。
紫玉盘柯 *Lithocarpus uvariifolius*（Hance）Rehd.
　　嫩叶制作后带甜味，民间用以代茶叶，作清凉解热剂。
乌冈栎 *Quercus phillyraeoides* A. Gray

164　Casuarinaceae 木麻黄科

* 细枝木麻黄 *Casuarina cunninghamiana* Miq.
* 木麻黄 *Casuarina equisetifolia* Forst.

165　Ulmaceae 榆科

紫弹朴 *Celtis biondii* Pamp.
朴树 *Celtis sinensis* Pers
　　速生树种；抗污染及抗尘能力较强的树种；寺庙绿化常见树种；皮部纤维为麻绳、造纸、人造棉的原料；果榨油作润滑剂；根皮入药，治腰痛、漆疮。
光叶白颜树 *Gironniera cuspidata*（Bl.）Kurz
白颜树 *Gironniera subaequalis* Planch.
　　治疗寒湿。
光叶山黄麻 *Trema cannabina* Lour.
　　小乔木；观赏植物；种子可榨油，供工业用。
山黄麻 *Trema orientalis*（L.）Bl.
　　小乔木；观赏植物；茎皮纤维可作人造棉、麻绳和造纸原料；树皮含鞣质，可提栲胶；种子油供制肥皂和作润滑油；根叶药用，能涩肠止泻，止血止痛。

* 榔榆 *Ulmus parvifolia* Jacq.

167 Moraceae 桑科

* 木菠萝 *Artocarpus heterophyllus* Lam.

名贵水果，花被生食，种子富含淀粉，炒熟食用；木材供制家具；树叶和叶消肿解毒。

白桂木 *Artocarpus hypargyreus* Hance

果可食；木材坚硬，纹理通直，供制家具、建筑等用；根入药，活血通络。渐危种。

小叶胭脂 *Artocarpus styracifolius* Pierre

木材较软，易加工，适为作家具板料，火柴杆的用材；果味酸甜，可制果酱。

胭脂 *Artocarpus tonkinensis* A. Chev. *ex* Gagnep.

木材质硬，不受虫害，是一种良好的硬木。

藤构 *Broussonetia kaempferi* var. *australis* Suzuki

消肿止痛，治疗头痛、伤寒、肝炎、咽喉肿痛、风热感冒、跌打损伤。

构 *Broussonetia papyrifera* Vent.

乔木；园林绿化；吸收 CO_2 量较多的树种；速生树种；寺庙绿化常见植物；茎皮是优质造纸原料；种子油供制皂、油漆用；果（楮实子）及根皮入药，补肾利尿，强筋骨；叶及乳汁治疮癣。

莨芝 *Cudrania cochinchinensis*（Lour.）Kudo et Masamune

灌木；观赏灌木；根皮药用，有清热活血、舒筋活络、补虚之功效，可治肺结核、风湿性腰腿痛、跌打肿痛等；茎皮纤维可作造纸原料；果可食。

垂叶榕 *Ficus benjamina* L.

可作风景行道树。

天仙果 *Ficus erecta* Thunb.

祛风除湿，治疗气虚、风湿关节炎，跌打损伤。

水同木 *Ficus fistulosa* Reinw. *ex* Bl.

小乔木；园林绿化；行道树，树干挺直；吸收 CO_2 量较多的树种；速生树种；抗污染及抗尘能力较强的树种；根、皮、叶入药，治五痨七伤、跌打、小便不利、湿热腹泻。

台湾榕 *Ficus formosana* Maxim.

小乔木；园林绿化；吸收 CO_2 量较多的树种；速生树种；抗污染及抗尘能力较强的树种。

窄叶台湾榕 *Ficus formosana* var. *shimadai*（Hayata）W. C. Chen

可治小儿疳积，阳痿、胃痛。

粗叶榕 *Ficus hirta* Vahl

灌木；园林绿化；吸收 CO_2 量较多的树种；速生树种；抗污染及抗尘能力较强的树种；茎皮纤维制麻绳与麻袋；根供药用，祛风湿，行气血。

对叶榕 *Ficus hispida* Linn. f.

小乔木；园林绿化；吸收 CO_2 量较多的树种；速生树种；抗污染及抗尘能力较强的树种；寺庙绿化常见树种；护堤植物；茎皮纤维供编织；根、叶、皮药用，治感冒、支气管炎；果生食会中毒。

青藤公 *Ficus langkokensis* Drake

榕树 *Ficus microcarpa* Linn. f.

常绿大乔木；园林绿化；行道树；吸收 CO_2 量较多的树种；速生树种；抗污染及抗尘能力较强的树种；寺庙绿化常见树种；树皮纤维可制渔网和人造棉；气根、树皮和叶芽作清热解表药；树皮可提栲胶。

九丁榕 *Ficus nervosa* B. Heyne *ex* Roth

琴叶榕 *Ficus pandurata* Hance

薜荔 *Ficus pumila* L.

根、茎、藤、叶、果药用，有怯风除湿，活血通络，消肿解毒，补肾、通乳、壮阳补精之效。

梨果榕 *Ficus pyriformis* Hook. et Arn.

寺庙绿化常见树种。

羊乳榕 *Ficus sagittata* Vahl

极简榕 *Ficus simplicissima* Lour.

竹叶榕 *Ficus stenophylla* Hemsl.

灌木；观赏灌木；花序托可食；根药用，可治疗跌打、风湿痛、咳嗽、胸痛等症。

笔管榕 *Ficus subpisocarpa* Gagnep.

乔木；园林绿化；行道树；吸收 CO_2 量较多的树种；速生树种；抗污染及抗尘能力较强的树种；寺庙绿化常见树种；叶有解毒杀虫之效；木材纹理细密美观，可供雕刻。

青果榕 *Ficus variegata* Bl.

作行道树；茎皮纤维可织麻布；花序托可食。

变叶榕 *Ficus variolosa* Lindl. *ex* Benth.

小乔木；速生树种；吸收 CO_2 量较多的树种；茎皮纤维是麻袋、造纸、人造棉的原料。

白肉榕 *Ficus vasculosa* Wall. *ex* Miq.

黄葛树 *Ficus virens* Ait.

可作行道树及风景树，木材质轻软，可作器具，农具等用材。

桑 *Morus alba* L.

叶饲蚕；木材供雕刻；根皮、枝、叶、果入药，清肺热、怯风湿、补肝肺。

169　Urticaceae 荨麻科

苎麻 *Boehmeria nivea*（L.）Gaudich.

灌木；观赏灌木；茎皮纤维为制夏布、优质纸的原料；根、叶供药用，有清热解毒、止血、消肿、利尿、安胎之效；叶可养蚕或作饲料；种子油供食用。

多序楼梯草 *Elatostema macintyrei* Dunn

糯米团 *Gonostegia hirta* (Bl.) Miq.

多年生草本；低层绿化；草坪绿化；茎皮纤维可制人造棉；全草供药用，清热解毒，外敷治疮肿。

紫麻 *Oreocnide frutescens* (Thunb.) Miq.

华南赤车 *Pellionia grijsii* Hance

蔓赤车 *Pellionia scabra* Benth.

清热解毒、凉血散瘀，治疗急性结膜炎、毒疮、外伤出血。

** 小叶冷水花（透明草）*Pilea microphylla* (L.) Liebm.

草本；低层绿化；草坪绿化；全草药用，有拔脓消肿之效。

雾水葛 *Pouzolzia zeylanica* (L.) Benn.

草本；低层绿化；草坪绿化。

藤麻 *Procris crenata* Robinson

消肿、清热，治疗肺病、水泻等。

171 Aquifoliaceae 冬青科

梅叶冬青 *Ilex asprella* Champ.

落叶灌木；园林绿化；背景林；速生树种；根入药，有清热解毒、消肿散瘀之效。

密花冬青 *Ilex confertiflora* Merr.

钝齿冬青 *Ilex crenata* Thunb.

榕叶冬青 *Ilex ficoidea* Hemsl.

纤花冬青 *Ilex graciliflora* Champ.

濒危种。

青茶香 *Ilex hanceana* Maxim.

广东冬青 *Ilex kwangtungensis* Merr.

谷木冬青 *Ilex memecylifolia* Champ. *ex* Benth.

小果冬青 *Ilex micrococca* Maxim.

毛冬青 *Ilex pubescens* Hook. et Arn.

常绿灌木；园林绿化；背景林；根和叶药用，主治喉毒；枝叶煎成胶液，倾入制纸竹浆能加强黏性。

铁冬青 *Ilex rotunda* Thunb.

常绿乔木；行道树，树干挺直；庭园绿化，树冠开展，浓绿；吸收 CO_2 量较多的树种；速生树种；抗污染及抗尘能力较强的树种；寺庙绿化常见树种；叶和树皮清热利湿、消肿止痛；树皮可提栲胶及染料；木材坚硬，可供制作把柄等用。

三花冬青 *Ilex triflora* Bl.

根药用。痔疮疡肿毒。

亮叶冬青 *Ilex viridis* Champ. *ex* Benth.

173 Celastraceae 卫矛科

过山枫 *Celastrus aculeatus* Merr.

消炎、接骨。治疗跌打、骨折。

青江藤 *Celastrus hindsii* Benth.

常绿木本藤；层间绿化

独子藤 *Celastrus monospermus* Roxb.

流苏卫矛 *Euonymus gibber* Hance

疏花卫矛 *Euonymus laxiflorus* Champ. *ex* Benth.

根、树皮入药，治疗风湿骨痛、腰膝劳损；含橡胶。

中华卫矛 *Euonymus nitidus* Benth.

治疗跌打损伤。

网脉假卫矛 *Microtropis reticulata* Dunn

178　Hippocrateaceae 翅子藤科

雅致翅子藤 *Loeseneriella concinna* Smith

179　Icacinaceae 茶茱萸科

定心藤 *Mappianthus iodoides* Hand. – Mazz.

182　Olacaceae 铁青树科

华南青皮木 *Schoepfia chinensis* Gardn. et Champ.

可入药，清热利湿、消肿止痛。用于治疗湿热黄疸、风湿痹痛诸症、跌打损伤、骨折诸症。

183　Opiliaceae 山柑科

山柑藤 *Cansjera rheedii* Gmel.

185　Loranthaceae 桑寄生科

离瓣寄生 *Helixanthera parasitica* Lour.

祛痰、祛风、消肿、补血气。治疗痢疾、肺结核、眼角炎。

栗寄生 *Korthalsella japonica*（Thunb.）Engler

鞘花 *Macrosolen cochinchinensis*（Lour.）Van Tregh.

清热止渴、不肝肾、祛风湿。治疗痢疾、咳血、生病。

红花寄生 *Scurrula parasitica* L.

枝叶可作中药，有强壮、安胎、消肿及催乳的作用；用于腰膝部神经痛、高血压、血管硬化性四肢麻木均有效，对妇女怀孕期的腰痛功效尤著。

广寄生 *Taxillus chinensis*（DC.）Dans.

补肝肾，强筋骨，祛风湿，安胎。用于风湿痹痛、腰膝酸软、筋骨无力、胎动不安、早期流产、高血压症。

枫香槲寄生 *Viscum liquidambaricolum* Hay.

归肝、肾经。祛风去湿，舒筋活络。用于风湿性关节炎，腰肌劳损，瘫痪，劳伤咳嗽，血崩，衄血，小儿惊风。

186　Santalaceae 檀香科

寄生藤 *Dendrotrophe varians*（Bl.）Mig.

寄生性灌木；层间绿化；全株药用，有消肿止痛、活血散瘀之效。

189 Balanophoraceae 蛇菰科

红冬蛇菰 *Balanophora harlandii* Hook. f.

寄生肉质草本；全株入药，有止血、补血的功效，治贫血。

190 Rhamnaceae 鼠李科

多花勾儿茶 *Berchemia floribunda* (Wall.) Brongn.

落叶攀援灌木；层间绿化；根、叶药用，有化淤止血、镇咳止痰的功效，治疗疮疖、风湿腰痛等症。

铁包金 *Berchemia lineata* (L.) DC.

散瘀止血、化痰止咳，治疗肺结核、咳嗽、头痛、腹痛、消化不良、跌打损伤、蛇伤等。

光枝勾儿茶 *Berchemia polyphylla* var. *leioclada* Hand. – Mazz.

攀援灌木；层间绿化。

马甲子 *Paliurus ramosissimus* (Lour.) Poir.

山绿柴 *Rhamnus brachypoda* C. Y. Wu *ex* Y. L. Chen

黄药 *Rhamnus crenata* S. et Z.

灌木；园林绿化；根皮或全株入药，有毒，能杀虫去湿，治疥疮；果实及叶可作染料。

长柄鼠李 *Rhamnus longipes* Merr. et Chun

雀梅藤 *Sageretia thea* (Osb.) Johnst.

攀援灌木；层间绿化；先锋绿化；绿篱植物；果味酸甜，可食，嫩叶可代茶；树头可作盆景。

191 Elaeagnaceae 胡颓子科

密花胡颓子 *Elaeagnus conferta* Roxb.

根可祛风通路，行气止痛。用于风湿性关节炎，腰退痛，铁打损伤，用于肠炎。

蔓胡颓子 *Elaeagnus glabra* Thunb.

平喘止咳。治支气管哮喘，慢性支气管炎，感冒咳嗽。

角花胡颓子 *Elaeagnus gonyanthes* Benth.

根、叶、果均入药，有健胃理气、生津止渴、散瘀消肿之效。叶治支气管哮喘，慢性支气管炎，感冒咳嗽；果治肠炎腹泻；根治跌打瘀积，肚痛、吐血等症。

鸡柏紫藤 *Elaeagnus loureirii* Champ.

193 Vitaceae 葡萄科

粤蛇葡萄 *Ampelopsis cantoniensis* (Hook. et Arn.) Pl.

木质藤本；层间绿化；全株入药，性寒，有润肠通便的功效，主治便秘。

角花乌蔹莓 *Cayratia corniculata* (Benth.) Gagnep.

攀援灌木；层间绿化；块根入药，能清热解毒、除风化痰。

乌蔹莓 *Cayratia japonica* (Thunb.) Gagnep.

全草药用，凉血、解毒、消肿、怯风壮骨。

白粉藤 *Cissus repens* Lamk.

治疗跌打肿痛、无名肿痛、蛇咬、肾炎等。

*异叶爬山虎 *Parthenocissus dalzielii* Gagnep.

以根、茎入药，祛风活络，活血止痛。用于风湿筋骨痛，赤白带下，产后腹痛；外用治骨折，跌打肿痛，疮疖。

*爬山虎 *Parthenocissus tricuspidata*（Sieb. et Zucc.）Planch.

落叶大灌木；层间绿化；根、茎入药，能破瘀血、消肿毒；果可酿酒。

崖爬藤 *Tetrastigma obtectum* Pl.

常绿木质藤本；层间绿化；全草入药，有祛风除湿的功效。

扁担藤 *Tetrastigma planicaule*（HK.）Gagnep.

大木质藤本；层间绿化；藤茎药用，有祛风湿之效。

葛藟 *Vitis flexuosa* Thunb.

滋补血气、长肌肉、补脑、润肺止咳。治疗关节炎、跌打、病后体虚。

*葡萄 *Vitis vinifera* L.

著名水果，亦可药用。

194　Rutaceae 芸香科

山油柑 *Acronychia pedunculata*（L.）Miq.

乔木；园林绿化；观赏植物；抗污染及抗尘能力较强的树种；寺庙绿化常见树种；果可食，叶及枝富含芳香油类，可作化妆品香料原料；树皮提栲胶；根、叶、果及木材入药，能行气活血、健皮止咳。

*柚 *Citrus grandis*（L.）Osb.

常绿乔木；观赏植物；绿化果树；抗污染及抗尘能力较强的树种；寺庙绿化常见植物；为亚热带主要果树之一；种仁含有达60%；根、叶及果皮入药，能消食化痰、理气散结。

*柠檬 *Citrus limon*（L.）Brum. f.

可作药用，也可作化妆品和皂用香料。

*柑桔 *Citrus reticulata* Bl.

为我国著名果品之一；果皮为理气化痰、和胃药；核仁及叶呢功能活血散结，消肿；种子油可制肥皂、润滑油。

*甜橙 *Citrus sinensis*（L.）Osb.

作水果。

*黄皮 *Clausena lansium*（Lour.）Sk.

南方著名水果。种子油可制润滑油；根、叶、果、核入药，能解表行气，健胃、止痛。

山桔 *Fortunella hindsii*（Champ.）Swingle

有刺灌木；观赏灌木；抗污染及抗尘能力较强的树种；果皮含芳香油，可食用及作调香原料。

*金桔 *Fortunella margarita*（Lour.）Swingle

盆栽果品；果亦可作药用。

山小桔 *Glycosmis parviflora* (Sims) Little

根叶可作草药，味苦，微辛，香气，性平，有行气、化痰、止咳的功效。

三杈苦 *Melicope pteleifolia* (Champ. *ex* Benth.) T. Hartley

小乔木；观赏植物；根叶供药用，能清热解毒、躁湿止痒，可预防流脑、流感和中暑。

九里香 *Murraya paniculata* (L.) Jacks.

花可提取芳香油；全株可药用，能活血散瘀、行气活络。

酒饼簕 *Severinia buxifolia* (Poir.) Ten.

根叶可作草药，味苦，微辛，香气，有行气，止咳；与其他药配伍可治支气管炎，风寒咳嗽，感冒发热，风湿关节炎等。

乔木茵芋 *Skimmia arborescens* Anders. *ex* Gamble

民间作兽药用，治癀。有毒。

楝叶吴茱萸 *Tetradium glabrifolium* (Champ. *ex* Benth.) Hartley

根、果、树皮药用，能驱风健胃、消毒止痛。

飞龙掌血 *Toddalia asiatica* (L.) Lam.

全株可用药，根味苦，性温，能活血散瘀，消肿止痛，可治铁打损伤，风湿性关节炎等。

簕欓花椒 *Zanthoxylum avicennae* (Lam.) DC.

全株可用药，根皮黄色，麻辣而带苦味，能祛风、行气、祛湿、镇痛、利水，可治风湿骨痛、跌打损伤等。

大叶臭花椒 *Zanthoxylum myriacanthum* Wall. *ex* Hook. f.

叶和果皮根和树皮作草药，能祛风镇痛。

两面针 *Zanthoxylum nitidum* (Roxb.) DC.

木质藤本；观叶植物；层间绿化；可提芳香油；种子油供制肥皂用；根、茎、叶入药，能散瘀活络、祛风解毒。

花椒簕 *Zanthoxylum scandens* Bl.

木质藤本；层间绿化；根、叶治跌打，有消肿止痛、活血散瘀的功效。

195 Simaroubaceae 苦木科

岭南臭椿 *Ailanthus triphysa* Alst.

抗污染植物，适作行道树。

鸦胆子 *Brucea javanica* (L.) Merr.

灌木；观赏灌木；种子入药，有杀虫、治疟、止痢之效；用种仁或鸦胆子油外敷，可治鸡眼等。

196 Burseraceae 橄榄科

橄榄 *Canarium album* (Lour.) Raeusch.

乔木，为优良的行道树及防风树种；木材质佳，可用于造船、枕木及制作家具；果供生食，可生津止渴；果核磨汁内服可治鱼骨鲠喉；根入药，有舒筋活络之功效；种仁可食用，亦可榨油。

乌榄 *Canarium tramdenum* Dai et Yakovl.

果实可止血，化痰，利水，消痈肿；治咳嗽，咳痰，咯血，水肿，小便不利，乳痈初起。

197 Meliaceae 楝科

米仔兰 *Aglaia odorata* Lour.

栽培供观赏；花可提取芳香油；木材黄色，纹理细密而均匀，适作农具、雕刻等用材。渐危种。

大叶山楝 *Aphanamixis grandifolia* Bl.

种仁含油60%，出油率20%～30%，油可制肥皂及润滑油。

香港樫木 *Dysoxylum hongkongense*（Tutch.）Merr.

木材稍软，不耐腐蚀，可作家具，板料等。渐危种。

苦楝 *Melia azedarach* L.

落叶乔木；园林绿化；吸收 CO_2 量较多的树种；速生树种；抗污染及抗尘能力较强的树种；种子油可制油漆、润滑油等；花可蒸芳香油；树皮、叶、果入药，能驱虫、止痛；木材供建筑、枪柄等用材。

*大叶桃花心木 *Swietenia macrophylla* King

木材色泽美丽，硬度适宜，易于打磨，宜作妆饰、家具、车船等。

*桃花心木 *Swietenia mahagoni*（L.）Jacq.

为著名材用树种之一，木材色泽美丽，硬度适宜，易于打磨，宜作妆饰、家具、车船等。

香椿 *Toona sinensis*（A. Juss.）Roem.

为速生树种，材质上等，为很好的造林树种，种子含油；木材黄褐色而有红色环带，纹理美丽，有光泽，耐腐蚀，适作造船、上等家具等。

198 Sapindaceae 无患子科

滨木患 *Arytera littoralis* Bl.

木材坚韧，可制农具。

倒地玲 *Cardiospermum halicacabum* L.

全草入药，消肿止痛，凉血解毒，治铁打外伤等。

龙眼 *Dimocarpus longan* Lour.

常绿乔木；生性强健，耐旱耐瘠，适合作园景树、诱鸟树；优良水果，假种皮富含维生素和磷质，入药有益脾、健脑之效；果核及根、叶、花均可药用；木材坚实，供细工、舟车用材。渐危种。

*复羽叶栾树 *Koelreuteria bipinnata* Franch.

花果均可作中草药，味苦性寒，无毒，能消肿，清热。

*荔枝 *Litchi chinensis* Sonn.

常绿乔木；园景树；诱鸟树；吸收 CO_2 量较多的树种；速生树种；抗污染及抗尘能力较强的树种；寺庙绿化常见树种；假种皮食用；根及果核供药用，治疝气、胃痛；木材优良，为名贵用材。

无患子 *Sapindus mukorossi* Gaertn.

根可入药，味苦性凉，有小毒，能化痰止咳；果皮含皂素，可代肥皂。

200 Aceraceae 槭树科

十蕊槭 *Acer decandrum* Merr.

木材坚硬致密，可作建筑板料，木材美观，有花纹，适用于室内各种板料。渐危种。

亮叶槭 *Acer lucidum* Metc.

可作庭园观赏植物。渐危种。

海滨槭 *Acer sino-oblongum* Metc.

濒危种。

岭南槭 *Acer tutcheri* Duth.

201 Sabiaceae 清风藤科

香皮树 *Meliosma fordii* Hemsl.

治疗便秘。

笔罗子 *Meliosma rigida* Sieb. et Zucc.

根皮药用。治水肿腹胀、无名肿毒、蛇咬伤。

樟叶泡花树 *Meliosma squamulata* Hance

山叶泡花树 *Meliosma thorellii* Lecomte

种子含油 18.19%，属干性油，可制油漆。

白背清风藤 *Sabia discolor* Dunn

毛萼清风藤 *Sabia limoniacea* var. *ardisoides*（H. et A.）Chen

木材淡红色，可作担杆、把柄及薪炭用。

尖叶清风藤 *Sabia swinhoei* Hemsl. *ex* Forb. et Hemsl.

祛风止痛，治疗风湿跌打。

204 Staphyleaceae 省沽油科

野鸦椿 *Euscaphis japonica*（Thunb.）Dipp.

木材为器具用材，种子含油可制肥皂；根及果入药，用于祛风除湿，也可作庭园栽培植物。

锐尖山香圆 *Turpinia arguta*（Lindl.）Seem.

小乔木；背景林；园林绿化；观叶植物；吸收 CO_2 量较多的植物；种子油可制肥皂；树皮提栲胶；木材为器具用材；根及干果入药，有祛风除湿之效。

山香园 *Turpinia montana*（Bl.）Kurz

落叶灌木；观赏灌木；速生树种；叶入药，治疗痈疮肿毒。

光山香圆 *Turpinia montana* var. *glaberrima*（Merr.）T. Z. Hsu

观赏灌木；速生树种；叶入药，治疗痈疮肿毒。

205 Anacardiaceae 漆树科

南酸枣 *Choerospondias axillaris*（Roxb.）Burtt et Hill

成熟果实可作兽药；树皮刮去外面粗糙部分，有凉血解毒、止痒止痛之功效。木材质轻软，可作板箱等。可作行道树。

* 人面子 *Dracontomelon duperreanum* Pierre

果可生食，亦可腌渍，木材纹理细密而耐朽，为建筑、家具用材；种子含油脂，可制肥皂。

* 杧果 *Mangifera indica* L.

常绿大乔木；背景林；行道树，树干挺直；园林绿化；吸收 CO_2 量较多的树种；速生树种；速生树种；抗污染及抗尘能力较强的树种；著名热带果树，果实味美；果皮药用，为利尿剂；叶和树皮可为黄色染料；树皮含胶质树脂；木材宜制舟、车。

盐肤木 *Rhus chinensis* Mill.

灌木；观赏灌木；抗污染及抗尘能力较强的树种；枝叶上寄生的五倍子（虫瘿）用于轻工业及医药；根有消炎、利尿作用；种子油可制皂。

岭南酸枣 *Spondias lakonensis* Pierre

果成熟后醇香，可食；种子含油34%，可制肥皂。木材轻软，可制文具和家具。

野漆 *Toxicodencron succedanea* L.

落叶乔木；背景林；速生树种；但会引起过敏反应，宜城外作背景林；抗污染及抗尘能力较强的树种；叶和茎皮可提制栲胶；树干可割取漆；果皮含蜡质，可制蜡烛；种子油可制肥皂；根、叶和果供药用，能解毒、止血、散瘀消肿，主治跌打损伤。

206 Connaraceae 牛栓藤科

小叶红叶藤 *Rourea microphylla*（Hook. et Arn.）Pl.

藤状灌木；幼叶红艳夺目，为观叶植物；层间绿化；可供外科敷药用；茎皮富含纤维可制绳索；根、叶药用，活血通经，止血止痛。

大叶红叶藤 *Rourea minor*（Gaertn.）Alston

207 Juglandaceae 胡桃科

黄杞 *Engelhardia roxburghiana* Lindl.

木材紫红色，纹理直，结构细密，可作车厢、家具等用材。

209 Cornaceae 山茱萸科

桃叶珊瑚 *Aucuba chinensis* Benth.

果实鲜艳夺目，适宜庭院、池畔、墙隅和高架桥下点缀。盆栽适宜室内厅堂陈设。

香港四照花 *Dendrobenthamia hongkongensis*（Hemsl.）Hutch.

可用于庭院、草坪、路边、林缘、池畔及绿化用树种。

210 Alangiaceae 八角枫科

八角枫 *Alangium chinense*（Lour.）Harms

落叶小乔木；背景林；行道树，树干挺直；园林绿化；吸收 CO_2 量较多的树种；速生树种；速生树种；抗污染及抗尘能力较强的树种；寺庙绿化常见植物；树皮纤维作人造棉；根、茎、叶药用，能祛风除湿、散瘀止血，主治风湿瘫痪，有小毒。

毛八角枫 *Alangium kurzii* Craib

落叶小乔木；背景林；种子油供工业用。

212 Araliaceae 五加科

白勒花 *Acanthopanax trifoliatus*（L.）Merr.

藤状灌木；园林绿化；速生树种；全株入药，有活血、行气、散瘀、止痛、消炎之效；治风湿、跌打、感冒、肠炎、尿路结石及疮疖等病。

虎刺楤木 *Aralia armata*（Wall.）Seem.

根皮有驱风、祛湿、消肿、散瘀之效，制关节炎、肝炎、肾炎、痢疾等。

楤木 *Aralia chinensis* L.

根皮有镇痛、消炎、祛风、行气、去湿、活血之效，治胃炎、肾炎、风湿痛等。

黄毛楤木 *Aralia decaisneana* Hance

灌木；园林绿化；速生树种；根入药，有祛风除湿之效。

树参 *Dendropanax dentiger*（Harms *ex* Diels）Merr.

民间常将本种与变叶树均称为"半枫荷"，据《岭南采药录》记载："木质红色者谓之血荷，功用较白色为佳，善怯风湿，凡脚软痹痛，以之浸酒服甚效。"根茎浸酒服油怯风湿、通经络、散瘀血、壮筋骨之效，治疗风湿痹痛、偏头痛及痈疖等症。

两广树参 *Dendropanax parviflorioides* Ho

灌木；园林绿化；速生树种。渐危种。

变叶树参 *Dendropanax proteus* Benth.

灌木；观赏灌木；观叶植物；速生树种；根及树皮入药，有舒筋活血、去风除湿之效。

幌伞枫 *Heteropanax fragrans*（Roxb.）Seem.

乔木；观叶植物；速生树种；庭园绿化；寺庙绿化常见树种；根及树皮入药，能凉血解毒、消肿止痛，为治疮毒的良药。

*鹅掌藤 *Schefflera arboricola* Hay.

全株入药，有止痛、活血、消痛等作用；治风湿骨痛、铁打损伤、瘫痪、胃痛等。

鸭脚木 *Schefflera octophylla*（Lour.）Harms

乔木；园林绿化；观叶植物；速生树种；寺庙绿化常见树种；木材轻软，纹理细密，作家具等用材；花为冬季蜜源；树皮嫩枝含挥发油；根皮、茎皮及叶入药，有舒筋活络、消肿止痛及发汗解表之效。

213 Umbelliferae 伞形花科

*芹菜 *Apium graveolens* L.

普便做蔬菜；全草及果入药，有清热止咳、健胃、利尿和降压等功效。

积雪草 *Centella asiatica*（L.）Urban

多年生草本；低层绿化；草坪绿化；全草药用，有祛风寒、清热、利尿、消肿等功效。

*芫荽 *Coriandrum sativum* L.

果含芳香油，可作香料；嫩叶作蔬菜和调味香料；果叶入药，有健胃、消食、祛风和解毒等功效。

*胡萝卜 *Daucus carota* var. *sativa* Hoffm.

果实含芳香油及油脂。全草入药，有驱虫，祛痰、消肿解毒之功效。

珊瑚菜 *Glehnia littoralis* F. Schmidt *ex* Miq.

嫩芽可供食用；根茎和叶入药，有润肺化痰、生津止咳的功效。渐危种。

天胡荽 *Hydrocotyle sibthorpioides* Lam.

多年生草本；低层绿化；草坪绿化；全草入药，有清热解毒、消肿止痛、利尿散结、止咳祛痰等功效。

水芹 *Oenanthe javanica* (Bl.) DC.

全草和根入药，有清热凉血、利尿消肿、止痛、止血和降压之功效。

215 Ericaceae 杜鹃花科

红皮紫陵 *Craibiodendron scleranthum* var. *kwangtungense* (Hu) Judd

可作观赏植物，庭园绿化。

吊钟花 *Enkianthus quinqueflorus* Lour.

本种除观赏外，干花为民间的止咳药。

齿叶吊钟花 *Enkianthus serrulatus* (Wils.) Schneid.

观赏植物，可作庭园绿化。

南烛 *Lyonia ovalifolia* (Wall.) Drude

华丽杜鹃 *Rhododendron farrerae* Tate

枝叶可供药用，对慢性支气管炎有一定疗效。

罗浮杜鹃 *Rhododendron henryi* Hance

白马银花 *Rhododendron hongkongense* Hutch.

毛棉杜鹃 *Rhododendron moulmainense* Hook. f.

*锦绣杜鹃 *Rhododendron pulchrum* Sweet

映山红 *Rhododendron simsii* Planch.

落叶灌木；庭园绿化；观赏植物，中国十大名花之一；优良的盆景材料；抗污染及抗尘能力较强的植物。

216 Vacciniaceae 越橘科

乌饭树 *Vaccinium bracteatum* Thunb.

果实有甜味，可生食。树皮含单宁，可提取栲胶；果实和树皮入药，有强筋骨、益气力、固精之效。

221 Ebenaceae 柿科

乌材 *Diospyros eriantha* Champ. *ex* Benth.

木材暗红褐色，材质坚硬而重，耐腐，适作建筑、车辆、农具等用。

*柿 *Diospyros kaki* Linn. f.

成熟的柿可鲜食或制柿饼；柿蒂、柿漆、柿霜可入药；木材纹理细致，心材褐带黑色，可作工具柄、雕刻及细工等用材。

罗浮柿 *Diospyros morrisiana* Hance

小乔木；背景林；庭园绿化，树冠开展，浓绿；寺庙绿化常见植物；茎皮、叶、果药用，有解毒消炎、收敛之功效。

毛柿 *Diospyros strigosa* Hemsl.

可作庭园绿化。

岭南柿 *Diospyros tutcheri* Dunn

小果柿 *Diospyros vaccinioides* Lindl.

灌木；背景林；观赏灌木；绿篱植物。

222　Sapotaceae 山榄科

金叶树 *Chrysophyllum lanceolatum* var. *stellatocarpon* van Royen *ex* Vink

根叶有活血去瘀，消肿止痛之功效；果可食。

* 人心果 *Manilkara zapota* Van Roy.

果肉质，胃添可口，为美洲热带著名果品之一，树干乳液为糖胶树胶。

肉实树 *Sarcosperma laurinum*（Benth）Hook. f.

铁榄 *Sinosideroxylon pedunculatum*（Hemsl.）H. Chuang

常绿大乔木；行道树，树干挺直；背景林；抗污染及抗尘能力较强的树种；果肉质，味甜气香，可食；树皮药用，治蛇咬伤。

223　Myrsinaceae 紫金牛科

桐花树 *Aegicera corniculatum*（L.）Blanco

朱砂根 *Ardisia crenata* Sims

灌木；观赏灌木；根及全株有活血去淤、清热降火、消肿解毒、祛痰止咳等功效，用于治疗风湿、骨折、消化不良、胃痛、牙痛、咽炎等症；果可食，亦可榨油。

郎伞木 *Ardisia hanceana* Mez

根供药用，治疗跌打损伤。

虎舌红 *Ardisia mamillata* Hance

全株供药用，清热利湿、活血止血、去腐生肌等功效，治疗跌打损伤、肝炎、胆囊。

斑叶朱砂根 *Ardisia punctata* Lindl.

根可活血通经，祛风止痛，外洗去无名肿毒。

罗伞树 *Ardisia quinquegona* Bl.

灌木；观赏灌木；根入药，有活血通络、祛风消肿之效，治骨折创伤；嫩叶可作茶叶的代用品。

雪下红 *Ardisia villosa* Roxb.

酸藤子 *Embelia laeta* Mez

攀援灌木；层间绿化；果、叶可食，有强壮补血之功效；根、叶散瘀止痛，收敛止痛。

白花酸藤果 *Embelia ribes* Burm. f.

攀援灌木；层间绿化；根药用，嫩叶可生食，味酸，果味甜。

厚叶白花酸藤果 *Embelia ribes* var. *pachyphylla* Chun *ex* Wu et Chen

网脉酸藤子 *Embelia rudis* Hand. – Mazz.

根茎可供药用，有清凉解毒、滋阴补肾之功效。

杜茎山 *Maesa japonica* (Thb.) Mor. *ex* Zoll

灌木；观赏灌木；茎、叶、根药用，有祛风消肿之效。

鲫鱼胆 *Maesa perlarius* (Lour.) Merr.

灌木；观赏灌木；药用消肿，去腐生肌、接骨，常用于跌打损伤、肺病等。

打铁树 *Myrsine linearis* (Lour.) Poiret

用叶煮水洗，可止痒，治疗蛇咬伤。

密花树 *Myrsine sequinii* H. Léve.

小乔木；庭园绿化；观赏植物；根煎水可治疗膀胱结石，叶治外伤；木材坚硬，材质良好。

224　Styracaceae 安息香科

赤杨叶 *Alniphyllum fortunei* (Hemsl.) Mak.

乔木；行道树，树干挺直；背景林；抗污染及抗尘能力较强的树种；速生树种；寺庙绿化常见植物。

广东木瓜红 *Rehderodendron kwangtungense* Chun

渐危种。

白花龙 *Styrax faberi* Perk.

种子供制肥皂和润滑油。

芬芳安息香 *Styrax odoratissimus* Champ.

齿叶安息香 *Styrax serrulatus* Hook. Roxb.

栓叶安息香 *Styrax suberifolius* Hook. et Arn.

乔木；背景林；根、叶入药，可祛风除湿、理气止痛、治风湿关节痛等。

225　Symplocaceae 山矾科

腺叶山矾 *Symplocos adenophylla* Wall.

腺柄山矾 *Symplocos adenopus* Hance

薄叶山矾 *Symplocos anomala* Brand

木材坚韧，可作农具、家具等用材。

华山矾 *Symplocos chinensis* (Lour.) Druce

落叶灌木；背景林；行道树；根、叶药用，种子油制肥皂，亦可供食用，治跌打、烧烫伤、清热解表，化痰，治疗感冒发热等症。

十棱山矾 *Symplocos chunii* Merr.

黄牛奶树 *Symplocos cochinchinensis* var. *laurina* Nooteb.

乔木；背景林；行道树，树干挺直；树皮药用，散寒清热。

密花山矾 *Symplocos congesta* Benth.

治疗跌打。

厚皮灰木 *Symplocos crassifolia* Benth.

羊舌树 *Symplocos glauca* (Thb.) Koidz.

木材作建筑，家具及板料，亦可做纸。

光叶山矾 *Symplocos lancifolia* Sieb. et Zucc.

木材供建筑及家具用；种子可炸油；叶可作茶，有甜味；跟制铁打损伤。

白檀 *Symplocos paniculata*（Thb.）Miq.

庭园绿化植物。

珠仔树 *Symplocos racemosa* Roxb.

老鼠矢 *Symplocos stellaris* Brand

山矾 *Symplocos sumuntia* Buch. – Ham. *ex* D. Don

种子油可作机械润滑油。木材坚韧，可制家具、农具或其他用材。

微毛山矾 *Symplocos wikstroemiifolia* Hay.

种子可制肥皂及润滑油。

228　Loganiaceae 马钱科

驳骨丹 *Buddleja asiatica* Lour.

灌木；观赏灌木；根叶药用，有驱风化湿、行气活络之功效。

*灰莉 *Fagraea ceilanica* Thunb.［F. sasakii Hayata］

大茶药（断肠草）*Gelsemium elegans*（Gardn. et Champ.）Benth.

常绿木质藤本；全草有剧毒，误吃能致命，俗称“断肠草”；但外用治皮肤湿疹、疥癣、跌打、风湿、疮疡、肿毒、溃烂等。

水田白 *Mitrasacme pygmaea* R. Br.

一年生草本。全株可治咳嗽。

牛眼马钱 *Strychnos angustiflora* Benth.

根、皮、叶可作兽药，治疗跌打肿痛。种子、树皮和嫩叶有毒，含毒成分为番木鳖碱和马钱子碱。

三脉马钱 *Strychnos cathayensis* Merr. et Chun

种子和根有解热、止血作用，治头痛、心气痛、刀伤、疟疾等。

229　Oleaceae 木犀科

苦枥木 *Fraxinus insularis* Hemsl.

清香藤 *Jasminum lanceolarium* Roxb.

茎入药，有祛风去湿，活血止痛之功效，可制风湿骨节痛和铁打损伤。

*茉莉花 *Jasminum sambac*（L.）Ait.

华素馨 *Jasminum sinense* Hemsl.

清热解毒、消炎，治疗疥疮。

华女贞 *Ligustrum lianum* Hsu

可作园林绿化树种。

斑叶女贞 *Ligustrum punctifolium* M. C. Chang

山指甲 *Ligustrum sinense* Lour.

异株木犀榄 *Olea tsoongii*（Merr.）P. S. Green

*桂花 *Osmanthus fragrans* Lour.

庭园观赏植物；花极芳香，是一种名贵的食用香料，亦可入药。

牛矢果 *Osmanthus matsumuranus* Hayata

杀菌消炎，治烂疮。

230　Apocynaceae 夹竹桃科

* 软枝黄蝉 *Allemanda cathartica* L.

观赏植物；茎皮、乳状汁液和种子均有毒。

* 黄蝉 *Allemanda neriifolia* Hook.

* 糖胶树 *Alstonia scholaris*（L.）R. Br.

观赏植物。

链珠藤 *Alyxia sinensis* Champ. *ex* Benth.

藤状灌木；层间绿化；根药用，主治风湿关节痛等。

鳝藤 *Anodendron affine*（Hook. et Arn.）Druce

* 长春花 *Catharanthus roseus*（L.）G. Don

草本；花卉；全草药用，可治高血压、急性白血病、淋巴肿瘤等。

海杧果 *Cerbera manghas* L.

果有剧毒；树皮、叶、乳汁可提制药物，作催吐、下泻之用，是一种较好的防潮树种。

尖山橙 *Melodinus fusiformis* Champ. *ex* Benth.

全株药用，主治风湿性心脏病。

山橙 *Melodinus suaveolens* Champ. *ex* Benth.

木质藤本；层间绿化；观果植物；果实药用，治疝气、腹痛、小儿疳积等。

* 夹竹桃 *Nerium indicum* Mill.

茎皮纤维为优良混纺原料，又可作强心剂；根及树皮含有醇类结晶和少量精油；茎叶可制杀虫剂；栽培为观赏植物。

* 鸡蛋花 *Plumeria rubra* L.

观赏植物；花亦可煮鸡蛋。花树皮入药。

帘子藤 *Pottsia laxiflora*（Bl.）Ktze.

根、茎、乳汁可治疗腰骨酸痛、贫血。

羊角拗 *Strophanthus divaricatus*（Lour.）Hook. et Arn.

灌木；全株有毒，误吃致死；药用，作强心剂，治血管硬化、蛇咬伤等；农业上用作杀虫剂。

* 狗牙花 *Tabernaemontana divaricata*（L.）R. Br. *ex* Roem. et Schutt.

园林绿化植物。根叶可入药。

* 黄花夹竹桃 *Theveria peruriana*（Pers.）K. Schum.

园林绿化植物。种子油可制肥皂和沙虫用。种仁含黄花夹竹桃素，有强心、利尿、祛痰、发汗等功效。

络石 *Trachelospermum jasminoides*（Lindl.）Lem.

常绿木质藤本；层间绿化；幼叶颜色变化多端，为观叶植物；根、茎、叶、果实供药用，治风湿感冒、关节炎等；茎皮纤维可制人造棉；花提取“络石浸膏”。

杜仲藤 *Urceola micranthum* (Wallich *ex* Don) Middl.

胶乳可制帆布胶等；全株入药，制风湿骨痛、铁打损伤及小儿麻痹。

酸叶胶藤 *Urceola rosea* (Hook. et Arn.) Middl.

植株含乳胶质地较好；全株可入药，制风湿骨痛，铁打损伤，慢性肾炎等。

*盆架树 *Winchia calophylla* A. DC.

木材适作文具、胶合板等；叶树皮可入药，制急慢性气管炎等。

蓝树 *Wrightia laevis* Hook. f.

叶可作蓝色染料，根叶为跌打、刀伤药。

倒吊笔 *Wrightia pubescens* R. Br.

木材可作家具、乐器、雕刻、文具等；根茎可入药。

230.5　Periplocaceae 杠柳科

白叶藤 *Cryptolepis sinensis* (Lour.) Merr.

全株可药用，治毒蛇咬伤，铁打损伤等。茎皮纤维坚韧，可作绳索；种毛可作填充物。叶茎乳汁有毒。

海岛藤 *Gymnanthera nitida* R. Br.

231　Asclepiadaceae 萝摩科

*马利筋 *Asclepias curassavica* L.

全株有毒，含强心疳，可药用，有除虚热、利小便、调经活血、止痛、退热、消炎止痛等功效。

徐长卿 *Cynanchum paniculatum* (Bunge) Kit.

全株可药用，能袪风止痛，解毒消肿，治蛇毒咬伤、心胃气痛、肠胃炎等。

眼树莲 *Dischidia chinensis* Champ. *ex* Benth.

全株药用，治肺燥咳血，毒蛇咬伤等。

匙羹藤 *Gymnema sylvestre* (Retz.) Schult.

木质藤本；层间绿化；全株药用，治风湿痹痛、蛇伤等，孕妇慎用。

球兰 *Hoya carnosa* (L. f.) R. Br.

叶入药，有清热化痰、怯风除湿、消痈解毒之效，治肺炎、支气管炎、骨髓炎、睾丸炎、乳腺炎、关节炎、痈肿疔疮、闭经、小儿高热等。本种亦有栽培供观赏。

石萝藦 *Pentasacme championii* Benth.

全株可药用，治肝炎，风火眼病等。

*夜来香 *Telosma cordata* (Burm. f.) Merr.

观赏植物，花可食，也可蒸香油。花叶可药用，治慢性结合膜炎等。

弓果藤 *Toxocarpus wightianus* Hook. et Arn.

柔弱攀援灌木；低层及层间绿化；全株药用，去淤止痛。

娃儿藤 *Tylophora ovata* (Lindl.) Hook. *ex* Steud.

缠绕灌木；层间绿化；全株药用，清热明目、活血通经，治风湿、跌打损伤、哮喘、毒蛇咬伤。

232　Rubiaceae 茜草科

水团花 *Adina pilulifera* (Lam.) Franch. *ex* Drake

灌木；观赏灌木；背景林；可用于庭园中，单植或列植于溪涧水畔；根系发达，为优良固堤植物；木材供雕刻用；全株可治家畜的痧热症，又可入药，清热解毒，散瘀消肿。

香楠 *Aidia canthioides* (Champ. *ex* Benth.) Masam. [Randia canthioides Champ. *ex* Benth.]

山黄皮 *Aidia cochinchinensis* (Lour.) Merr. [Randia cochinchinensis Lour.]

灌木；观赏灌木；抗污染及抗尘能力较强的树种。

多毛茜草树 *Aidia pycnantha* (Drake) Tirveng. [Randia pycnantha Drake]

毛茶 *Antirhea chinensis* (Champ.) Benth. et Hook. f.

灌木；观赏灌木。渐危种。

** 阔叶丰花草 *Borreria latifolia* (Aubl.) K. Schum.

丰花草 *Borreria stricta* (Linn. f.) G. Mey.

鱼骨木 *Canthium dicoccum* (Gaertn.) Merr.

乔木；背景林，木材坚重而硬，适于工业用材及雕刻。

山石榴 *Catunaregam spinosa* (Thunb.) Tirveng.

风箱树 *Cephalanthus tetrandrus* (Roxb.) Ridsd. et Bakh. f.

清热降火、利尿去湿。治疗热泻、咽喉肿痛、痰多咳嗽。

流苏子 *Coptosapelta diffusa* (Champ. *ex* Benth.) Van Steenis

草质藤本；层间绿化；根辛辣，可治皮炎。

狗骨柴 *Diplospora dubia* (Lindl.) Masam.

观赏灌木，可作庭园植物。

毛狗骨柴 *Diplospora fruticosa* Hemsl.

浓子茉莉 *Fagerlindia scandens* (Thunb.) Tirveng.

栀子 *Gardenia jasminoides* Ellis

常绿灌木；庭园绿化；可作盆景；观赏灌木，枝叶繁茂，叶色终年深绿亮泽，花色洁白，香气浓郁；花含芳香油，可作调香剂；果可作染料，亦为消炎解热药；根有清热泻火、利尿消肿、解毒之效。

* 白蟾 *Gardenia jasminoides* var. *fortuniana* (Lindl.) Hara

爱地草 *Geophila herbacea* (Jacq.) K. Schum.

有消肿、排脓功效。

金草 *Hedyotis acutangula* Chamap. *ex* Benth.

清热解毒、凉血利尿。治疗肝胆实大、喉痛、咳嗽、小便不利。

耳草 *Hedyotis auricularia* L.

多年生草本；低层绿化；据《中华人民共和国药典》记载，全草含生物碱、黄酮苷和氨基酸。入药有清热解毒、散瘀消肿之效，为清火解热药，对感冒发热、咽喉痛、咳嗽、肠炎、痢疾、疮疖和蛇咬伤均有较好的疗效。

剑叶耳草 *Hedyotis caudatifolia* Merr. et Metcalf

灌木状草本；低层绿化；叶煎水治眼热病。

拟金草 *Hedyotis consanguinea* Hance

伞房花耳草 *Hedyotis corymbosa*（L.）Lam.

清热解毒、利尿消肿、活血止痛，治疗阑尾炎、肝炎、泌尿系统感染。

白花蛇舌草 *Hedyotis diffusa* Willd.

全草入药，内服治疗肿瘤、蛇咬伤、小儿疳积；外用主治泡疮、跌打等症。

牛白藤 *Hedyotis hedyotidea*（DC.）Merr.

藤状灌木；低层绿化；药用，据《广东药用植物手册》记载，本种治疗风湿、风热感冒、咳嗽和皮肤湿疹等疾病有一定疗效。

纤花耳草 *Hedyotis tenelliflora* Bl.

草本；低层绿化；药用，对癌症有一定疗效，也是跌打药。

方茎耳草 *Hedyotis tetrangularis*（Korth.）Walp.

治疗热症。

粗叶耳草 *Hedyotis verticillata*（L.）Lam.

一年生草本；低层绿化；草坪绿化；药用，消热消肿。

龙船花 *Ixora chinensis* Lam.

治疗月经不调，高血压、闭经，也可用于跌打损伤。

粗叶木 *Lasianthus chinensis*（Champ.）Benth.

治疗黄疸、湿热症。

广东粗叶木 *Lasianthus curtisii* King. et Gamble

鸡屎树 *Lasianthus hirsutus*（Roxb.）Merr.

钟萼粗叶木 *Lasianthus trichophlebus* Hemsl.

濒危种。

斜基粗叶木 *Lasianthus wallichii* Wight

舒筋活血、治疗跌打。

巴戟天 *Morinda officinalis* How

有补肾壮阳、强筋骨、祛风湿的功效。治疗肾虚阳痿、小腹冷痛。渐危种。

鸡眼藤 *Morinda parvifolia* Bartl. *ex* DC.

羊角藤 *Morinda umbellata* subsp. *obovata* Y. Z. Ruan

攀援灌木；层间绿化；为清热泻火解毒剂。

楠藤 *Mussaenda erosa* Champ.

清热解毒、消炎，治疗烧伤、疮疥。

大叶白纸扇 *Mussaenda esquirolii* Levl.

清热解毒、消炎，治疗疮疥、咽喉炎等。

玉叶金花 *Mussaenda pubescens* Ait. f.

攀援灌木；层间绿化；观花植物，叶状萼片白色，衬托橙黄色的小花，甚为美丽；茎叶味甘、性凉，有清凉消暑、清热疏风的功效，供药用或晒干代茶叶饮用。

乌檀 *Nauclea officinalis*（Pierre *ex* Pitard）Merr. et Chun

解毒消肿、止痛，清热泻火。治疗发热、急性黄疸、胃痛等。渐危种。

广州蛇根草 *Ophiorrhiza cantoniensis* Hance

日本蛇根草 *Ophiorrhiza japonica* Bl.

草本；低层绿化；湿地绿化。

鸡爪簕 *Oxyceros sinensis*（Merr.）Yamazaki

灌木或小乔木；常栽植作绿篱。

鸡屎藤 *Paederia scandens*（Lour.）Merr.

藤本；层间绿化；茎皮为造纸和人造棉原料；药用，消食，祛风湿，化痰止咳；茎和叶治支气管炎、肺结核咳嗽，根治肝炎、痢疾、风湿骨痛、毒蛇咬伤，又可治疗冻疮。

毛鸡屎藤 *Paederia scandens* var. *tomentosa*（Bl.）Hand. - Mazz.

香港大沙叶 *Pavetta hongkongensis* Brem.

小乔木；花序大，花多，观赏价值高；根叶药用，清热解毒，活血去淤。

九节 *Psychotria rubra*（Lour.）Poir.

灌木；观赏灌木；根叶药用，清热解毒，祛风除湿。

蔓九节 *Psychotria serpens* L.

攀援藤本；层间绿化；药用，舒筋活络，祛风止痛。

*郎德木 *Rondeletia odorata* Jacq.

灌木；庭园观赏植物。

假桂乌口树 *Tarenna attenuata*（Voigt）Hutch.

灌木或乔木；全株供药用，能祛风消肿、散瘀止痛；治跌打扭伤、风湿痛、蜂窝组织炎、脓肿、胃肠绞痛。

白花苦灯笼 *Tarenna mollissima*（Hook. et Arn.）Rob.

灌木或小乔木；根和叶入药，有清热解毒、消肿止痛功效；治肺结核咯血、感冒发热、咳嗽、热性胃痛、急性扁桃体炎等。

钩藤 *Uncaria rhynchophylla*（Miq.）Miq. *ex* Havil.

藤本；中药，功能清血平肝，息风定惊，用于风热头痛、感冒夹凉、惊痛抽搐等，所含钩藤碱有降血压作用。

水锦树 *Wendlandia uvariifolia* Hance

灌木或乔木；叶和根可药用，有活血散瘀功效。

233　Caprifoliaceae 忍冬科

华南忍冬 *Lonicera confusa*（Sweet）DC.

藤本；层间绿化；观花植物；适合棚架观赏；花药用，能清热、消炎。

忍冬 *Lonicera japonica* Thunb.

半常绿藤本；有清热解毒、消炎退肿，对细菌性痢疾和各种化脓性疾病都有效。

长花忍冬 *Lonicera longiflora*（Lindl.）DC.

藤本。

大花忍冬 *Lonicera macrantha*（D. Don）Spreng.

半常绿藤本。

皱叶忍冬 *Lonicera rhytidophylla* Hand. – Mazz.

常绿藤本；花供药用。

接骨草 *Sambucus chinensis* Lindl.

高大草本或半灌木；可治跌打损伤，有祛风湿、通经活血、解毒消炎功效。

南方荚蒾 *Viburnum fordiae* Hance

灌木或小乔木。

珊瑚树 *Viburnum odoratissimum* Ker – Gawl.

乔木；背景林；园林绿化；吸收 CO_2 量较多的树种；速生树种；抗污染及抗尘能力较强的树种；寺庙绿化常见植物；木材供细工用；枝及嫩叶入药，消肿止痛，治刀伤出血、毒蛇咬伤。

常绿荚蒾 *Viburnum sempervirens* K. Koch

灌木；观赏灌木；叶入药，治跌打外伤。

238　Compositae 菊科

下田菊 *Adenostemma lavenia*（L.）Ktze.

一年生草本；低层绿化；全草药用，治感冒、脚气病，外敷治痈肿疮疖，并治五步蛇咬伤。

** 藿香蓟（胜红蓟）*Ageratum conyzoides* L.

一年生草本；低层绿化；全草药用，清热解毒，消炎止血。

** 熊耳草 *Ageratum houstonianum* Mill.

草本；栽培园艺种；全草药用，有清热解毒之效。

杏叶兔耳风 *Ainsliaea fragrans* Champ.

草本；有清热、解毒、利尿、散结等功效，治疗肺病吐血、跌打损伤等。

山黄菊 *Anisopappus chinensis* Hook. et Arn.

有小毒，怯头风，降逆止吐，治头晕、目眩、喘咳、胸满肋痛、水肿等症。

野艾蒿 *Artemisia lavandulaefolia* DC.

草本；有散寒、祛湿、温经、止血作用。

三脉紫菀 *Aster ageratoides* Turcz.

草本；治疗风热感冒。

白舌紫菀 *Aster baccharoides*（Benth.）Steetz.

木质草本或亚灌木；低层绿化。

鬼针草 *Bidens bipinnata* L.

一年生草本；低层绿化；全草入药，能清热、止泻、解毒，特别对习惯性腹泻、高热等症有良效。

金盏银盘 *Bidens biternata*（Lour.）Merr. et Sherff.

一年生草本；低层绿化。

** 三叶鬼针草 *Bidens pilosa* L.

一年生草本；低层绿化；药用，防治感冒、治疗咽喉肿痛、小儿发热、毒虫蛇咬伤、肠炎腹泻、阑尾炎，外用跌打扭伤。

艾纳香 *Blumea balsamifera*（L.）DC.

叶含龙脑，称艾片，用作调制香精，也可用作杀菌、防腐、兴奋剂，怯风消肿，调经活血，治疗经期腹痛、皮肤瘙痒。

聚花艾纳香 *Blumea fistulosa* Kurz

草本。

东风草 *Blumea megacephala*（Rand.）Chang et Tseng.

攀缘状草质藤本。

柔毛艾纳香 *Blumea mollis*（Don）Merr.

*茼蒿 *Chrysanthemum segetum* L.

观赏栽培。

**香丝草 *Conyza bonariensis*（L.）Cronq.

草本；低层绿化。

**加拿大蓬 *Conyza canadensis*（L.）Cronq.

一年生草本；低层绿化；药用，怯风湿，杀虫，消肿止痛，治疗风湿病、尿血、肝炎、肠炎等症。

白酒草 *Conyza japonica*（Thunb.）Less.

草本；根药用，治疗小儿肺炎、肋膜炎、喉炎、角膜炎等。

**苏门白酒草 *Conyza sumatrensis*（Retz.）Walker

*菊花 *Dendranthema morifolium*（Ram.）Tzvel.

观赏植物，某些品种供药用，如白菊为清凉性镇静药；又为眼科药，对结膜炎有效。

鱼眼草 *Dichrocephala integrifolia*（Linn. f.）Kuntze

草本；消炎止泻、治疗小儿消化不良。

东风菜 *Doellingeria scaber* Thunb.

用于治疗蛇毒；主治风毒壅热、头痛目眩、肝热眼赤。

鳢肠 *Eclipta prostrata* L.

一年生草本；低层绿化；全草入药，有凉血、止血、消肿、强壮之功效，治疗慢性肝炎、肺结核等。

地胆草 *Elephantopus scaber* L.

草本；低层绿化；药用，清热解毒、利水消肿，治感冒、胃肠炎、咽喉炎等。

白花地胆草 *Elephantopus tomentosus* L.

一点红 *Emilia sonchifolia*（L.）DC.

草本；低层绿化；茎叶可治疮毒、损伤、痢病。

鹅不食草 *Epaltes australis* Less.

一年生草本；低层绿化；药用，治疗感冒、鼻炎、跌打骨折、肝炎等。

**加勒比飞蓬 *Erigeron karvinskianus* DC.

***假臭草 *Eupatorium catarium* Veldkamp.

草本；产南美，现香港、广东各地均普遍分布，而成为恶性杂草。深圳市各地相当常见，尤其在果园为盛。

*** 飞机草 *Eupatorium odoratum* L.

可覆盖和绿肥植物，花叶均有浓郁香气；全草入药，有毒，杀虫止血，治疗跌打及一些皮肤病、无名肿毒及杀灭螺旋体等。

大吴风草 *Farfugium japonicum*（Linn. f.）Kitam.

草本；主治咳嗽、咯血、便血、月经不调、跌打损伤、乳腺炎。

鼠麴草 *Gnaphalium affine* D. Don

二年生草本；低层绿化；草坪绿化；药用，镇咳祛痰；全株可提取芳香油。

匙叶鼠麴草 *Gnaphalium pensylvanicum* Willd.

荔枝草 *Grangea maderaspatana*（L.）Poir.

草本；用于跌打损伤、流感、咽喉肿痛、小儿惊风、吐血，乳痛，淋巴腺炎，哮喘等。

革命菜 *Gynura crepidioides* Benth.

草本；低层绿化；肉质或多汁植物；茎、叶柔嫩，可作蔬食，也可作绿肥及入药，能行气消肿、健脾利湿，治乳腺癌、急性关节炎等。

白子菜 *Gynura divaricata*（L.）DC.

* 三七草 *Gynura japonica*（Linn. f.）Juel

* 向日葵 *Helianthus annuus* L.

草本；种子含油高，可食用，也是工业原料。

* 菊芋 *Helianthus tuberosus* L.

草本；块茎含丰富淀粉。

泥胡菜 *Hemistepta lyrata*（Bge.）Bunge

二年生草本；肉质或多汁植物。

苦荬菜 *Ixeris chinensis*（Thb.）Nakai

全草入药，具有清热解毒、祛腐化脓、止血生肌功效；可治肿毒、子宫出血等。

苦荬菜 *Ixeris repens*（L.）A. Gray

马兰 *Kalimeris indica*（L.）Sch. - Bip.

多年生草本；低层绿化；全草入药，能消食积、除湿热、利小便、退热止咳、解毒，治外感风热、肝炎、消化不良、中耳炎等。

* 莴苣 *Lactuca sativa* L.

草本；可作食用。

* 生菜 *Lactuca sativa* var. *ramosa* Hort.

可作为蔬菜

蔓茎栓果菊 *Launaea sarmentosa*（Willd.）Sch. - Bip.

*** 薇甘菊 *Mikania micrantha* H. B. K.

草质藤本；原产中、南美洲，现广泛分布于世界的热带地区，成为一种恶性杂草。

山莴苣 *Pterocypsela indica*（L.）Shih

全草、根药用。清热解毒、活血祛瘀。治阑尾炎、扁桃体炎、子宫颈炎、产后淤血作痛、崩漏、痔疮下血、疮疖、肿毒。

多裂翅果菊 *Pterocypsela laciniata* (Houtt.) Shih

千里光 *Senecio scandens* Buch. - Ham. *ex* D. Don

多年生草本；层间绿化；观叶植物；观花植物；根药用，治疮肿。

豨莶 *Siegesbeckia orientalis* L.

一年生草本；低层绿化；花卉；全草有怯风除湿、安神降压、解毒镇痛作用，治腰腿痛、风湿麻痹痛、外感伤风、热泻、蛇虫咬伤等。

一枝黄花 *Solidago decurrens* Lour.

多年生草本；低层绿化；可入药。

苣荬菜 *Sonchus arvensis* L.

** 苦苣菜 *Sonchus oleraceus* L.

金扭扣 *Spilanthes paniculata* Wall. *ex* DC.

一年生草本；低层绿化；全草药用，具小毒，有解毒、消炎、祛风、除湿、止痛之功效。

** 金腰箭 *Synedrella nodiflora* (L.) Gaertn.

一年生草本；低层绿化；全草药用，清热解毒，凉血消肿。

* 万寿菊 *Tagetes erecta* L.

夜香牛 *Vernonia cinerea* (L.) Less.

草本；低层绿化；全草入药，有疏风散热、拔毒消肿、安神镇静、消积化滞之功效，治感冒发热、神经衰弱、失眠、痢疾、跌打扭伤、蛇伤、乳腺炎、疮疖肿毒等症。

毒根斑鸠菊 *Vernonia cumingiana* Benth.

攀援灌木或藤本；治疗风湿痛，腰肌劳损、四肢麻痹，感冒发热、疟疾、牙痛、结膜炎等。

咸虾花 *Vernonia patula* (Dry.) Merr.

一年生草本；低层绿化；全草药用，发表散寒，清热止泻，治急性肠胃炎、风热感冒、头痛、疟疾等症。

茄叶斑鸠菊 *Vernonia solanifolia* Benth.

直立灌木或小乔木；治疗腹痛、肠炎等。

蟛蜞菊 *Wedelia chinensis* (Osb.) Merr.

全草入药，有清热解毒、凉血止血之效，治疗肺结核咯血、风热感冒、急性扁桃体炎、咽喉炎等。

卤地菊 *Wedelia prostrata* (Hook. et Arn.) Hemsl.

*** 美洲蟛蜞菊 *Wedelia trilobata* (L.) Hitchl.

双头菊（孪花蟛蜞菊）*Wollastonia biflora* (L.) DC.

攀援状草本。

苍耳 *Xanthium sibiricum* Patr. *ex* Widd.

一年生草本；低层绿化；茎叶捣烂，可涂疥癣、湿疹；果药用，发汗、利尿。

黄鹌菜 *Youngia japonica*（L.）DC.

一年生草本；低层绿化；草坪绿化。

239 Gentianaceae 龙胆科

香港双蝴蝶 *Tripterospermum nienkui*（Marq.）C. J. Wu

缠绕草本。

241 Plumbaginaceae 蓝雪科

中华补血草 *Limonium sinense*（Gir.）Ktze.

草本；有收敛、止血、利水作用。

白花丹 *Plumbago zeylanica* L.

根叶药用，舒筋活血、明目、消肿怯风。

242 Plantaginaceae 车前科

大车前 *Plantago major* L.

多年生草本；低层绿化；草坪绿化；全草和种子药用，有清热利尿作用。

243 Campanulaceae 桔梗科

土党参 *Codonopsis javanica*（Bl.）Hook. f.

补脾、生津、催乳、祛痰、止咳、止血、等功效。

蓝花参 *Wahlenbergia marginata*（Thunb.）A. DC.

草本；根药用，治疗小儿疳积，痰积和高血压等。

244 Lobeliaceaae 半边莲科

半边莲 *Lobelia chinensis* Lour.

多年生草本；低层绿化；花卉；草坪绿化；药用，治毒蛇咬伤、炎肿麻木等症。

疏毛半边莲 *Lobelia zeylanica* L.

铜锤玉带草 *Pratia nummularia*（Lam.）Br. et Asch.

匍匐草本；观赏植物，植株、花、果均小巧玲珑；低层绿化；草坪绿化；肉质或多汁植物；全草入药，治乳痈、小儿痰鸣等症。

245 Goodeniaceae 草海桐科

美柱草 *Calogyne chinensis* Benth.

可用于跌打损伤。

小草海桐 *Scaevola hainanensis* Hance

草海桐 *Scaevola sericea* Vahl

直立或铺散灌木。

246 Stylidiaceae 花柱草科

花柱草 *Stylidium uliginosum* Sw.

249 Boraginaceae 紫草科

柔弱斑种草 *Bothriospermum tenellum*（Horn.）Fisch. et Mey.

* 基及树（福建茶）*Carmona microphylla*（Lam.）D. Don

灌木；适于作盆景。

长花厚壳树 *Ehretia longiflora* Champ.

乔木；嫩叶可作茶用。

厚壳树 *Ehretia thyrsiflora*（S. et Z.）Nakai

乔木；行道树，树干挺直；背景林；抗污染及抗尘能力较强的树种。

250　Solanaceae 茄科

** 辣椒 *Capsicum annuum* L.

草本；为重要蔬菜和调味品。

红丝线 *Lycianthes biflora*（Lour）. Bitt.

灌木。

枸杞 *Lycium chinense* Mill.

灌木；观赏灌木；作蔬菜；果（杞子）能滋补、明目；根皮（地骨皮）能清热、凉血。

* 番茄 *Lycopersicon esculentum* Mill.

可作水果或蔬菜。

* 烟草 *Nicotiana tabacum* L.

药用，作麻醉、发汗、镇静和催吐剂。

灯笼草 *Physalis angulata* L.

草本；全草药用，有清热、利尿功效。

少花龙葵 *Solanum americanum* Miller

草本；可食用，有清凉散热兼治喉痛。

牛茄子（颠茄）*Solanum capsicoides* Allioni

草本或灌木；可观赏。

假烟叶树 *Solanum erianthum* D. Don

乔木；有消炎解毒、祛风散热功效。

白英 *Solanum lyratum* Thunb.

草质藤本；层间绿化；药用，能清热解毒、祛风湿。

* 茄 *Solanum melongena* L.

可作蔬菜。根茎叶入药，可利尿，叶可作麻醉剂。

龙葵 *Solanum nigrum* L.

草本；可散瘀消肿，清热解毒。

水茄 *Solanum torvum* Swartz.

* 马铃薯 *Solanum tuberosum* L.

富含淀粉，可食用。

251　Convolvulaceae 旋花科

头花白鹤藤 *Argyreia capitiformis*（Poir.）Ooststr.

白鹤藤 *Argyreia acuta* Lour.

攀援灌木；层间绿化；全藤药用，有化痰止咳、润肺、止血、拔毒之功，治急慢性支气管炎、肺痨、肝硬化、肾炎水肿、疮疖、乳痈、皮肤湿疹、脚癣感染、水火烫伤、血崩、外伤止血以及治猪瘟等。

*月光花 *Calonyction aculeatum*（L.）House

缠绕草本；栽培观赏，可作蔬菜。

南方菟丝子 *Cuscuta australis* R. Br.

寄生草本；种子药用，有补肝肾、益精壮阳，止泻功能。

田野菟丝子（广东新纪录）*Cuscuta campestris* Yunker

生物防治薇甘菊。

菟丝子 *Cuscuta chinensis* Lam.

丁公藤 *Erycibe obtusifolia* Benth.

木质藤本；层间绿化，可作棚架垂直绿化，以供观赏；茎和小枝入药（酒浸制），可治风湿病；有毒，为强发汗药，消肿止痛，治风湿痹痛、半身不遂、青光眼等。

土丁桂 *Evolvulus alsinoides*（L.）L.

草本；有散瘀止痛，清湿热功效，治疗小儿结肠炎、消化不良、白带、支气管哮喘。

猪菜藤 *Hewittia malabarica*（L.）Suresh

缠绕草本。

*蕹菜 *Ipomoea aquatica* Forsk.

草本；蔬菜，可药用，解饮食中毒。

*番薯 *Ipomoea batatas*（L.）Lam.

草本；粮食作物，块根淀粉丰富。

***五爪金龙 *Ipomoea cairica*（L.）Sweet.

多年生缠绕草本；层间绿化；观花植物；块根供药用，外敷热毒疮，有清热解毒之效。

七爪龙 *Ipomoea digitata* Linn.

厚藤 *Ipomoea pes－caprae*（L.）Sweet

茎、枝平铺于海滩上，有固沙作用；全草药用，味微苦辛，性温，怯风除湿，拔毒消肿，治疗风寒感冒、腰肌劳损。

盘苞牵牛 *Ipomoea pileata* Roxb.

毛牵牛（心萼薯）*Ipomoea sinensis*（Desr.）Choisy

**三裂叶薯 *Ipomoea triloba* L.

草本；杂草。

小牵牛 *Jacquemontia paniculata*（Burm. f.）Hall. f.

鱼黄草 *Merremia hederacea*（Burm.）Hall. f.

草质藤本；外用治疗疥疮。

毛山猪菜 *Merremia hirta*（L.）Merr.

尖萼山猪菜 *Merremia tridentata* subsp. *hastata*（Desr.）Oostr.

山猪菜 *Merremia umbellata* subsp. *orientalis*（Hall. f.）Oostr.

缠绕草本；根入药，治疮毒。

盒果藤 *Operculina turpethum*（L.）Manso

缠绕草本；根皮做泻药。

** 牵牛 *Pharbitis nil*（L.）Choisy

缠绕草本；除观赏外，种子为中药，有泻水利尿、逐痰、杀虫功效。

紫花牵牛 *Pharbitis purpurea*（L.）Vgt.

252　Scrophulariaceae 玄参科

毛麝香 *Adenosma glutinosum*（L.）Druce

草本；低层绿化；花卉；全草药用，有祛风止痛、消肿散瘀等功效，治疗感冒、咳嗽、头痛发热等症。

紫苏草 *Limnophila aromatica*（Lam.）Merr.

全草入药，有清凉止咳、解毒消肿之效，治疗感冒咳嗽、百日咳、无名肿毒、蛇伤、癣等。

长蒴母草 *Lindernia anagallis*（Burm. f.）Pennell

草本；可药用。

泥花草 *Lindernia antipoda*（L.）Alst.

草本；全草药用。

母草 *Lindernia crustacea*（L.）Muell.

一年生草本；低层绿化；草坪绿化；全草药用，有清热、解毒、利湿和止痢等功效。

陌上菜 *Lindernia procumbens*（Krock.）Philcox

细茎母草 *Lindernia pusilla*（Willd.）Boldingh

旱田草 *Lindernia ruellioides*（Colsm.）Pennell

一年生草本；低层绿化；草坪绿化；全草药用，治红痢、蛇伤和疮疖等。

通泉草 *Mazus japonicus*（Thb.）Ktze.

一年生草本；低层绿化；药用，清热解毒，治疗无名肿毒等。

** 野甘草 *Scoparia dulcis* L.

草本；低层绿化；草坪绿化；全草入药，治感冒、肠炎、小便不利、热痱、皮肤湿疹等症。

二花蝴蝶草 *Torenia biniflora* Chin et Hong

黄花蝴蝶草 *Torenia flava* Buch. – Ham. *ex* Benth.

** 蓝猪耳 *Torenia fournieri* Linden *ex* Fourn.

光叶蝴蝶草 *Torenia glabra* Osbeck.

** 婆婆纳 *Veronica didyma* Tenore

草本；可食用。

** 阿拉伯婆婆纳 *Veronica persica* Poir.

253　Orobanchaceae 列当科

野菰 *Aeginetia indica* L.

寄生草本；根和花入药，清热解毒，消肿，治疗骨髓炎和喉痛。

254　Lentibulariaceae 狸藻科

挖耳草 *Utricularia bifida* L.

少花狸藻 *Utricularia exoleta* R. Br.

　　半固着水生草本。

256　Gesneriaceae 苦苣苔科

芒毛苣苔 *Aeschynanthus acuminatus* Wall. *ex* A. DC.

　　药用，治疗风湿骨痛等。

佳氏苣苔（紫花短筒苣苔）*Boeica guileana* B. L. Burtt

唇柱苣苔 *Chirita sinensis* Lindl.

窄叶唇柱苣苔 *Chirita sineasis* var. *angusfifolia* Dunn

吊石苣苔 *Lysionotus pauciflorus* Maxim.

石上莲（马铃苣苔）*Oreocharis benthamii* var. *reticulata* Dunn

　　药用，治疗刀伤出血。

冠萼线柱苣苔 *Rhynchotechum formosanum* Hatusima

259　Acanthaceae 爵床科

老鼠簕 *Acanthus ilicifolius* L.

　　根药用，治疗肝炎、胃痛、淋巴结核、肝脾肿大、哮喘、感冒等症。

板蓝（马蓝）*Baphicacanthus cusia*（Nees）Bremek.

　　草本，有清热解毒、凉血消肿功效，可预防脑流、流感，治中暑、腮腺炎、蛇毒等。

黄猄草 *Championella tetrasperma*（Champ. *ex* Benth.）Bremek.

钟花草 *Codonacanthus pauciflorus*（Nees）Nees

狗肝菜 *Dicliptera chinensis*（L.）Juss.

　　草本；低层绿化；药用，清热凉血，生津利尿。

小驳骨 *Gendarussa vulgaris* Nees

　　药用全草，外用为跌打药，舒筋活络，治疗风湿性关节炎。

圆苞金足草（球花马蓝）*Goldfussia pentstemonoides* Nees

水蓑衣 *Hygrophila salicifolia*（Vahl）Nees

　　草本；低层绿化；药用，清凉凉血，生津利尿，治感冒发热、痢疾等症。

鳞花草 *Lepidagathis incurva* Buch. – Ham. *ex* D. Don

　　多年生草本；低层绿化。

曲枝假蓝 *Pteroptychia dalziellii*（W. W. Sm.）H. S. Lo

　　草本或灌木。

爵床 *Rostellularia procumbens*（L.）Nees

　　草本；入药，治疗腰背痛、创伤等。

孩儿草 *Rungia pectinata*（L.）Nees

　　草本；有去积、除滞、清火功效。

叉柱花 *Staurogyne concinnula*（Hance）O. Kuntze

山牵牛（大花老鸦嘴）*Thunbergia grandiflora*（Rottl. *ex* Willd.）Roxb.

攀援灌木；栽培观赏。

263　Verbenaceae 马鞭草科

海榄雌（白骨壤）*Avicennia marina*（Forsk.）Vierh.

灌木；可治痢疾，也可作饲料。

华紫珠 *Callicarpa cathayana* Chang

灌木；观赏灌木；根入药，治目红、发热、口渴、痢疾、止痒、跌打等；叶止血散瘀，驱风逐湿。

白棠子树 *Callicarpa dichotoma*（Lour.）Koch

小灌木；药用，治感冒、跌打损伤、气血瘀滞、妇女闭经、外伤肿痛。

杜虹花 *Callicarpa formosana* Rolfe

灌木；有散瘀消肿、止血镇痛功效，治疗咳血、吐血、出血等。

枇杷叶紫珠 *Callicarpa kochiana* Makino

灌木；观赏灌木；珍贵园林植物；叶可作外伤止血药，又可提取芳香油。

广东紫珠 *Callicarpa kwangtungensis* Chun

裸花紫珠 *Callicarpa nudiflora* Hook. et Arn.

灌木或小乔木；叶药用，有止血止痛、散瘀消肿功效。治疗外伤出血、跌打肿痛、风湿肿痛、肺结核、胃肠出血等。

兰香草 *Caryopteris incana*（Thunb. *ex* Houtt.）Miq.

小灌木；全草药用，可疏风解表、祛痰止咳、散瘀止痛，也可治疗蛇毒、疮肿、湿疹。

灰毛大青 *Clerodendrum canescens* Wall. *ex* Schauer

大青 *Clerodendrum cyrtophyllum* Turcz.

根叶入药，有凉血、清热、解毒、利尿之功效，主治咽喉炎、偏头痛、虫咬等症。

白花灯笼（鬼灯笼）*Clerodendrum fortunatum* L.

灌木；观赏灌木；全株均可药用，味微苦，性凉。根入药有清热降火、消肿散瘀、消炎拔毒之效，内服主治感冒发烧、支气管炎、咽喉炎、口腔炎、胃痛、跌打扭伤、风湿骨痛、疮疖脓肿；外用多以鲜叶捣烂或干根研粉调敷患处。

假茉莉（苦郎树）*Clerodendrum inerme*（L.）Gaertn.

灌木；观赏灌木；根主治风湿性关节炎、神经痛、疟疾等症；叶治皮肤湿疹、疥疮、跌打淤肿、外伤出血。

赪桐 *Clerodendrum japonicum*（Thb.）Sweet

灌木；观赏灌木；根与花祛风湿。

*金叶假连翘 *Duranta erecta* cv. Golden Leaves

庭院观赏。

***马缨丹 *Lantana camara* L.

灌木；观赏灌木；速生树种；绿篱植物；根可治久热不退、风湿骨痛、腮腺炎、肺结核；茎叶煎水洗治疥癞、皮炎。

*蔓马缨丹 *Lantana montevidensis* Briq.

豆腐柴 *Premna microphylla* Turcz.

灌木；观赏灌木；叶可制豆腐；根、茎、叶入药，清热解毒，消肿止血，主治毒蛇咬伤、无名肿痛、创伤出血。

*柚木 *Tectona grandis* Linn. f.

乔木；著名木材，质坚硬，光泽美丽，纹理通直，耐朽力强，芳香，易施工，适于造船、建筑、雕刻及家具；木屑浸水可治疗皮肤病，花和种子利尿。

马鞭草 *Verbena officinalis* L.

多年生草本；花卉；草坪绿化；全草入药，有清热解毒、活血散淤、利尿消肿功效；并能催促分娩后胎盘的剥离，清除产后排泄物之不尽和月经困难；根可治赤、白下痢，疟疾。

黄荆 *Vitex negundo* L.

灌木；观赏灌木；茎叶治久痢；种子为清凉性镇静、镇痛药；根可以驱蛲虫；花和枝叶可提取芳香油。

牡荆 *Vitex negundo* var. *cannabifolia*（Sieb. et Zucc.）Hand. - Mazz.

山牡荆 *Vitex quinata*（Lour.）Will.

乔木；背景林；行道树；木材为建筑和桥梁之用。

单叶蔓荆 *Vitex rotundifolia* Linn. f.

果实药用，疏风散热，治疗头痛眩晕等。

264 Labiatae 唇形科

金疮小草（筋骨草）*Ajuga decumbens* Thunb.

广防风 *Anisomeles indica*（L.）Kuntze

草本；低层绿化；全草药用，味苦、辛，性微温，气香，功能行气解表、祛风、消滞和止痛，治风湿、感冒、急性肠炎和虫、蛇咬伤。

*五彩苏 *Coleus scutellarioides*（L.）Benth.

草本；观赏用。

中华锥花 *Gomphostemma chinense* Oliv.

**吊球草 *Hyptis rhomboidea* Mart. et Gal.

**山香 *Hyptis suaveolens* Poir.

草本；入药，治疗乳腺炎、感冒发烧、头痛、胃肠涨气、风湿骨痛等。

益母草 *Leonurus artemisis*（Lour.）Hu

草本；低层绿化；全草为常用中药，有效成分为益母草素，本种味辛、苦、微寒，功能去淤生新、活血调经，内服能降压，并有拮抗肾上腺素的作用，可治疗动脉硬化性与神经性高血压，又为子宫产后收缩药，对长期子宫出血而引起衰弱者有效；种子名茺蔚子，功能活血，调经，明目，利水。

滨海白绒草 *Leucas chinensis*（Retz.）R. Br.

疏毛白绒草 *Leucas mollissima* var. *chinensis* Benth.

皱面草 *Leucas zeylanica*（L.）R. Br.

入药，治疗感冒、咳嗽、牙痛、肠胃不适等。

*薄荷 *Mentha haplocalyx* Briq.

草本；入药，治疗感冒发热喉痛、头痛，皮肤搔痒等。

凉粉草 *Mesona chinensis* Benth.

石荠苧 *Mosla scabra*（Thunb.）Wu et Li

入药，治疗感冒、中暑发烧、皮肤瘙痒。

*紫苏 *Perilla frutescens*（L.）Britt.

本植物可供药用和香料用。入药部分以茎、叶及子实为主，叶为发汗、镇咳、芳香性健胃剂、利尿剂，并有镇痛、镇静、解毒作用，可治感冒，对因鱼蟹中毒引起的腹痛、呕吐者有卓效；茎有平气安胎之功效；子能镇咳、怯痰、平喘；叶又供食用；种子榨出的油名为紫苏油，供食用，又有防腐作用，供工业用。

野生紫苏 *Perilla frutescens* var. *purpurascens*（Hayata）H. W. Li

可药用、食用。

香茶菜 *Rabdosia amethystoides*（Benth.）Hara

草本；根入药，治疗劳伤、筋骨酸痛、疮毒等。

雪见草 *Salvia plebeia* R. Br.

入药，用于跌打损伤、咽喉肿痛、吐血、哮喘、尿道炎、高血压等。

*一串红 *Salvia splendens* Ker－Gawl.

灌木状草本；作观赏。

韩信草 *Scutellaria indica* L.

多年生草本；低层绿化；草坪绿化；全草入药，据《岭南采药录》记载：味辛，性平，能祛风、壮筋骨、散淤消肿，治跌打损伤、蛇伤。

偏花黄芩 *Scutellaria tayloriana* Dunn

草本；根入药，治疗热咳、吐血等。

血见愁 *Teucrium viscidum* Bl.

多年生草本；低层绿化；全草入药，治跌打损伤和风湿关节炎，止血。

280　Commelinaceae 鸭跖草科

穿鞘花 *Amischotolype hispida*（Less. et A. Rich.）Hong

草本，可作马草。

饭包草 *Commelina bengalensis* L.

草本；有清热解毒，消肿利尿功效。

鸭跖草 *Commelina communis* L.

竹节草 *Commelina diffusa* Burm. f.

草本；湿地绿化，观叶植物；草坪绿化；肉质或多汁植物；茎、根入药，具消热、散毒、利尿之效。

大苞鸭跖草 *Commelina paludosa* Bl.

聚花草 *Floscopa scandens* Lour.

有清热解毒、利尿消肿功效，治疗疮毒、淋巴肿大、急性肾炎。

大苞水竹叶 *Murdannia bracteata* (Clarke) J. K. Morton *ex* Hong

草本；湿地绿化，观叶植物；草坪绿化；肉质或多汁植物。

狭叶水竹叶 *Murdannia loriformis* (Hassk.) Rolla et Kamm.

裸花水竹叶 *Murdannia nudiflora* (L.) Bren.

草本；外敷治红肿。

*紫鸭跖草 *Setcreasea purpurea* B. K. Boom

*紫背万年青（蚌花）*Tradescantia spathacea* Sw.

*吊竹梅 *Tradescantia zebrina* Hort. *ex* Bosse

285 Eriocaulaceae 谷精草科

谷精草 *Eriocaulon buergerianum* Koern.

草本；入药。

白药谷精草 *Eriocaulon cinereum* R. Br.

华南谷精草 *Eriocaulon sexangulare* L.

287 Musaceae 芭蕉科

*香蕉 *Musa acuminata* cv. Cavendish

可食用。

野蕉 *Musa balbisiana* Colla

多年生草本；背景林；园林绿化；吸收 CO_2 较多的树种；速生树种；叶鞘纤维可作麻类代用品，假茎科作猪饲料。

*芭蕉 *Musa basjoo* Sieb. et Zucc.

多年生草本；背景林；园林绿化；吸收 CO_2 较多的树种；速生树种。

290 Zingiberaceae 姜科

距花山姜 *Alpinia calarata* Rosc.

草豆寇 *Alpinia hainanensis* K. Schum.

多年生草本；观叶植物；观花植物；种子供药用，有燥湿祛寒、健脾暖胃之效。

华山姜 *Alpinia oblongifolia* Hayata

多年生草本；观叶植物；观花植物；根状茎能温中暖胃，散寒止痛。

高良姜 *Alpinia officinarum* Hance

根茎供药用，能温中散寒、止痛消食。

*益智 *Alpinia oxyphylla* Miq.

果实供药用。有益脾胃、补身许，可治脾胃（或肾）虚寒腹痛、呕吐等。

密苞山姜 *Alpinia stachyoides* Hance

艳山姜 *Alpinia zerumbet* (Pers.) Burtt et Smith

花极美丽，供观赏；根茎和果实健脾暖胃、去湿散寒，可治疗消化不良、呕吐腹泻；种子亦供药用，内服治水肿，外洗治疮疖。

蘘荷 *Zingiber mioga* (Thb.) Rosc.

温中理气，祛风止痛，消肿、活血、散瘀，治疗腹痛、跌打损伤等。

*姜 *Zingiber officinale* Rosc.

可药用，也可工业用。

阳荷 *Zingiber striolatum* Diels

可提取芳香油。

291 Cannaceae 美人蕉科

*美人蕉 *Canna indica* L.

多年生草本；庭园绿化；观叶、观花植物；根茎能清热利湿、舒筋活络之功效；茎叶可制人造棉；叶提取芳香油，残渣可作造纸原料。

292 Marantaceae 竹芋科

柊叶 *Phrynium rheedei* Suresh et Nicols.

治肝肿大，痢疾。

293 Liliaceae 百合科

*芦荟 *Aloe vera*（L.）N. L. Burman

药用，通便杀虫，凉血散瘀，拔毒止痛；榨汁胃护肤品原料。

天门冬 *Asparagus cochinchinensis*（Lour.）Merr.

攀援植物；低层绿化；花卉；块根供药用，有滋阴润燥、消火止咳之效。

蜘蛛抱蛋 *Aspidistra elatior* Bl.

多年生常绿草本；低层绿化；花卉；观叶植物。

*吊兰 *Chlorophytum comosum*（Thunb.）Baker

供观赏。

山菅兰 *Dianella ensifolia*（L.）DC.

草本；低层绿化；观叶及观果植物；药用解毒利湿。

麦门冬 *Liriope spicata*（Thb.）Lour.

多年生常绿草本；喜荫，可作园林地被植物。

沿阶草 *Ophiopogon japonicus*（L. f.）Ker－Gawl.

可入药。

广东沿阶草 *Ophiopogon reversus* Huang

大盖球子草 *Peliosanthes macrostegia* Hance

根状茎、根药用。祛痰止咳，舒肝止痛。治咳嗽痰稠、胸痛、跌打胸肋痛、小儿疳积。

日本藜芦 *Veratrum japonicum*（Baker）Loes. f.

295 Trilliaceae 延龄草科

七叶一枝花（华重楼）*Paris polyphylla* var. *chinensis*（Franch.）Hara

296 Pontederiaceae 雨久花科

***凤眼蓝 *Eichornia crassipes* Solms

全草药用。清热解毒、利尿消肿。治中暑烦渴、肾炎水肿、小便不利。

297 Smilacaceae 菝葜科

合丝肖菝葜 *Heterosmilax gaudichaudiana*（Kunth）Maxim.

肖菝葜 *Heterosmilax japonica* Kunth

攀援灌木；层间绿化；根状茎药用。

菝葜 *Smilax china* L.

攀援灌木；层间绿化；旱生植物；先锋绿化；根茎可入药，治疗糖尿病、筋骨痛、腹泻等症；还可制糕点及提炼栲胶。

粉叶菝葜 *Smilax corbularia* Kunth

土茯苓 *Smilax glabra* Roxb.

攀援灌木；先锋绿化；旱生植物；根状茎入药，利湿热解毒，健脾胃；且富含淀粉；可制糕点或酿酒用。

暗色菝葜 *Smilax lanceifolia* var. *opaca* A. DC.

攀援灌木；先锋绿化；旱生植物；根状茎入药。

302 Araceae 天南星科

金钱蒲 *Acorus gramineus* Soland.

石菖蒲 *Acorus tatarinowii* Schott

根茎供药用，内服为芳香健胃剂，有镇痛、驱风、杀虫之效；可治疗痰厥昏迷及风寒湿痹；根磨粉后涂擦外用，治疗牙龈出血，熬汤沐浴可治皮肤病和腰冷，熏洗痔疮也有效。

海芋 *Alocasia macrorrhiza*（L.）Schott

草本；观叶植物；低层绿化；肉质或多汁植物；茎富含淀粉，但有剧毒；药用有清热解毒、消肿止痛之效；根茎可治腹痛、霍乱、疝气、流行性感冒、高烧、中暑、肺结核、疔疮肿、虫蛇咬伤等。

南蛇棒 *Amorphophallus dunnii* Tutcher

东亚魔芋 *Amorphophallus kiusianus*（Makino）Makino

心檐南星 *Arisaema cordatum* N. E. Br.

*花叶芋 *Caladium bicolor*（Aiton）Vent.

供观赏，入药治疗骨折。

野芋 *Colocasia antiquorum* Schott

草本；药用，治疗肿毒、虫蛇咬伤、急性颈淋巴腺炎。

芋 *Colocasia esculenta* Schott

蔬菜，入药，治疗口疮、淋巴结核、外伤出血。

*花叶万年青 *Dieffenbachia sequine*（Jacq.）Schott

栽培供观赏。

*麒麟尾 *Epipremnum pinnatum*（L.）Engl.

药用，能消肿止痛，治疗跌打损伤、风湿关节、疮毒。

*龟背竹 *Monstera deliciosa* Liebm.

攀援灌木；供观赏，果可食用。

石柑子 *Pothos chinensis*（Raf.）Merr.

藤本；层间绿化；观叶植物；肉质或多汁植物；全株药用，味淡，性平，有小毒；祛风解暑，消食止咳，止痛；治寒湿麻痹、咳嗽、气痛、小儿疳积，并可治疗劳损性腰腿痛。

蜈蚣藤 *Pothos repens* (Lour.) Druce

祛湿凉血、止痛接骨。治疗跌打、骨折、风湿骨痛。

狮子尾 *Rhaphidophora hongkongensis* Schott

全株药用，能消炎消肿、散痞块、凉血，接骨生肌。

*绿萝 *Scindapsus aureus* Engl.

藤本；可作插花。

*合果芋 *Syngonium podophyllum* Schott

犁头尖 *Typhonium blumei* Nicols. et Sivadasan

块茎入药，解毒消肿、止血，治疗毒蛇咬伤、血管瘤、淋巴结合、跌打损伤等。

303 Lemnaceae 浮萍科

紫萍 *Spirodela polyrrhiza* (L.) Schleid.

治疗感冒发热无汗、水肿、小便不利、皮肤湿热。

306 Amaryllidaceae 石蒜科

*葱 *Allium fistulosum* L.

作蔬菜食用；鳞茎、葱白、种子入药，有发表、通风、解毒的功效，治疗感冒头痛、背寒咳嗽等症；种子可治风寒感冒；葱油有强力杀菌作用。

*蒜 *Allium sativum* L.

供食用和药用。鳞茎入药，有消积、健胃抗菌、消炎、杀虫的功效，治疗消化不良、感冒、鼻炎、急性阑尾炎等症。

文殊兰 *Crinum asiaticum* var. *sinicum* (Roxb. *ex* Herb.) Baker

草本；有活血化瘀、消肿止痛功效，治疗跌打损伤、风热头痛、热毒等。

307 Iridaceae 鸢尾科

*鸢尾 *Iris tectorum* Maxim.

治疗关节炎、跌打损伤、肝炎等。

310 Stemonaceae 百部科

对叶百部 *Stemona tuberosa* Lour.

311 Dioscoreaceae 薯蓣科

*参薯 *Dioscorea alata* L.

缠绕草质藤本；有滋补强壮的作用。

大青薯 *Dioscorea benthamii* Prain et Burkill

缠绕草质藤本。

黄独 *Dioscorea bulbifera* L.

块茎褐腋生的零余子有毒，味苦且辣，食前须作去毒处理。块茎供药用，称黄药子，有止血、去毒的功用，可治疝气、腰痛。

薯莨 *Dioscorea cirrhosa* Lour.

藤本；可提制栲胶，酿酒；入药能活血、补血，治疗跌打损伤、血瘀气滞、半身麻木等。

山薯 *Dioscorea fordii* Prain et Burk.

白薯茛 *Dioscorea hispida* Dennst.

去淤血、消肿止痛、跌打肿伤等。

褐苞薯蓣 *Dioscorea persimilis* Prain et Burk.

块茎可供食用。

*薯蓣 *Dioscorea polystachya* Turcz.

缠绕草质藤本；有强壮、祛痰功效，可食用。

313 Agavaceae 龙舌兰科

*龙舌兰 *Agave americana* L.

*朱蕉 *Cordyline fruticosa*（L.）Cheval.

灌木状；供观赏。

314 Palmae 棕榈科

*假槟榔 *Archontophoenix alexandrae*（F. J. Muell.）H. Wendl. et Drude

乔木状；园林绿化种。

*三药槟榔 *Areca triandra* Roxb.

*桄榔 *Arenga pinnata*（Wurmb.）Merr.

华南省藤 *Calamus rhabdocladus* Burr.

藤本；园林绿化；茎可编织各种藤器，幼苗治跌打。

白藤 *Calamus tetradactylus* Hance

攀援藤本；可编制藤器。

*鱼尾葵 *Caryota ochlandra* Hance

乔木状；可作庭园绿化植物。

*散尾葵 *Chrysalidocarpus lutescens* H. Wendl.

丛生灌木；庭园绿化树种。

*蒲葵 *Livistona chinensis* R. Br.

叶作葵扇、斗笠等；果实药用，对白血病等有一定疗效；根可治哮喘。

刺葵 *Phoenix hanceana* Naud.

丛生灌木；园林绿化；观叶植物；果味甜可食；嫩芽可生食或煮食；叶可为帚，叶柄可作手杖。

*软叶刺葵 *Phoenix roebellenii* O'Brien

棕竹 *Rhapis excelsa*（Thb.）Henry *ex* Rehd.

丛生灌木；庭园绿化种，根、叶可入药。

*大王椰子 *Roystonea regia*（Kunth）O. F. Cook

可作行道树、庭院绿化。

315 Pandanaceae 露兜树科

露兜草 *Pandanus austrosinensis* T. L. Wu

小乔木；园林绿化；叶纤维制造各种工艺品；鲜花含芳香油；根、叶、花、果药用，治疗肾炎水肿，清热祛湿。

簕古子（露兜簕）*Pandanus kaida* Kurz

嫩芽可食。根和果实入药，治感冒发热、肾炎水肿、结膜炎、疝气等症。

露兜树 *Pandanus tectorius* Solms

小乔木；园林绿化；果药用，治小肠疝气。

分叉露兜 *Pandanus urophyllus* Hance

常绿乔木；根入药。

318　Hypoxidaceae 仙茅科

大叶仙茅 *Curculigo capitulata*（Lour.）Ktze.

多年生草本；低层绿化；观赏植物，可盆栽，也可地栽布置花坛；根入药，有利尿排石、消炎镇静之效。

仙茅 *Curculigo orchioides* Gaertn.

根茎供药用，有补肾壮阳、散寒除痹的功用。

322　Philydraceae 田葱科

田葱 *Philydrum lanuginosum* Bamks *ex* Gaertn.

草本；有清热利湿功效。

326　Orchidaceae 兰科

多花脆兰 *Acampe rigida*（Buch. – Ham. *ex* Smith.）P. Hunt.

附生植物。

花叶开唇兰 *Anoectochilus roxburghii*（Wall.）Lindl.

陆生兰；观赏植物，叶具金黄色脉纹，花色洁白，花姿美丽；全草药用，有清热润肺、消炎解毒之功效，可治肺结核、风湿关节炎等症。

牛齿兰 *Appendicula cornuta* Blume

附生草本

竹叶兰 *Arundina graminifolia*（D. Don）Hochr.

陆生兰；观赏植物；用于装饰花坛、室内点缀，也可作插花材料；全草入药，可清热解毒、祛风湿，消炎利尿。

芳香石豆兰 *Bulbophyllum ambrosium*（Hance）Schltr.

附生兰；观赏植物；宜附生于庭园的树上或假山上，以装饰庭园隐蔽处；全草入药，可治肝炎。渐危种。

直唇卷瓣兰 *Bulbophyllum delitescens* Hance

渐危种。

广东石豆兰 *Bulbophyllum kwangtungense* Schltr.

密花石豆兰 *Bulbophyllum odoratissimum*（Sm.）Lindl.

长距虾脊兰 *Calanthe sylvatica*（Thou.）Lindl.

有拔毒生肌、消肿止痛功效。治疗无名肿痛。

三褶虾脊兰 *Calanthe triplicata*（Will.）Ames

利尿通淋。治疗小便不利。

尖喙隔距兰 *Cleisostoma rostratum*（Lodd.）Seiden. *ex* Aver.

广东隔距兰 *Cleisostoma simondii* var. *guangdongense* Z. H. Tsi
　　渐危种。
流苏贝母兰 *Coelogyne fimbriata* Lindley
春兰 *Cymbidium goeringii*（Rchb. f.）Rchb. f.
　　渐危种。
建兰 *Cymbidium ensifolium*（L.）Swartz.
　　渐危种。
墨兰 *Cymbidium sinense*（Andr.）Willd.
　　渐危种。
美花石斛 *Dendrobium loddigesii* Rolfe
　　滋阴益胃、生津。治疗热病、口干烦渴。濒危种。
蛇舌兰 *Diploprora championii*（Lindl.）Hook. f.
半柱毛兰 *Eria corneri* Rchb. f.
　　清热解毒、润肺、消肿功效。治疗痨咳、疥疮。
白绵毛兰 *Eria lasiopetala*（Willd.）Ormerod
　　渐危种。
美冠兰 *Eulophia graminea* Lindl.
高斑叶兰 *Goodyera procera*（Ker - Gawl.）Hook.
鹅毛玉凤花 *Habenaria dentata*（Sw.）Schltr.
　　块茎药用，有利尿消肿、补肾功效，治疗腰痛、疝气等。
坡参 *Habenaria linguella* Lindl.
镰翅羊耳蒜 *Liparis bootanensis* Griff.
　　清热解毒、补气血。治疗肺痨、利巴结核、疥疮、腹胀。
见血青 *Liparis nervosa*（Thunb. *ex* Murray）Lindl.
　　有生新、散瘀、清肺、止吐血。治疗咯血、拔脓生肌、刀伤等。渐危种。
紫花羊耳蒜 *Liparis nigra* Seidenf.
二脊沼兰 *Malaxis finetii*（Gagnep.）Tang et Wang
紫纹兜兰 *Paphiopedilum purpuratum*（Lindl.）Stein
　　濒危种。
鹤顶兰 *Phaius tankervilliae*（Banks *ex* L'Herit.）Bl.
　　清热解毒、治疗跌打、乳腺炎等。渐危种。
石仙桃 *Pholidota chinensis* Lindl.
　　假鳞茎入药，能润肺止咳、凉血解毒，可治内伤吐血、哮喘、咳嗽、心气痛、风湿、风火牙痛。
小舌唇兰 *Platanthera minor* Reichb. f.
　　全草药用。养阴润肺、益气生津。治咳嗽带血、喉咙肿痛、病后体弱、神经衰弱、遗精、头晕。
小叶寄树兰 *Robiquetia succisa*（Lindl.）Seidenf. et Garay

苞舌兰 *Spathoglottis pubescens* Lindl.

　　渐危种。

绶草 *Spiranthes sinensis* (Pers.) Ames

　　根茎药用，有滋阴补气、清热生津之效，可治疗肺结核咯血、咽喉炎、神经衰弱等。

香港带唇兰 *Tainia hongkongensis* Rolfe

　　渐危种。

仙茅竹茎兰 *Tropidia curculigoides* Lindl.

327　Juncaceae 灯心草科

灯心草 *Juncus effusus* L.

　　可入药，有利尿、清凉、镇静作用。

笄石昌 *Juncus prismatocarpus* R. Br.

　　有降火、清热、利小便功效。治疗小便不利、尿血、咽喉炎、急性胃炎。

331　Cyperaceae 莎草科

球柱草 *Bulbostylis barbata* (Rottb.) C. B. Clarke

　　可止血。治疗吐血、内脏出血等。

中华薹草 *Carex chinensis* Retz.

十字薹草 *Carex cruciata* Wahlenb.

　　种子含油10%，油可食用；种子磨粉可食用。

隐穗薹草 *Carex cryptostachys* Brongn

弯柄薹草 *Carex manca* Boott

长柱头薹草 *Carex teinogyna* Boott

细穗薹草 *Carex tenuispicula* Tang *ex* Liang

一本芒 *Cladium jamaicense* subsp. *chinense* (Nees) T. Koyama Steam & L. H. J. Williams

扁穗莎草 *Cyperus compressus* L.

异形莎草 *Cyperus difformis* L.

　　全草药用，行气、活血、痛淋。治热痢、小便不通。

绿穗莎草 *Cyperus diffusus* Vahl

畦畔莎草 *Cyperus haspan* L.

　　草本；湿地绿化。

碎米莎草 *Cyperus iria* L.

　　治疗慢性子宫炎、闭经、产后腹痛、消化不良。

茳芏 *Cyperus malaccensis* Lam.

　　可编席用。

白鳞莎草 *Cyperus nipponicus* Franch et Sav.

毛轴莎草 *Cyperus pilosus* Vahl

　　治疗跌打、浮肿。

阔穗莎草 *Cyperus procerus* Rottb.

香附子 *Cyperus rotundus* L.

多年生草本；低层绿化；草坪绿化；块茎药用，名香附子，有理气止痛、调经解郁。

*荸荠（马蹄）*Eleocharis dulcis*（Burm. f.）Hensch.

球茎富淀粉，供食用，可开胃、消食、健肠胃。

夏飘拂草 *Fimbristylis aestivalis*（Retz.）Vahl

柔毛飘拂草 *Fimbristylis dichotoma* f. *tomentosa*（Vahl）Ohwi

纤茎飘拂草 *Fimbristylis leptoclada* Benth.

日照飘拂草 *Fimbristylis miliacea* Vahl

一年生草本；低层绿化；湿地绿化。

垂穗飘拂草 *Fimbristylis nutans* Vahl

五棱飘拂草 *Fimbristylis quinquangularis* Kunth

少穗飘拂草 *Fimbristylis schoenoides*（Retz.）Vahl

绢毛飘拂草 *Fimbristylis sericea*（Poir.）R. Br.

可作苷菊代用品。

双穗飘拂草 *Fimbristylis subbispicata* Nees et Meyen

四棱飘拂草 *Fimbristylis tetragona* R. Br.

毛芙兰草 *Fuirena ciliaris*（L.）Roxb.

芙兰草 *Fuirena umbellata* Rottb.

黑莎草 *Gahnia tristis* Nees

多年生丛生草本；低层绿化；果可榨油。

割鸡芒 *Hypolytrum nemourm*（Vahl）Spreng.

水蜈蚣 *Kyllinga brevifolia* Rottb.

有疏风止咳、清热消肿功效。治疗感冒风热、急性支气管炎、百日咳、疟疾、蛇毒。

黑籽水蜈蚣 *Kyllinga melanosperma* Nees

鳞子莎 *Lepidosperma chinense* Nees *ex* Mey.

华湖瓜草 *Lipocarpha chinensis*（Osb.）Kern

多花砖子苗 *Mariscus radians* var. *floribundus*（Camus）Huang

砖子苗 *Mariscus umbellatus* Vahl

球穗扁莎 *Pycreus flavidus*（Retz.）Koyama

多穗扁莎 *Pycreus polystachyus*（Rottb.）P. Beauv.

矮扁莎 *Pycreus pumilus*（L.）Domin

红鳞扁莎 *Pycreus sanguinolentus*（Vahl）Nees

华刺子莞 *Rhynchospora chinensis* Nees et Mey.

刺子莞 *Rhynchospora rubra*（Lour.）Mak.

祛风热。

缘毛珍珠茅 *Scleria ciliaris* Nees

毛果珍珠茅 *Scleria levis* Retz.

　　有消肿解毒功效，治疗毒蛇咬伤、小儿消化不良。

石果珍珠茅 *Scleria lithosperma*（L.）Sw.

高杆珍珠茅 *Scleria terrestris*（L.）Fass.

　　治疗小儿麻痹、风湿筋骨痛、跌打损伤等。

332.5　Bambusoideae 竹亚科

粉单竹 *Bambusa chungii* McCl.

　　秆材为优良的编织用材，可破篾编篮、席等，又可用其幼秆作造纸原料。

坭竹 *Bambusa gibba* McCl.

　　作围篱也可榨油。

青皮竹 *Bambusa textilis* McCl.

　　优良编织材料，又可开篾作搭棚架及桥梁缚扎用。药用秆内分泌液燥后的块状物，清热怯痰，凉心定惊。

*佛肚竹 *Bambusa ventricosa* McCl.

*黄金间碧竹 *Bambusa vulgaris* cv. Vittata

箬叶竹 *Indocalamus longiauritus* Hand. - Mazz.

篌竹 *Phyllostachys nidularia* Munro

　　解毒利尿、清热除烦。治疗高热、小儿夜啼、狂犬咬伤。

托竹 *Pseudosasa cantori*（Munro）Keng f.

　　灌木；背景林。

篲竹 *Pseudosasa hindsii*（Munro）Chu et Chao

苗竹仔 *Schizostachyum dumetorum*（Hance）Munro

　　作观赏，也可入药。

332.6　Agrostidoideae 禾亚科

日本看麦娘 *Alopecurus japonicus* Steud.

水蔗草 *Apluda mutica* L.

　　多年生草本；低层绿化；可作饲料；根可治毒蛇咬伤。

华三芒草 *Aristida chinensis* Munro

野古草 *Arundinella anomala* Steud.

　　饲料，固堤植物。

刺芒野古草 *Arundinella setosa* Trin.

　　全株可作造纸原料。

芦竹 *Arundo donax* L.

　　可观赏，也可作纸浆。

四生臂形草 *Brachiaria subquadripara*（Trin.）Hitchc.

毛臂形草 *Brachiaria villosa*（L.）Camus

酸模芒 *Centotheca lappacea*（L.）Desv.

孟仁草 *Chloris barbata*（L.）Sw.

台湾虎尾草 *Chloris formosana*（Honda）Keng *ex* B. S. Sun et Z. H. Hu

竹节草 *Chrysopogon aciculatus*（Retz.）Trin.

多年生草本；低层绿化；草坪绿化；良好的保土植物和草皮草种；根与酒煎服，可治毒蛇咬伤；全草药用与清热利湿、消肿止痛之效，可治感冒发热、小便不利等症。

小丽草 *Coelachne simpliciuscula*（Wright et Arn.）Munro *ex* Benth.

薏苡 *Coix lacryma－jobi* L.

草本；湿地绿化；颖果含淀粉及油脂，供食用和酿酒，药用有利尿强壮的作用；茎叶可造纸；坚硬的总苞可制美工用品。

青香茅 *Cymbopogon caesius*（Nees *ex* Hook. et Arn.）Stapf

含芳香油，可作香水原料。

扭鞘香茅 *Cymbopogon hamatulus*（Nees *ex* Hook. et Arn.）A. Camus

狗牙根 *Cynodon dactylon*（L.）Pers.

多年生草本；低层绿化；草坪绿化；蔓延力强，为良好的保土植物和铺建草场的良种；优良草料；根状茎药用，可清血。

弓果黍 *Cyrtococcum patens*（L.）Camus

一年生草本；低层绿化；作饲料。

散穗弓果黍 *Cyrtococcum patens* var. *latifolium*（Honda）Ohwi

龙爪茅 *Dactyloctenium aegyptium*（L.）P. Beauv.

毛马唐 *Digitaria chrysoblephara* Fig. et De Not.

升马唐 *Digitaria ciliaris*（Retz.）Koel.

一年生草本；低层绿化；优良饲料。

纤维马唐 *Digitaria fibrosa*（Hack.）Stapf

二型马唐 *Digitaria heterantha*（Hook. f.）Merr.

短颖马唐 *Digitaria microbachne*（Presl）Henr.

优良牧草。

红尾翎 *Digitaria radicosa*（Presl）Miq.

雁股茅 *Dimeria ornithopoda* Trin.

双稃草 *Diplachne fusca*（L.）Beauv.

家畜饲料。

光头稗 *Echinochloa colonum*（L.）Link

可作饲料。

无芒稗 *Echinochloa crusgali* var. *mitis*（Pursh）Peterm.

孔雀稗 *Echinochloa cruspavonis*（H. B. K.）Schult.

牛筋草 *Eleusine indica*（L.）Gaertn.

保土植物，可作饲料；入药可防治乙性脑炎。

鼠妇草 *Eragrostis atrovirens*（Desf.）Trin. *ex* Steud.

短穗画眉草 *Eragrostis cylindrica*（Roxb.）Nees

牧草。

知风草 *Eragrostis ferruginea*（Thnub.）Beauv.

固土力强；优良饲料；入药可舒筋散瘀。

乱草 *Eragrostis japonica*（Thb.）Trin.

长穗鼠妇草 *Eragrostis longispicula* Sun et Wang

画眉草 *Eragrostis pilosa*（L.）Beauv.

一年生草本；低层绿化；草坪绿化；优良饲料；药用治跌打损伤。

多毛知风草 *Eragrostis pilosissima* Link

鲫鱼草 *Eragrostis tenella*（L.）Beauv. *ex* Roem. et Schult.

牧草；入药可清热凉血。

牛虱草 *Eragrostis unioloides* Nees *ex* Steud.

蜈蚣草 *Eremochloa ciliaris*（L.）Merr.

假俭草 *Eremochloa ophiuroides*（Munro）Hack.

优良的草皮和保土固堤植物，亦可作牧草。

鹧鸪草 *Eriachne pallescens* R. Br.

干花序可扎扫帚；中等饲料作物。

棕茅 *Eulalia phaeothrix*（Hack.）Kuntze

四脉金茅 *Eulalia quadrinervis*（Hack.）Kuntze

金茅 *Eulalia speciosa*（Debeaux）Kuntze

茎叶柔韧，可作造纸原料。

耳稃草 *Garnotia patula*（Munro）Benth.

黄茅 *Heteropogon contortus*（L.）Beauv. *ex* Roem. et Schult.

可造纸。

弊草 *Hymenachne assamica*（Hook. f.）Hutchc.

距花黍 *Ichnanthus vicinus*（F. M. Bail.）Merr.

丝茅 *Imperata koenigii*（Retz.）Beauv.

入药为利尿、清凉剂，也可造纸。

柳叶箬 *Isachne globosa*（Thb.）Ktze.

抽穗前的秆叶可作家畜草料。

匍匐柳叶箬 *Isachne repens* Keng

粗毛鸭嘴草 *Ischaemum bartatum* Retz.

根发达，可作扫帚。

纤毛鸭嘴草 *Ischaemum indicum*（Houtt.）Merr.

作饲料。

李氏禾 *Leersia hexandra* Sw.

虮子草 *Leptochloa panicea*（Retz.）Ohwi

淡竹叶 *Lophatherum gracile* Brongn.

叶供药用，为清凉解热利尿药，又对牙龈肿痛、口腔炎有效；根亦药用，中药名为

"碎骨子"，清凉解热、利尿、催产；亦作牧草。

刚莠竹 *Microstegium ciliatum* (Trin.) A. Camus

优质饲料。

蔓生莠竹 *Microstegium vagans* (Nees *ex* Steud.) A. Camus

全草入药，有止血之功效。

五节芒 *Miscanthus floridulus* (Lab.) Warb. *ex* Schum. et Laut.

幼叶作饲料，秆作造纸，根茎有利尿功效。

芒 *Miscanthus sinensis* Anderss.

作牧草；秆穗作扫帚，秆皮造纸；防沙作绿篱；幼茎入药，散血除毒。

毛俭草 *Mnesithea mollicoma* (Hance) A. Camus

类芦 *Neyraudia reynaudiana* (Kunth) Keng *ex* Hitchc.

作绿篱及固堤植物；茎、叶纤维可作造纸原料，亦可作人造丝。

竹叶草 *Oplismenus compositus* (L.) Beauv.

求米草 *Oplismenus undulatifolius* (Ard.) Roem. et Schult.

* 稻 *Oryza sativa* L.

亚热带广泛种植的谷物。

短叶黍 *Panicum brevifolium* L.

** 大黍 *Panicum maximum* Jacq.

可作饲料。

铺地黍 *Panicum repens* L.

全草作饲料。

两耳草 *Paspalum conjugatum* Berg.

嫩秆叶为良好饲料。

圆果雀稗 *Paspalum orbiculare* Forst.

秆叶可作牲畜的饲料。

双穗雀稗 *Paspalum paspaloides* (Michx.) Scribn.

优良的保土植物。

** 象草 *Pennisetum purpureum* Schum.

作鱼饲料。我国引种作牧草。

早熟禾 *Poa annua* L.

金丝草 *Pogonatherum crinitum* (Thb.) Kunth

全草药用，解毒散热，利尿通淋。

** 红毛草 *Rhynchelytrum repens* (Willd.) Hubb.

作牧草。

鹅观草 *Roegneria kamoji* Ohwi

作饲料。

筒轴草 *Rottboellia exaltata* Linn. f.

甜根子草 *Saccharum spontaneum* L.

囊颖草 *Sacciolepis indica*（L.）A. Chase

裂稃草 *Schizachyrium brevifolium*（Sw.）Nees *ex* Buse

莠狗尾草 *Setaria geniculata*（Lam.）Beauv.

可作饲料；入药可清热利湿。

金色狗尾草 *Setaria glauca*（L.）Beauv.

皱叶狗尾草 *Setaria plicata*（Lam.）Cooke

狗尾草 *Setaria viridis* Beauv.

可入药，治疗面癣。

稗荩 *Sphaerocaryum malaccense*（Trin.）Pilger

鼠尾粟 *Sporobolus fertilis*（Steud.）W. D. Clayt.

秆叶幼嫩时可用作饲料或放牧。

盐地鼠尾粟 *Sporobolus virginicus*（L.）Kunth

棕叶芦 *Thysanolaena maxima*（Roxb.）Ktze.

叶可包粽子、造纸；秆坚实，常用作篱笆；秆和叶为造纸原料；干花序可用以做扫帚、刷子。

* 玉米 *Zea mays* L.

重要谷物。

沟叶结缕草 *Zoysia matrella*（L.）Merr.

附录2　深圳市大鹏半岛自然保护区野生动物名录

附表2－1　深圳市大鹏半岛自然保护区哺乳类动物名录

物种名称	区系分布型	资源状况	资料来源
Ⅰ 食虫目 INSECTIVORA			
（1）鼩鼱科 Soricisae			
1 臭鼩 *Suncus murinus* Linnaeus	O	+ + +	①
Ⅱ 翼手目 CHIROPTERA			
（2）狐蝠科 Pteropodidae			
2 棕果蝠 *Rousettus leschenaulti* Desmarest	O	+	③
（3）菊头蝠科 Rhinolophidae			
3 小菊头蝠 *Rhinolophus blythi* Andersen	O	+	③
（4）蹄蝠科 Hipposideridae			
4 大蹄蝠 *Hipposideros armiger swinhoei* Peters	O	+	③
（5）蝙蝠科 Vespertilionidae			
5 普通伏翼 *Pipistrellus abramus abramus* Temminck	W	+ + +	①
6 长翼蝠 *Miniopterus schreibersi fuliginosus* Hodgson	O	+	③
Ⅲ 鳞甲目 PHOLIDOTA			
（6）穿山甲科 Manidae			
7 穿山甲 *Manis** *pentadactyla aurita* Hodgson☆	O	+	③
Ⅳ 食肉目 CARNIVORA			
（7）鼬科 Mustelidae			
8 黄鼬 *Mustela sibirica davidiana* Milne－Edwards	W	+ + +	③
9 黄腹鼬 *Mustela kathiah* Hodgson	O	+	②
10 黄喉貂 *Martes flavigula*	O	+	③
11 水獭 *Lutra lutra Chinensis* Gray*	W	+ + +	②
（8）灵猫科 Viverridae			
12 果子狸 *Paguma larvata larvata* Hamilton－Smith	O	+ +	③
13 红颊獴 *Herpestes javanicus* Hodgson	O	+	①
14 小灵猫 *Arctogalidia trivirgata*	O	+	①
15 斑灵狸 *Prionodon pardicolor*（Hodgson）	O	+	①
（9）猫科 Felidae			
16 豹猫 *Felis bengalensis chinensis* Gray	W	+	②

（续附表2－1）

物种名称	区系分布型	资源状况	资料来源
Ⅴ 偶蹄目 ARTIODACTYLA			
（10）猪科 Suidae			
17 野猪 *Sus scrofa chirodontus* Heude	W	＋＋	①
Ⅵ 兔形目 LAGOMORPHA			
（11）兔科 Leporidae			
18 华南兔 *Lepus sinensis sinensis* Gray	O	＋	②
Ⅶ 啮齿目 RODENTIA			
（12）松鼠科 Sciuridae			
19 隐纹花松鼠 *Tamiops swinhoei maritimus* Bonhote	O	＋＋	①
（13）豪猪科 Hystricidae			
20 豪猪 *Hystrix hodgsoni subcristata* Swinhoe	O	＋	③
（14）竹鼠科 Rhizomyidae			
21 银花竹鼠 *Rhizomys rruinosus latouchei* Thomas	O	＋	③
（15）鼠科 Muridae			
22 黄胸鼠 *Rattus flavipectus flavipectus* Milne	O	＋＋	①
23 黄毛鼠 *Rattus rattoides exiguus* Howell	O	＋＋	①
24 褐家鼠 *Rattus norvegicus socer* Miller	W	＋＋＋	①
25 社鼠 *Rattus niviventer confucianus* Milne－Edwards	W	＋＋＋	①
26 针毛鼠 *Rattus fulvescens huang* Bonhote	O	＋＋＋	①
27 板齿鼠 *Bandicota indlica nemorivaga* Hodgson	O	＋＋	①
28 小家鼠 *Mus musculus* Linnaeus	W	＋＋＋	①

注：资源状况：＋＋＋表示资源较多，＋＋表示有一定资源，＋表示资源很少；区系分布型："P"表示古北种，"O"表示东洋种，"W"表示广布种。资料来源：①表示本次调查实地观察物种；②表示访问的物种；③表示来源于前人研究的资料物种。

附表2－2　深圳市大鹏半岛自然保护区鸟类名录

物种名称	居留型	资源状况	区系分布型
Ⅰ 鸊鷉目 PODICIPEDIFORMES			
（1）鸊鷉科 Podicipedidae			
1. 小鸊鷉 *Tachybaptus ruficollis*（Pallas）	留	＋	W
Ⅱ 鹈形目 PROCELLARIIFORES			
（2）鸬鹚科 Phalacrocoracidae			
2. 鸬鹚 *Phalacrocorax carbo sinensis*（Blumenbach）	冬	＋	P

(续附表2-2)

物种名称	居留型	资源状况	区系分布型
III 鹳形目 CICONIIFORMES			
(3) 鹭科 Ardeidae			
3. 绿鹭 *Butorides striatus* (Linnaeus)	留	+	O
4. 池鹭 *Ardeola bacchus* (Bonaparte)	留	+ + +	O
5. 白鹭 *Egretta garzetta* (Linnaeus)	留	+ +	O
6. 中白鹭 *Egretta intermedia* (Wagler)	留	+	O
7. 夜鹭 *Nycticorax nycticorax* (Linnaeus)	留	+	O
8. 牛背鹭 *Bubulcus ibis*	夏	+ +	W
9. 黄斑苇鳽 *Ixobrychus sinensis* (Gmelin)	留	+ +	O
IV 隼形目 FALCONIFORMES			
(4) 鹰科 Accipitridae			
10. 鸢 *Milvus korschun* (Gmelin)	留	+	O
11. 松雀鹰 *Accipiter virgatus* (Temminck)	冬	+	P
12. 赤腹鹰 *Accipiter soloensis* (Horsfield)	留	+	O
13. 雀鹰 *Accipiter nisus* (Linnaeus)	冬	+	P
14. 普通鹰 *Buteo buteo* (Linnaeus)	冬	+	O
15. 白尾鹞 *Circus cyaneus*	冬	+	P
16. 普通鵟 *Buteo buteo*	冬	+	P
(5) 隼科 Falconidae			
17. 红隼 *Falco tinnunculus* Linnaeus	冬	+	P
18. 游隼 *Falco peregrinus* Tunstall	留	+	W
V 鸡形目 GALLIFORMES			
(6) 雉科 Phasianidae			
19. 鹌鹑 *Coturnix coturnix* (Linnaeus)	冬	+	P
VI 鹤形目 GRUIFORMES			
(7) 秧鸡科 Rallidae			
20. 白胸苦恶鸟 *Amaurornis phoenicurus* (Pennant)	留	+ +	O
VII 鸻形目 CHARADRIIFORMES			
(8) 鸻科 Charadriidae			
21. 金眶鸻 *Charadrius dubius* (Legge)	冬	+	P
(9) 鹬科 Scolopacidae			
22. 白腰草鹬 *Tringa ochropus* Linnaeus	冬	+	P

（续附表2－2）

物种名称	居留型	资源状况	区系分布型
23. 大沙锥 *Capella megale*（Swinhoe）	冬	+	P
VIII 鸽形目 COLUMBIFORMES			
（10）鸠鸽科 Columbidae			
24. 珠颈斑鸠 *Streptopelia chinensis*（Scopoli）	留	+ + +	O
25. 山斑鸠 *Streptopelia orientalis*（Latham）	留	+	O
IX 鹃形目 CUCULIFORMES			
（11）杜鹃科 Cuculidae			
26. 四声杜鹃 *Cuculus micropterus* Gould	夏	+ +	W
27. 棕腹杜鹃 *Cuculus fugax* Horsfield	夏	+	W
28. 噪鹃 *Eudynamys scolopacea*（Linnaeus）	夏	+ +	O
29. 褐翅鸦鹃 *Centropus sinensis*（Stephens）	留	+ + +	O
30. 小鸦鹃 *Centropus toulou*	留	+ + +	O
X 鸮形目 STRIGIFORMES			
（12）草鸮科 TYTONIDAE			
31. 草鸮 *Tyto capensis*（Smith）	留	+	O
（13）鸱鸮科 Strigidae			
32. 领角鸮 *Otus bakkamoena* Pennant	留	+	O
33. 领鸺鹠 *Glaucidium brodiei*（Burton）	留	+	O
34. 斑头鸺鹠 *Glaucidium cuculoides*（Vigors）	留	+	O
35. 鹰鸮 *Ninox scutulata*（Raffles）	留	+	O
36. 长耳鸮 *Asio otus*（Linnaeus）	冬	+	P
37. 黄嘴角鸮 *Otus spilocephalus*	留	+	W
X Ⅰ 雨燕目 APODIFORMES			
（14）雨燕科 Apodidae			
38. 小白腰雨燕 *Apus affinis*（Gray）	夏	+ + +	O
X Ⅱ 佛法僧目 CORACIIFORMES			
（15）翠鸟科 Alcedinidae			
39. 斑鱼狗 *Ceryle rudis*（Linnaeus）	留	+	O
40. 普通翠鸟 *Alcedo atthis*（Linnaeus）	留	+ +	W
41. 白胸翡翠 *Halcyon smyrnensis* Linnaeus）	留	+ +	O
X Ⅲ 鴷形目 PICIFORMES			
（16）须鴷科 Capitonidae			

（续附表2-2）

物种名称	居留型	资源状况	区系分布型
42. 大拟啄木鸟 *Megalaima virens* Stuart Baker	留	+	O
（17）啄木鸟科 Picidae			
43. 斑啄木鸟 *Picoides major*（Linnaeus）	留	+	O
44. 星头啄木鸟 *Dendrocopos canicapillus*（Blyth）	留	+	O
XIV雁形目 ANSERIFORMES			
（18）鸭科 Anatidae			
45. 小白额雁 *Anser erythropus*	冬	+	W
46. 白额雁 *Anser albifrons*	冬	+	W
XV 雀形目 PASSERIFORMES			
（19）燕科 Hirundinidae			
47. 家燕 *Hirundo rustica* Linnaeus	夏	+++	W
48. 金腰燕 *Hirundo daurica* Temminck	夏	++	O
（20）鹡鸰科 Motacillidae			
49. 灰鹡鸰 *Motacilla cinerca* Tunstall	冬	++	P
50. 白鹡鸰 *Motacilla alba* Linnaeus	冬	++	P
51. 田鹨 *Anthus novaeseelandiae*（Gmelin）	冬	++	P
52. 树鹨 *Anthus hodgsoni* Richmond	冬	++	W
（21）鹎科 Pycnonotidae			
53. 红耳鹎 *Pycnontus jocosus*（Linnaeus）	留	+++	O
54. 白头鹎 *Pycnontus sinensis*（Gemlin）	留	+++	O
55. 白喉红臀鹎 *Pycnontus aurigaster*（Vieillot）	留	++	O
（22）伯劳科 Laniidae			
56. 棕背伯劳 *Lanius schach* Linnaeus	留	++	O
57. 黑伯劳 *Lanius fuscatus* Lesson	留	+	O
（23）卷尾科 Dicruridae			
58. 黑卷尾 *Dicrurus macrocercus* Vieillot	留	++	O
59. 灰卷尾 *Dicrurus leucophaeus* Vieillot	留	+	O
60. 发冠卷尾 *Dicrurus hottentottus*（Linnaeus）	留	+++	O
（24）椋鸟科 Sturnidae			
61. 黑领椋鸟 *Sturnus nigricollis*（Paykull）	留	++	O
62. 丝光椋鸟 *Sturnus sericeus*（Gmelin）	留	++	O
63. 灰椋鸟 *Sturnus cineraceus* Temminck	留	+	O

（续附表2－2）

物种名称	居留型	资源状况	区系分布型
64. 八哥 *Acridotheres cristatellus*（Linnaeus）	留	＋＋	O
（25）鸦科 Corvidae			
65. 红嘴蓝鹊 *Cissa erythrorhyncha*（Boddaert）	留	＋＋	O
66. 松鸦 *Garrulus glandarius*（Linnaeus）	留	＋＋	O
67. 喜鹊 *Pica pica*（Linnaeus）	留	＋	W
68. 大嘴乌鸦 *Corvus macrorhynchus* Wagler	留	＋＋	O
69. 白颈鸦 *Corvus torquatus* Lesson	留	＋＋	O
（26）鸫科 Turdidae			
70. 红点颏 *Luscinia calliope*（Pallas）	冬	＋	P
71. 红胁蓝尾鸲 *Tarsiger cyanurus*（Pallas）	冬	＋	P
72. 鹊鸲 *Copsychus saularis*（Linnaeus）	留	＋＋	O
73. 北红尾鸲 *Phoenicurus aurorens*（Pallas）	冬	＋＋＋	P
74. 黑喉石䳭 *Saxicola torquata*（Linnaeus）	冬	＋＋	P
75. 紫啸鸫 *Myiophoneus caeruleus*（Scopoli）	留	＋＋	O
76. 乌鸫 *Turdus merula* Linnae	留	＋＋＋	W
（27）画眉科 Timaliidae			
77. 红头穗鹛 *Stachyris ambigua*（Harington）	留	＋＋	O
78. 灰眶雀鹛 *Alcippe nipalensis*（Swinhoe）	留	＋＋	O
79. 红嘴相思鸟 *Leiothrix lutea*（Scopoli）	留	＋＋	O
80. 黑脸噪鹛 *Garrulax perspicillatus*（Gmelin）	留	＋＋	O
81. 画眉 *Garrulax canorus*（Linnaeus）	留	＋＋	O
82. 栗耳凤鹛 *Yuhina castaniceps*（Horsfield et Moore）	留	＋＋＋	O
83. 棕颈钩嘴鹛 *Pomatorhinus ruficollis* Hodgson	留	＋	O
84. 白眶雀鹛 *Alcippe morrisonia* Swinhoe	留	＋＋＋	O
（28）莺科 Sylviidae			
85. 黄腰柳莺 *Phylloscopus proregulus*（Pallas）	冬	＋＋	P
86. 长尾缝叶莺 *Orthotomus sutorius*（Pennant）	留	＋＋＋	O
87. 黄腹鹪莺 *Prinia flaviventris*（Delessert）	留	＋＋＋	O
88. 褐头鹪莺 *Prinia inornata*（Sykes）	留	＋	O
89. 短翅树莺 *Cettia diphone*（Kittitz）	冬	＋	P
90. 黄眉柳莺 *Phylloscopus inornatus*（Blyth）	冬	＋＋	P
91. 棕扇尾莺 *Cisticola juncidis*（Rafinesque）	留	＋＋	O

（续附表 2-2）

物种名称	居留型	资源状况	区系分布型
（29）山雀科 Paridsae			
92. 大山雀 *Parus major* Linnaeus	留	+ + +	W
（30）太阳鸟科 Nectarniidae			
93. 叉尾太阳鸟 *Aethopyga christinae* Swinhoe	留	+	O
（31）啄花鸟科 Dicaeidae			
94. 纯色啄花鸟 *Dicaeum concolor*（Jerdon）	留	+	O
（32）绣眼鸟科 Zosteropidae			
95. 暗绿绣眼鸟 *Zosterops japonica* Temminck	留	+ + +	O
（33）文鸟科 Ploceidae			
96. ［树］麻雀 *Passer montanus*（Linnaeus）	留	+ +	W
97. 白腰文鸟 *Lonchura striata*（Linnaeus）	留	+ + +	O
98. 斑文鸟 *Lonchura punctulata*（Linnaeus）	留	+ + +	O
（34）雀科 Fringilliidae			
99. 金翅雀 *Carduelis sinica*（Linnaeus）	冬	+	P
100. 灰头鹀 *Emberiza spodocephala* Pallas	冬	+	P
101. 黑尾蜡嘴雀 *Eophona migratoria* Hartert	冬	+ +	P
102. 黄胸鹀 *Emberiza aureola* Pallas	冬	+ +	P

注：居留型："冬"表示冬候鸟或旅鸟，"夏"表示夏候鸟，"留"表示留鸟；资源状况："+ + +"表示优势，"+ +"表示常见种，"+"表示稀有种；区系分布型："P"表示古北种，"O"表示东洋种，"W"表示广布种。资料来源：①表示本次调查实地观察物种；②表示访问的物种；③表示来源于资料的物种。

附表 2-3　深圳市大鹏半岛自然保护区爬行类动物名录

物种名称	地理分布型	栖息环境			资料来源
		水库	流溪	陆栖	
Ⅰ 龟鳖目 TESTUDOFORMES					
（1）龟科 Testudinidae					
1 乌龟 *Chinemys bealei*（Gray）	W	√			③
2 红耳龟 *Trachemys scripta elegans*（Wied）	新北界	√			③
3 三线闭壳龟（金钱龟）*Cyclemys trifasciata*	S	√			③
（2）平胸龟科 Platysternidae					
4 平胸龟（鹰嘴龟）*Platuysternon megacephalum*	S	√			③
（3）鳖科 Trionychidae					
5 鳖 *Pelochelys sinensis* Wiegmann	W	√			②

（续附表2-3）

物种名称	地理分布型	栖息环境			资料来源
		水库	流溪	陆栖	
Ⅱ 蜥蜴目 LACERTIFORMES					
（4）鬣蜥科 Agamidae					
6 变色树蜥 *Calotes versicolor*（Daudin）	W			√	①
（5）壁虎科 Gekkonidae					
7 原尾蜥虎 *Hemidactylus bowringii*（G ray）	S			√	③
8 壁虎 *Gekko chinensis Gray*	M-S			√	①
9 截尾虎 *Gehyra mutilatus*（Wiegmann）	S			√	③
（6）石龙子科 Scincidae					
10 石龙子 *Enmeces chinensis*（Gray）	M			√	③
11 光蜥 *Ateuchosaurus chinensis* Gray	S			√	①
12 蝘蜓 *Lygosoma indicum*（Gray）	S			√	①
13 长尾南蜥 *Mabuya longicaudata*（Hallowell）	S			√	③
14 四线石龙子 *Enmeces quadrilineatus*（Blyth）	S			√	③
15 蓝尾石龙子 *Enmeces elegans* Boulenger	M			√	①
（7）蜥蜴科 Lacertidae					
16 南草蜥 *Takydromus sexlineatus meridionalis*	S			√	①
（8）巨蜥科 Varanidae					
17 巨蜥 *Varanus salvator*（Laurenti）	W			√	③
Ⅲ 蛇目 SERPENTIFORMES					
（9）盲蛇科 Typhlopidae					
18 钩盲蛇 *Ramohotyphlops braminus*（Daudin）	S			√	②
（10）蟒科 Boidae*					
19 蟒蛇 *Python molurus*（Linnaeus）	S			√	③
（11）游蛇科 Colubridae					
20 草游蛇 *Natrix stolata*（Linnaeus）	S			√	③
21 红脖游蛇 *Natrix subminiata*（Schlegel）	M-S			√	③
22 黑斑水蛇 *Enhydris bennetti*（Gray）	S	√			③
23 三索锦蛇 *Enhydris radiata*（Schlegel）	S			√	③
24 翠青蛇 *Enhydris major*（Guenther）	M-S			√	③
25 细白环蛇 *Lycodon sueinctus* Bioe	S			√	③
26 灰鼠蛇 *Ptyas korros*（Schlegel）	M-S			√	③

（续附表2-3）

物种名称	地理分布型	栖息环境			资料来源
		水库	流溪	陆栖	
27 滑鼠蛇 *Ptyas nucosus*（Linnaeus）	S			√	②
28 红脖颈槽蛇 *Rhabdophis subminiatus*（Schmidt）	S			√	③
29 环纹华游蛇 *Sinonatrix aequifasciata*（Barbour）	M-S			√	③
30 华游蛇 *Sinonatrix percarinata*（Boulenger）	M-S			√	③
31 渔游蛇 *Natrix piscater*（Schneinctus）	S			√	②
32 横纹钝头蛇 *Pareas margaritophorus*（Jan）	S			√	③
33 百花锦蛇 *Elaphe moellendorffi*（Boettger）	S			√	③
34 王锦蛇 *Elaphe carinata*（Guenther）	M-S			√	①
（12）镜蛇科 Elapidae					
35 金环蛇 *Bungarus fasciatus*（Schneider）	S			√	③
36 银环蛇 *Bungarus multicinctus* Blyth	M-S			√	③
37 眼镜蛇 *Naja naja*（Linnaeus）	M-S			√	③
38 眼镜王蛇 *Ophiophagus Hannah*（Cantor）	M-S			√	③
（13）蝰科 Viperidae					
39 白唇竹叶青 *Trimeresurus albolabris* Gray	S			√	①
40 竹叶青 *Trimeresurus stejnegeri* Schmidt	M-S			√	③

注：分布生境："√"仅表示该生境有分布；地理分布型："M"表示华中区种；"S"表示华南区种；"W"表示广布种；"M-S"表示华中华南区共有种。资料来源：①表示本次调查实地观察物种；②表示访问的物种；③表示来源于资料的物种。

附表2-4　深圳市大鹏半岛自然保护区两栖类动物名录

物种名称	地理分布型	栖息环境			资料来源
		水库	流溪	陆栖	
Ⅰ有尾目 CAUDATA					
（1）蝾螈科 Salamandridae					
1 香港瘰螈 *Paramesotriton hongkongensis*（Myers et Leviton）	S		√		③
Ⅱ 无尾目 ANURA					
（2）蟾蜍科 Bufonidae					
2 黑眶蟾蜍 *Duttaphrynus melanostictus*（Schneider）	M-S			√	①
（3）雨蛙科 Hylidae					
3 华南雨蛙 *Hyla simplex* Boettger	S	√	√		②
（4）蛙科 Ranidae					

（续附表2－4）

物种名称	地理分布型	栖息环境			资料来源
		水库	流溪	陆栖	
4 沼蛙 *Rana guentheri* Boulenger	S		√		③
5 泽蛙 *Rana limnocharis* Boie	M－S	√	√		①
6 大绿蛙 *Rana livida*（Blyth）	S	√	√		①
7 长趾蛙 *Rana macrodactyla*（Gunther）	S		√		③
8 棘胸蛙 *Rana spinosa* David	M－S		√		③
9 台北蛙 *Rana taipehensis* Van Denburgh	M－S		√		③
10 香港湍蛙 *Amolops hongkongensis*（Pope *et* Romer）	S		√		③
11 虎纹蛙 *Rana tigrina rugulosa* Wieg maun*	M－S	√			②
12 尖舌浮蛙 *Occidozyga lima*（Gravenhorst）	S		√		③
（5）树蛙科 Rhacophoridae					
13 斑腿树蛙 *Rhacophorus leucomystax*（Gravenhorst）	M－S		√		③
（6）姬蛙科 Microhylidae					
14 粗皮姬蛙 *Microhyla butleri* Boulenger	M－S	√			③
15 饰纹姬蛙 *Microhyla ornata*（Dumeril et Bibron）	M－S	√	√		①
16 花姬蛙 *Microhyla pulchra*（Hallowell）	M－S			√	①
17 花细狭口蛙 *Kalophrynus pleurostigma interlineatus*	S			√	①
18 花狭口蛙 *Kalophrynus pulchra* Gray	S			√	③

注：地理分布型："S"表示华南区物种；"M－S"表示华中华南区共有物种；"M"表示华中区物种。资料来源：①表示本次调查观察到的物种；②表示访问到的物种；③前人调查的物种。

附录3 深圳市大鹏半岛自然保护区植被类型名录

附表3－1 深圳市大鹏半岛自然保护区植被类型表

植被型组	植被亚型	群 系	群 丛	备注
针叶林	Ⅰ. 南亚热带针阔混交林	1. 马尾松群系	马尾松－鼠刺＋野漆树－豺皮樟－苏铁蕨群落	
			浙江润楠＋大头茶＋马尾松－山油柑＋豺皮樟＋鼠刺群落	
			马尾松＋鸭脚木－鼠刺－映山红＋梅叶冬青群落	
			马尾松－山乌桕＋鼠刺群落	
阔叶林	Ⅱ. 南亚热带沟谷常绿阔叶林	2. 红鳞蒲桃群系	红鳞蒲桃＋鸭脚木－鼠刺＋山油柑群落	
		3. 鸭脚木群系	鸭脚木＋假苹婆＋中华杜英群落	
			鸭脚木－九节－苏铁蕨群落	
		4. 朴树群系	朴树－假苹婆－小叶干花豆＋落瓣短柱茶群落	
		5. 刨花润楠群系	刨花润楠＋浙江润楠－鸭脚木群落	
	Ⅲ. 南亚热带低地常绿阔叶林	6. 榕树群系	榕树＋红鳞蒲桃＋假苹婆－罗伞树＋九节群落	
		7. 秋枫群系	秋枫＋朴树＋羊舌山矾－假苹婆－罗伞树群落	
		8. 臀果木群系	臀果木＋鸭脚木＋假苹婆－银柴＋罗伞树－九节群落	
		9. 浙江润楠群系	浙江润楠＋黄桐－血桐群落	
		10. 香蒲桃群系	香蒲桃群落	
	Ⅳ. 南亚热带低山常绿阔叶林	11. 浙江润楠群系	浙江润楠＋鸭公树－鸭脚木＋亮叶冬青－银柴＋九节群落	
			浙江润楠＋鸭脚木－亮叶冬青＋假苹婆－鼠刺群落	
			浙江润楠＋大头茶＋野漆树群落	
		12. 大头茶群系	大头茶＋鼠刺群落	
			大头茶＋吊钟花－桃金娘＋岗松群落	
		13. 山乌桕群系	山乌桕＋野漆树（/鼠刺）＋山苍子群落	

(续附表3－1)

[illegible]	植被型组	植被亚型	群　系	群　丛
		14. 藜蒴群系	藜蒴－山乌桕＋鼠刺（/山杜英＋厚皮香）群落	
		15. 大叶臭花椒群系	大叶臭花椒＋楝叶吴茱萸－布渣叶＋山乌桕－乌药群落	
		16. 鼠刺群系	鼠刺＋绒楠＋香叶树群落	
		17. 白楸群系	白楸（/白背叶）＋山乌桕＋血桐群落	
	Ⅴ. 南亚热带山地常绿阔叶林	18. 香花枇杷群系	香花枇杷＋浙江润楠＋鸭公树－密花树－金毛狗群落	
		19. 鼠刺群系	鼠刺＋密花树－大头茶＋豺皮樟－桃金娘群落	
		20. 浙江润楠群系	浙江润楠＋亮叶冬青＋绒楠－密花树－赤楠蒲桃群落	
		21. 钝叶水丝梨群系	钝叶水丝梨＋大头茶＋腺叶野樱群落	
	Ⅵ. 红树林	22. 秋茄群系	秋茄＋白骨壤＋木榄群落	
		23. 海漆群系	海漆＋桐花树群落	
		24. 银叶树群系	银叶树群落	
灌丛	Ⅶ. 南亚热带常绿灌木林	25. 厚皮香群系	厚皮香－岗松＋桃金娘灌木林	
		26. 余甘子群系	余甘子－桃金娘灌木林	
		27. 马尾松群系	马尾松（/大头茶）—桃金娘＋岗松灌木林	
		28. 赤楠蒲桃群系	赤楠蒲桃灌木林	
		29. 桃金娘群系	桃金娘－地稔－毛麝香灌木林	
人工植被	Ⅷ. 人工林地	30. 马占相思群系	马占相思＋马尾松－豺皮樟群落	
		31. 大叶相思群系	大叶相思＋马占相思群落	
		32. 窿缘桉群系	窿缘桉＋台湾相思群落	
		33. 木麻黄群系	木麻黄群落	
		34. 桉树群系	台湾相思＋桉树－豺皮樟＋芒萁群落	
	Ⅸ. 农地	35. 荔枝群系	荔枝林	

注：植被类型依据《中国植被》（吴征镒，1980），划分为植被型组、植被型、植被亚型、群系组、群系、亚群系、群丛组、群丛。

参考文献

[1] 曾曙才，崔大方，谢佐桂，王晓明. 深圳莲花山公园的土壤资源及其合理开发利用［J］. 中山大学学报（自然科学版），2002，41（增刊（2））：14－18.

[2] 曾曙才，赖燕玲，王晓明，等. 深圳围岭公园土壤资源及其合理开发利用［J］. 中山大学学报（自然科学版），2003，42（增刊（2））：6－10.

[3] 常弘，关贯勋. 鸟类学［M］. 广州：中山大学出版社，1999.

[4] 常弘，等. 深圳梅林自然保护区的兽类资源及野生动物保护［J］. 华南农业大学学报，2004，25 增刊Ⅰ：92－95.

[5] 常弘，等. 深圳梅林自然保护区的野生动物多样性编目［J］. 华南农业大学学报，2004，25 增刊Ⅰ：96－100.

[6] 常弘，等. 深圳围岭自然保护区两栖爬行动物资源及其保护［J］. 中山大学学报（自然科学版），2003，42 增刊（2）：43－49.

[7] 常弘，等. 深圳围岭自然保护区鸟类多样性编目［J］. 中山大学学报（自然科学版），2003，42 增刊（2）：78－79.

[8] 常弘，等. 深圳围岭自然保护区兽类资源及其野生动物保护［J］. 中山大学学报（自然科学版），2003，42 增刊（2）：53－57.

[9] 常弘，等. 深圳梧桐山夏季鸟类群落结构及生物量的研究［J］. 中山大学学报（自然科学版），2001，40（1）：89－92.

[10] 陈树培，邓义，梁志贤. 广东省的植被和植被区划［M］. 北京：学术书刊出版社，1989：1－86.

[11] 崔大方，廖文波，昝启杰，等. 广东内伶仃岛国家级自然保护区的植物资源［J］. 华南农业大学学报，2000，21（3）：48－52.

[12] 凡强，廖文波，苏文拔等. 五指山自然保护区的保护植物和珍稀濒危植物［J］. 热带林业，2003，31（2）：21，29.

[13] 费梁，叶昌媛. 中国两栖动物检索［M］. 重庆：科学技术文献出版社重庆分社，1990.

[13] 傅立国. 中国植物红皮书（第一册）［M］. 北京：科学出版社. 1991.

[14] 甘新军. 广东省从化市野生经济植物资源及其开发利用［J］. 热带林业，2005，33（3）：48－51.

[15] 广东省环境保护局，中科院华南植物研究所. 广东珍稀濒危植物图谱［M］. 北京：中国环境科学出版社，1988：1－46.

[16] 广东省科学院丘陵山区综合科学考察队. 广东山区经济动物［M］. 广州：广东科技出版社，1989.

[17] 广东省林业厅，华南濒危动物研究所. 广东野生动物彩色图谱［M］. 广州：广东

科技出版社，1987.
[18] 广东省植物研究所. 广东植被 [M]. 北京：科学出版社，1976：1－341.
[19] 自然保护区政策法规文件选编（内部刊物）. 广东省自然保护区管理办公室. 2005.
[20] 国家重点保护野生植物名录（第一批）. 国家林业局、农业部令（第4号）. 1999.
[21] 何仲坚，冯志坚，李镇魁. 广东珠海万山群岛的植物资源 [J]. 亚热带植物科学，2004，33（2）：55－59.
[22] 胡锦矗，香港的兽类 [J]. 四川动物. 1997，16（2）：63～67.
[23] 胡振鹏，傅春，金腊华. 水资源环境工程 [M]. 南昌：江西高校出版社，2003：95.
[24] 康杰，刘蔚秋，于法钦，等. 深圳笔架山公园的植被类型及主要植物群落分析 [J]. 中山大学学报（自然科学版），2005，44（增刊）：10－31.
[25] 赖燕玲，王晓明，廖文波. 深圳马峦山郊野公园生态环境综合评价 [J]. 中国林业，2005，10：70－72
[26] 蓝崇钰，王勇军，等. 广东内伶仃岛自然资源与生态研究 [M]. 北京：中国林业出版社，2001.
[27] 李镇魁，陈 涛，冯志坚，等. 广东深圳野生观赏植物资源调查 [J]. 亚热带植物科学，2001，30（4）：40－44.
[28] 廖庆文，朱报. 广东国家重点保护野生植物及其分布 [J]. 中国林业规划，2003，22（2）：39－42.
[29] 廖文波，金建华，王伯荪，等. 海南和台湾蕨类植物多样性及其大陆性特征 [J]. 西北植物学报 2003，23（7）：1237－1245.
[30] 廖文波，王晓明，赖燕玲，等. 深圳梅林公园生态环境资源的综合评价 [J]. 华南农业大学学报，2004，25（增刊Ⅰ），1－7.
[31] 廖文波，王勇军，康杰，等. 深圳笔架山公园生态环境资源的综合评价 [J]. 中山大学学报（自然科学版），2005，44（增刊）：82－91.
[32] 林大仪. 土壤学 [M]. 北京：中国林业出版社，2002.
[33] 刘芳，敖常伟，邓毓芳. 桃金娘果酒的研制 [J]. 广西林业科学，1997，26（3）：119－122.
[34] 刘雄恩，王伯荪. 黑石顶自然保护区植被分类系统和主要类型及分布 [J]. 生态科学，1987，（1～2）：19－34.
[35] 罗汝英. 土壤学 [M]. 北京：中国林业出版社，1990.
[36] 潘炯华，刘成汉，等. 广东省大陆两栖类的调查及区系 [J]. 两栖爬行动物学报，1985，4（3）：200～208.
[37] 潘炯华. 广东淡水鱼类志 [M]. 广州：广东科技出版社，1990.
[38] 彭少麟，陈万成. 广东珍稀濒危植物 [M]. 北京：科学出版社，2003.
[39] 秦新生，张永夏，严岳鸿，等. 深圳市大鹏半岛蕨类植物区系及其生态特点 [J]. 植物研究，2004，24（2）：146－151.

[40] 盛和林，大泰司，纪之，陆厚基. 中国野生哺乳动物 [M]. 北京：中国林业出版社. 1999.
[41] 四川生物研究所. 中国两栖动物系统检索 [M]. 北京：科学出版社, 1962.
[42] 孙时轩. 造林学 [M]. 北京：中国林业出版社，1992.
[43] 孙向阳. 土壤学 [M]. 北京：中国林业出版社，2005.
[44] 孙延军，文东平，丁明艳，等. 深圳笔架山公园的植物资源及其可持续利用 [J]. 中山大学学报（自然科学版），2005，44（增刊）：32－40.
[45] 汪松，解焱. 中国物种红色名录（第一卷 红色名录）[M]. 北京：高等教育出版社，2004：1－468.
[46] 汪松. 中国濒危动物红皮书 两栖爬行、鸟类、兽类 [M]. 北京. 科学出版社，1998.
[47] 王伯荪，余世孝，彭少麟，等. 植物群落学实验手册 [M]. 广州：广东高等教育出版社，1996：1－190.
[48] 王发国，叶华谷，叶育石，周联选. 广东省珍稀濒危植物地理分布研究 [J]. 热带亚热带植物学报，2004，12（1）：21－28.
[49] 王光汉，吕培炎，汤加生，等. 西双版纳自然保护区综合考察报告 [M]. 昆明：云南科技出版社，1987：1－21.
[50] 王青锋，葛继稳. 湖北九宫山自然保护区生物多样性及其保护 [M]. 北京：中国林业出版社，2002：1－202.
[51] 王勇军，昝启杰. 深圳湾湿地两栖爬行动物及其保护 [J]. 生态科学，1998，17（1）：90～94.
[52] 王勇军，等. 广东内伶仃岛猕猴食性及食源植物分析 [J]. 生物多样性，1999，7（2）：97－105.
[53] 王勇军，等. 内伶仃岛猕猴种群动态的研究 [J]. 中山大学学报（自然科学版），1999，38（4）：92－96.
[54] 王勇军，等. 深圳福田红树林湿地鹭科鸟类群落生态研究 [J]. 中山大学学报（自然科学版），2001，40（1）：85－89.
[55] 吴征镒，路安民，汤彦承，陈之瑞，李德铢. 中国被子植物科属综论 [M]. 北京：科学出版社，2003.
[56] 吴征镒. 中国种子植物属的分布区类型 [J]. 云南植物研究，（增刊）：1－139.
[57] 吴志敏，冯志坚，李镇魁. 广东省野生木本植物资源 [J]. 华南农业大学学报，1996，17（2）：103－107.
[58] 夏青，陈艳卿，刘宪兵. 水质基准与水质标准 [M]. 北京：中国标准出版社，2004.
[59] 邢福武，余明恩. 深圳野生植物 [M]. 北京：中国林业出版社，2000.
[60] 邢福武，余明恩，张永夏. 深圳植物物种多样性及其保育 [M]. 北京：中国林业出版社，2002.
[61] 邢福武，等. 深圳市七娘山郊野公园植物资源与保护 [M]. 北京：中国林业出版

社，2004.
[62] 熊毅，李庆逵主编. 中国土壤（第二版）[M]. 北京：科学出版社，1987.
[63] 许涵，王晓明，崔大方. 深圳莲花山公园景观植物物候特点及对公园景观的影响 [J]. 华南农业大学学报，2004，25（2）：80－84.
[64] 杨晋彬，罗玉明，陈飞，等. 铁山寺国家森林公园维管植物资源调查 [J]. 淮阴师范学院学报（自然科学版），2004，3（4）：328－333.
[65] 于法钦，廖文波，周海旋，等. 深圳笔架山公园维管植物编目 [J]. 中山大学学报（自然科学版），2005，6（增刊）：32－40.
[66] 袁可能. 植物营养元素的土壤化学 [M]. 北京：科学出版社，1983.
[67] 张金泉. 广东省自然保护区 [M]. 广州：广东旅游出版社，1997：1－384.
[68] 张永夏，邢福武. 深圳的珍稀濒危植物 [J]. 热带亚热带植物学报，2001，9（4）：315－321.
[69] 赵尔宓. 香港的两栖和爬行动物 [J]. 四川动物，1997，16（2）：51～60.
[70] 郑慈英. 珠江鱼类志 [M]. 科学出版社. 1989.
[71] 郑作新. 中国鸟类分布名录 [M]. 北京：科学出版社，1976.
[72] 中国科学院华南植物研究所. 广东植物志（1～6 册）[M]. 广州：广东科技出版社，1987—2005.
[73] 中国科学院华南植物研究所，渔农自然护理署香港植物标本室. 香港稀有及珍贵植物 [M]. 香港：渔农自然护理署，1－234，2003.
[74] 中国科学院华南植物研究所. 广东药用植物手册 [M]. 1982.
[75] 中国科学院华南植物研究所. 广东植物志（1－9 卷）[M]. 广州：广东科技出版社，1987—2009.
[76] 中国科学院植物研究所. 中国高等植物图鉴（1－5 册）. 北京：科学出版社，1972—1976.
[77] 中国科学院植物研究所. 中国高等植物图鉴（1－5 卷）[M]. 北京：科学出版社，1972—1976.
[78] 中国科学院中国植物志编辑委员会. 中国植物志第四十卷 [M]. 北京：科学出版社，1994.
[79] 中国植被编辑委员会. 中国植被 [M]. 北京：科学出版社，1980：143－145，698－730.
[80] 中华人民共和国濒危物种进出口管理办公室. 濒危野生动植物种国际贸易公约及有效决议汇编 [M]. 北京：中国林业出版社，1997.
[81] 中华人民共和国国家标准局. 森林土壤分析方法 [M]. 北京：科学出版社，1988.
[82] 中山大学生命科学学院，广东省林业局. 广东省陆生野生动物资源调查报告. 2001，油印本.
[83] 朱世杰，等. 深圳梅林自然保护区的两栖动物资源及保护 [J]. 中山大学学报（自然科学版），2003，42 增刊（2）：70－74.
[84] 朱世杰，等. 深圳梅林自然保护区的鸟类资源及保护 [J]. 华南农业大学学报，

2004，25 增刊Ⅰ：81－91.
[85] 庄平弟，等. 深圳梅林自然保护区的爬行动物资源及保护［J］. 华南农业大学学报，2004，25 增刊Ⅰ：75－80.
[86] 庄平弟，等. 深圳围岭自然保护区鸟类资源及其保护［J］. 中山大学学报（自然科学版），2003，42 增刊（2）：50－52.
[87] Mabberley，D. J. THE PLANT－BOOK［M］. Cambridge University Press，1997.
[88] SSC/IUCN. IUCN red list categories and criteria（version 3. 1）. Gland，Switzerland and Cambridge：IUCN Publication Services Unit，2001.

后 记

《深圳市大鹏半岛自然保护区生物多样性综合科学考察》是在深圳市城市管理局（林业局）的主持下，由深圳市野生动植物保护管理处、中山大学生命科学学院、华南农业大学林学院等多个单位合作完成的，也是“大鹏半岛自然保护区综合科学考察”项目成果的总结，专著的出版是编写组成员辛苦努力的结果。专著编写大纲、内容，由刘海军、昝启杰、廖文波等商定，并报经深圳市城市管理局大鹏半岛自然保护区考察组织委员会领导小组审核同意。全书各章节的撰稿人、责任作者如下表所列，全书统稿人为刘海军、廖文波。其中，图版 I－地理位置图，由王晓阳、关开朗编辑；图版 II－地质地貌，由金建华编辑；图版 III－生态与人文景观，图版 IV－植物资源，由罗连、许可旺、赵万义、张记军、凡强、廖文波编制，图版 V－动物资源，由林石狮、常弘编制；图版 VI－植被图，图版 VII－珍稀濒危植物分布图，由陈素芳、凡强、廖文波编辑；图版 VIII－珍稀濒危动物分布图，由林石狮、胡平、常弘编辑；图版 IX－功能区划图，由刘海军、昝启杰、廖文波编辑；图版 IX－地形图，图版－卫星航片图，图版 XII－土地利用现状图，由深圳市城市管理局、野生动植物保护管理处提供。图版电子版由罗连、符小敏、王晓阳制作。在项目考察及专著撰写过程中，得到了深圳市城市管理局、野生动植物保护管理处各保护站、深圳市仙湖植物园等单位的同行、专家的大力支持。中山大学 2013—2015 年度在南澳半岛开展生物学、生态学实习时，也进行了补充采集和样地调查。本书出版编辑过程中，中山大学研究生如沈如江、丁明艳、于法钦、赵万义，本科生尚思菁、黄翠莹等参加了野外考察和书稿的校对工作。中山大学出版社周建华高级编审对本书的编辑出版给予了大力的支持。在此，对各参与单位及参加人员一并表示诚挚的谢意。

第一章　自然地理及综合评价………… 刘海军[1*]，金建华[2]，王佐霖[1]，李薇[2]，廖文波[2]
第二章　土壤和水资源 ………………………… 曾曙才[3]，羊海羊[3]，刘莉娜[1]，崔大方[3*]
第三章　植被与植物区系 …… 刘海军[1]，关开朗[2]，孙延军[1]，凡强[2]，张寿洲[4]，廖文波[2]
第四章　动物区系与动物资源 … 郭强[5]，胡平[5]，王佐霖[1]，王勇军[6]，林石狮[2]，常弘[2*]
第五章　旅游资源……………………… 孙红斌[1*]，林一焕[1]，邓辉[1]，林桂鹏[1]，孙键[2]
第六章　社会经济状况 ……………………………………… 代晓康[1]，李瑜[1]，丁明艳[2]
第七章　管理和建设规划 ……………… 庄平弟[1]，刘海军[1]，昝启杰[1]，郭微[7]，廖文波[2]
第八章　自然保护区评价 … 崔大方[3]，凡强[2]，刘海军[1]，王佐霖[1]，昝启杰[1]，廖文波[2*]
附录 1　野生植物名录 …… 凡强[2*]，孙延军[1]，孙红斌[1]，仲铭锦[8]，林石狮[2]，廖文波[2]
附录 2　野生动物名录……………………………………………… 常弘[2*]，胡平[1]，林石狮[2]
附录 3　植被类型名录……………………………………………… 关开朗[2]，李薇[2]，李贞[9*]

各章节编写者所在单位：
1. 深圳市城市管理局，野生动物救护中心，深圳 518025
2. 中山大学，生命科学学院，广州 510275
3. 华南农业大学，林学与风景园林学院，广州 510642
4. 深圳市仙湖植物园，深圳 518004
5. 深圳市城市管理局，野生动值物保护处，深圳 518048
6. 广东内伶仃福田国家级自然保护区，深圳 518040
7. 仲恺农业工程学院，园艺园林学院，广州 510225
8. 华南师范大学，生命科学学院，广州 510631
9. 中山大学，地理科学与规划学院，广州 510275
注：*表示该章最后修改者，责任作者；姓名右上角数字表示该作者所在单位或机构。